高等学校计算机应用规划教材

Access 2010 数据库
应用技术案例教程

主　编　刘　垣

副主编　林敦欣　连贻捷　林铭德
　　　　张波尔　刘　琰

U0197768

清华大学出版社

北　京

内 容 简 介

本书第 1 章为数据库系统概述，综述了数据库系统的概念与结构、数据模型、关系数据库、数据库设计的方法和步骤等数据库领域的基础核心内容，第 2 章至第 10 章依次介绍了 Access 的发展历程、集成环境、安全性和 6 种标准数据库对象的基础应用与综合应用，第 11 章介绍了软件工程基础和几个小型数据库应用系统。本书将 Access 2010 置于互联网和 Windows 的大环境中介绍，注重计算思维的培养，以大学教务管理数据库案例贯穿始终，选用思维导图引领各章学习。配套的《Access 2010 数据库应用技术案例教程学习指导》(ISBN：978-7-302-49443-0)中各章提供多种类型的实验案例，适合翻转课堂教学。

本书涵盖《全国计算机等级考试二级 Access 数据库程序设计考试大纲(2016 年版)》《福建省高校计算机应用水平二级数据库应用技术 Access 2010 关系数据库考试大纲(2017 版)》的全部知识点，可以作为备考用书，也可以作为数据库应用技术的专门用书，亦适合作为广大计算机爱好者的 Access 培训用书或参考用书。

本书各章对应的素材和电子教案可以通过 http://www.tupwk.com.cn/downpage 下载。

图书在版编目(CIP)数据

Access 2010 数据库应用技术案例教程 / 刘垣　主编. —北京：清华大学出版社，2018(2021.8重印)
(高等学校计算机应用规划教材)

ISBN 978-7-302-49212-2

Ⅰ. ①A… Ⅱ. ①刘… Ⅲ. ①关系数据库系统—高等学校—教材 Ⅳ. ①TP311.138

中国版本图书馆 CIP 数据核字(2017)第 331795 号

责任编辑：王　定
版式设计：思创景点
封面设计：孔祥峰
责任校对：曹　阳
责任印制：杨　艳

出版发行：清华大学出版社
　　　　网　　址：http://www.tup.com.cn，http://www.wqbook.com
　　　　地　　址：北京清华大学学研大厦 A 座　　　　邮　　编：100084
　　　　社 总 机：010-62770175　　　　邮　　购：010-62786544
　　　　投稿与读者服务：010-62776969，c-service@tup.tsinghua.edu.cn
　　　　质 量 反 馈：010-62772015，zhiliang@tup.tsinghua.edu.cn
印 装 者：三河市君旺印务有限公司
经　　销：全国新华书店
开　　本：185mm×260mm　　　　印　　张：20.75　　　　字　　数：480 千字
版　　次：2018 年 2 月第 1 版　　　　印　　次：2021 年 8 月第 5 次印刷
定　　价：58.00 元

产品编号：077744-01

前　言

"工欲善其事，必先利其器。"在当今"互联网+大数据"时代，Access 可谓桌面关系型数据库系统的"利器"，为非计算机专业用户解决工作、学习和生活中的数据存储与数据分析问题提供了一种便捷方式。伴随着经济社会发展进入"新常态"，我国大学生就业、创业所面临的形势与任务也呈现出新的特点。利用 Access 快速开发小型数据库应用程序，亦有助于大学生创新创业管理，锦上添花。

微软公司自 1992 年 11 月首次推出 Access 以来，25 年间，经过了 11 个版本的变迁。从 Access 2007 版本开始，数据库文件格式一直沿用至今，微软公司对将来下一个版本的 Access 也没有打算改变这种数据库文件格式。从 2018 年起，福建省高校计算机应用水平 Access 考试将改版，从 2003 版升至 2010 版，升级为与全国计算机等级考试一样的版本。

为编写此书，我们花费大量时间收集国内外有关 Access 研究的资讯，分析本书受众的需求，研讨本书的体例，结合多年教学实践经验，以面向应用、面向创新为准则，设计了一个大学生熟悉、也适于翻转课堂教学的大学教务管理数据库案例，以任务驱动的方式将整个案例分解、贯穿于全书的各章节，使学习者处在一个从感性认识到知识理解，再到实践应用的学习环境中，由浅入深、循序渐进地掌握 Access 数据库的基础知识。

本书涵盖《全国计算机等级考试二级 Access 数据库程序设计考试大纲(2016 版)》和《福建省高校计算机应用水平二级数据库应用技术 Access 2010 关系数据库考试大纲(2017 版)》的核心内容。每一章的开篇给出了"学习目标""学习方法""学习指南""思维导图"的要点，引导学习者通过思维导图理清章节知识脉络。

本书虽然以 Access 2010 为主要对象，但也兼顾了 Access 低版本和最新版。我们将 Access 置于互联网和 Windows 的大环境中介绍，涉及 Windows 的控制面板、注册表、组策略等程序功能的应用，希望有助于学习者运用计算思维，从宏观整体把控 Access，懂得运用数据库技术解决一些实际问题的基本路径，并由此激发学习者结合自身专业需求在数据库领域继续深入探索。

本书第 1 章为数据库系统概述，综述了数据库系统的概念与结构、数据模型、关系数据库、数据库设计方法与步骤等数据库领域的基础核心内容，初学数据库应用技术的读者可以先泛读本章，待学完后续各章再精读，并完成第 1 章的实验案例。第 2 章至第 10 章依次介绍了 Access 的发展历程、集成环境、安全性和 6 种标准数据库对象的基础应用与综合应用。第 11 章介绍了软件工程基础和利用 Access 建立的几个小型数据库应用系统。通过全书的学习，读者能够掌握关系数据库系统的基本理论和 Access 的基本操作技能，具备利用 Access 开发小型数据库应用系统的能力。

本书案例在 64 位 Win7/Win10+Access 2010(32 位)环境中调试通过，标题带"*"的部分为选学内容。

    我们以历史和发展的视角编写《Access 2010 数据库应用技术案例教程》，尽可能体现数据库领域新的发展动向、计算机教育新的研究成果，设计既贴近生产生活又体现 Access 特色的典型案例，力求能反映当代 Access 应用的技术水平。我们将尝试案例教程与超星泛雅网络教学平台配合使用，以探索将应用技术用于大学计算机基础教与学的新模式。

    本书编写人员都是高校计算机教学一线教师，对 Access 数据库教学做过较深入的探索，案例教程中的许多内容是作者依据多年教学讲授和实践总结而形成的。其中，刘垣编写第 1 章、第 2 章、第 10 章、第 11 章，林敦欣编写第 5 章和第 7 章，连贻捷编写第 8 和第 9 章，林铭德编写第 6 章，张波尔编写第 4 章，刘琰编写第 3 章。全书由刘垣审改和统稿。此外，参与本书编写的还有许锐、邝凌宏、郭李华、肖琳、王晨阳、林好、徐沛然、温馨和苏备迎等人，在此一并表示衷心感谢！

    由于作者水平有限，书中难免存在疏漏和不足，殷切希望广大读者提出宝贵的批评意见和建议。联系电子邮箱：hnwangd@163.com，电话 010-62794504。

作　者

2017 年 9 月于榕城

目　　录

第1章　数据库系统概述

1. 掌握数据库系统的基础知识。
2. 掌握关系数据库的基本原理。
3. 掌握数据库应用系统设计方法。
4. 了解数据管理技术的发展历史和趋势。
5. 了解数据库系统领域的杰出人物。

学习方法

本章内容理论性较强，涵盖的知识面广，涉及的概念多，学习者不容易理解掌握。建议初学者循序渐进地学习本章，通过比对、类比等方式识记数据库基本术语和基本原理，仔细领会各案例的前提条件和解决方法，勤思考、多动手练习和归纳总结，依据本章的思维导图理清知识脉络。

学习指南

本章的重点是 1.1.2 节、1.1.3 节和 1.2 节，难点是 1.2 节。

思维导图

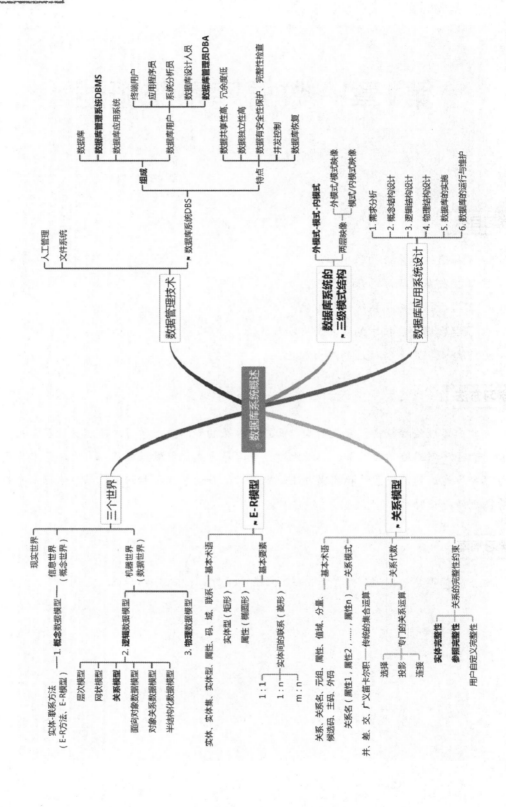

1.1　数据库技术

　　数据库是数据管理的有效技术，是计算机科学的重要分支，是现代大数据管理和分析的基石。数据库技术诞生于 20 世纪 60 年代末期，历经数代演变，已造就了四位图灵奖获得者：Charles W. Bachman(1973 年)、Edgar F. Codd(1981 年)、James Nicholas Gray(1998 年)和 Michael Stonebraker(2014 年)。

　　数据库技术有着扎实的理论基础和广泛的应用领域。农、林、牧、渔业，采矿业，制造业，电力、热力、燃气及水生产和供应业，建筑业，批发和零售业，交通运输、仓储和邮政业，住宿和餐饮业，信息传输、软件和信息技术服务业，金融业，房地产业，租赁和商务服务业，科学研究和技术服务业，教育等国民经济行业都有数据库应用的印迹。人们的日常生活也无时无刻不享受着数据库应用的便利，例如，网络购买虚实物品、各种智能终端便捷消费、各类新媒体及其服务、虚拟现实的体验等。

1.1.1　数据管理技术的产生与发展

　　数据库技术是应数据管理任务的需要而产生的。数据管理是指对数据进行分类、组织、编码、存储、检索、维护和应用，它是数据处理的中心问题。数据处理是指对各种数据进行采集、存储、检索、加工、传播和应用等一系列活动的总和。随着应用需求的推动和计算机硬软件的发展，数据管理技术经历了人工管理、文件系统和数据库系统三个阶段。这三个阶段产生的背景与特点如表 1-1 所示。

表 1-1　数据管理三个阶段的比较

三个阶段 背景与特点		人工管理阶段	文件系统阶段	数据库系统阶段
背 景	应用背景	科学计算	科学计算、数据管理	大规模数据管理
	硬件背景	无直接存取存储设备	磁带、磁鼓、磁盘	大容量磁盘、磁盘阵列
	软件背景	没有操作系统(OS)	有文件系统	有数据库管理系统
	处理方式	批处理	联机实时处理、批处理	联机实时处理、批处理、分布处理
特 点	数据的管理者	用户(程序员)	文件系统	数据库管理系统(DBMS)
	数据面向的对象	某一应用程序	某一应用	现实世界(一个部门、企业等)
	数据的共享程度	无共享，冗余度极大	共享性差，冗余度大	共享性高，冗余度小
	数据的独立性	不独立，完全依赖于程序	独立性差	具有高度的物理独立性和一定的逻辑独立性
	数据的结构化	无结构	记录内有结构，整体无结构	整体结构化，用数据模型描述
	数据控制能力	应用程序自己控制	应用程序自己控制	由 DBMS 提供数据安全性、完整性、并发控制和恢复能力

1. 人工管理阶段

数据管理技术的人工管理阶段主要指 20 世纪 50 年代中期以前，数据需要由应用程序定义和管理，一个数据集只能对应一个应用程序。数据无共享，冗余度极大；数据不独立，完全依赖于程序。这个阶段的计算机很简陋，主要应用于科学计算。计算机硬件状况是：没有直接存取存储设备；软件状况是：没有完整的操作系统，没有管理数据的专门软件；数据处理方式是批处理。批处理方式是对需要处理的数据不做立即处理，待积累到一定程度、一定时间，再成批地进行处理。

Herman Hollerith(1860.02.29—1929.11.17)被广泛视为现代机器数据处理之父。为解决美国人口普查统计繁难、花费时间长的问题，Hollerith 根据自动提花织布机原理，利用穿孔卡片记录美国人口普查信息，发明了穿孔卡片制表机(punch card tabulating machine)。这种穿孔卡片制表机是机电式计数装置，安装有一组盛满水银的小杯，已穿孔的卡片放置在这些水银杯上。卡片上方有几排精心设置的金属探针，探针连接在电路的一端，水银杯连接在电路的另一端。只要某根探针遇到卡片上有孔的位置，便会自动掉落下去，与水银接触即接通电路，启动计数装置前进一个刻度。Hollerith 的穿孔卡片表达了二进制思想：有孔处能接通电路计数，代表该调查项目为"有"，即 1；无孔处不能接通电路计数，表示该调查项目为"无"，即 0。

1890 年美国人口普查首次选用 Hollerith 的穿孔卡片制表机，获得巨大成功。在此后的计算机系统里，用穿孔卡片输入数据的方法一直沿用到 20 世纪 70 年代，数据处理也发展成为计算机的主要功能之一。Hollerith 发明的制表机和穿孔卡片如图 1-1 和图 1-2 所示，制表机由两部分构成：整理箱(sorting box)由制表机控制，分拣机(sorter)是后期发展起来的独立机器。Hollerith 于 1896 年创办的公司 Tabulating Machine Company 后来成为 IBM(International Business Machines Corporation)的前身之一。1900—1950 年，穿孔卡片是商务数据存储和检索的基本形式，IBM 是组合和排序穿孔卡片设备以及利用穿孔卡片数据打印报表的主要供应商。

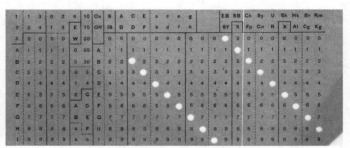

图 1-1 Hollerith 和穿孔卡片制表机　　　图 1-2 穿孔卡片

2. 文件系统阶段

文件系统阶段主要指 20 世纪 50 年代末到 20 世纪 60 年代中期，利用文件系统管理数据。对于一个特定的应用，数据被集中组织存放在多个数据文件或文件组中，并针对该文件组开发特定的应用程序。数据的共享性差，冗余度大；数据独立性差。

这个阶段的计算机已有操作系统，在操作系统基础之上建立的文件系统已经成熟并广泛应用。计算机除了应用于科学计算，也开始应用于数据管理。数据处理方式不仅有批处理，还有联机实时处理。实时处理是指需要对收集到的数据立即进行处理，并及时反馈。

在这个阶段，磁带被主要用于数据存储。数据处理是从一个或多个磁带上顺序读取数据，再将数据写回到新的磁带上。数据也可以由一叠穿孔卡片输入，再输出到打印机上。

以美国在 20 世纪 60 年代初制定的阿波罗计划(Apollo Program/Project Apollo)为例，阿波罗飞船由约 200 万个零部件组成，它们分散在世界各地制造生产。为了掌握计划进度及协调工程进展，阿波罗计划的主要合约者 Rock-well 公司曾研制开发了一个基于磁带的零部件生产计算机管理系统，系统共用了 18 盘磁带，虽然可以工作，但效率极低，18 盘磁带中 60%是冗余数据，维护十分困难。这个系统曾一度成为美国实现阿波罗计划的重大障碍之一。

3. 数据库系统阶段

自 20 世纪 60 年代末期以来，计算机管理的对象规模越来越大，应用范围越来越广，数据量激增，多种语言、多种应用互相覆盖的共享数据集合的要求越来越强烈。这时计算机硬件价格在下降，软件价格在上升，为编制和维护系统软件及应用程序所需的成本相对增加。文件系统作为数据管理手段已经不能满足应用的需求。为解决多用户、多应用共享数据的需求，使数据为尽可能多的应用服务，数据库技术应运而生并不断发展壮大。从文件系统到数据库系统标志着数据管理技术的飞跃。对数据库系统特点的详细介绍参见 1.1.2 节。

(1) 20 世纪 60 年代末至 20 世纪 70 年代

20 世纪 60 年代末硬盘的广泛使用改变了数据处理的方式，硬盘允许直接对数据进行访问，数据摆脱了磁带和卡片组顺序访问的限制。人们可以创建网状数据库和层次型数据库，可以将表和树这样的数据结构保存在磁盘上。程序员可以构建和操作这些数据结构。

1970 年 Edgar F. Codd 发表了一篇具有里程碑意义的论文，定义了关系模型以及在关系模型中查询数据的非过程化方法，由此诞生了关系型数据库。

(2) 20 世纪 80 年代

尽管关系模型简单，能够对程序员屏蔽所有实现的细节，在学术界备受重视，但它最初被认为性能不好，没有实际的应用价值。关系型数据库在性能上还不能和当时已有的网状数据库和层次型数据库相提并论。这种情况直到 IBM 的 System R 出现才得以改变。与此同时，加州大学伯克利分校(University of California, Berkeley)专家 Michael Stonebraker 主持开发了 INGRES(interactive graphics and retrieval system)系统，它后来发展成商品化的关系数据库系统。

20 世纪 80 年代初期，关系型数据库已经可以在性能上与网状数据库和层次型数据库进行竞争。关系数据库凭借其简单易用，最后完全取代了网状数据库和层次型数据库。

在这个时期，人们还对并行数据库和分布式数据库进行了很多探究，对面向对象数据库也有初步的研究。

(3) 20 世纪 90 年代

许多数据库厂商推出了并行数据库产品，并开始在数据库中加入对"对象-关系"的支持。决策支持和查询再度成为数据库的一个主要应用领域。分析大容量数据的工具有了长足进步。

随着互联网的爆炸式发展，数据库技术有了更加广泛的应用。在这个阶段，数据库系统必须支持高速的事务处理，支持对数据的 Web 接口，而且还要有很高的可靠性和 7×24 小时的可用性。

(4) 21 世纪第一个十年

万维网联盟(World Wide Web Consortium，W3C)于 1998 年 2 月推荐的 XML(eXtensible Markup Language)兴起，与之相关联的 XQuery 查询语言成为新的数据库技术。虽然 XML 被广泛应用于数据交换和一些复杂数据类型的存储，但关系数据库仍然是构成大多数大型数据库应用系统的核心。为减少系统管理开销的自主计算/自动管理技术得到了成长；开源数据库系统(如 PostgreSQL 和 MySQL)的应用也显著增长。

用于数据分析的专门的数据库增速惊人，特别是将一张二维表的每列高效地存储为一个单独的数组的列存储，以及为非常大的数据集的分析而设计的高度并行的数据库系统。有几个新颖的分布式数据存储系统被构建出来，以应对庞大的 Web 节点(如 Amazon、Facebook、Google、Microsoft 和 Yahoo!)的数据管理需求。数据挖掘技术被广泛部署应用，如基于 Web 的产品推荐系统和 Web 页面上的相关广告自动布放。在管理和分析流数据(如股票市场报价数据、计算机网络监测数据)方面也取得重要进展。

(5) 21 世纪第二个十年

以互联网大数据应用为背景发展起来的分布式非关系型的数据管理系统 NoSQL(Not Only SQL)，融合了 NoSQL 系统和传统数据库事务管理功能的 NewSQL，分析型 NoSQL 技术的主要代表 MapReduce 技术……各类技术的互相借鉴、融合和发展，成为数据管理技术的发展趋势。

国际电信联盟(International Telecommunication Union，ITU)于 2017 年 9 月发布 *The State of Broadband 2017*(《2017 年宽带状况》)报告：现在全球已有 48%的人使用网络，估计到 2017 年底，发展中国家的互联网普及率将达到 41.3%，中国互联网用户人数仍位居全球第一。我们每个人既是大数据信息的接受者也是产生者，大数据通常被认为是 PB 或更高数量级的数据(1YB=1024ZB=1024^8=2^{80} 字节，1ZB=1024EB=1024^7=2^{70} 字节，1EB=1024PB=1024^6=2^{60} 字节，1PB=1024TB=1024^5=2^{50} 字节，1TB=1024GB=1024^4=2^{40} 字节，1GB=1024MB=1024^3=2^{30} 字节，1MB=1024KB=1024^2=2^{20} 字节，1KB=1024Byte=102^4=2^{10} 字节)。大数据已经从概念落到实地，具有体量大、结构多样、时效性强的特点。大数据处理促进了新型计算架构和智能算法的云计算的发展，也将已诞生 60 多年的人工智能(Artificial Intelligence，AI)带入新阶段。

2016 年 10 月美国总统行政办公室(Executive Office of the President)联合美国国家科学技术委员会(National Science and Technology Council，NSTC)共同发布了 *Preparing For The Future of Artificial Intelligence* 研究报告，对人工智能的发展现状、应用领域、目前存在的问题进行了阐述，并向美国政府及相关机构提出了相应的发展建议和对策。

2017 年 7 月 20 日国务院印发《新一代人工智能发展规划》，这是我国第一部在人工智能领域进行系统部署的规划，提出了面向 2030 年我国人工智能的发展规划。

在大数据、移动互联网、超级计算、传感网、脑科学等新理论新技术以及经济社会发展强烈需求的共同驱动下，人工智能呈现出深度学习、跨界融合、人机协同、群智开放、自主操控等新特征。新一代人工智能相关学科发展、理论建模、技术创新、软硬件升级等整体推进，正在引发链式突破，推动经济社会各领域从数字化、网络化向智能化加速跃升。人工智能的发展也有不确定性。这种影响面广泛的颠覆性技术，可能会改变我们的就业结构、冲击现有的法律与社会伦理、侵犯个人隐私、挑战国际关系准则等。

迄今图灵奖唯一的华人获奖者、清华大学姚期智教授(Andrew Chi-Chih Yao)在 2017 年 8 月公开表示：过去十年的人工智能发展，在算法、计算力和大数据三要素中的后两者已达到一个相当惊人的地步。这三个核心要素中，最有可能在下一波人工智能浪潮中跃迁的是算法。因为数据量归根结底还是有限的，计算力也会有一个差不多的极限，但算法的空间还很大。

4. 数据管理在中国

欧洲文艺复兴之后，西方国家在科学领域占据垄断性优势。近代中国战事连绵不断，国力赢弱。新中国成立后的 1956 年，周恩来(1898.03.05—1976.01.08)总理领导制定《1956—1967 年科学技术发展远景规划纲要》，同年 8 月成立中国科学院计算技术研究所筹委会，由 1950 年回国的数学家华罗庚(1910.11.12—1985.06.12)先生任主任委员。在独立自主、自力更生思想指导下，1958 年我国第一台电子管计算机 103 机诞生，1964 年以后我国开始推出一批晶体管计算机，代表机型有中科院计算所的"109 乙""109 丙"，15 所和 738 厂的"108 乙"和 320 机，军事工程学院的 411B 等。

20 世纪 70 年代末，以萨师煊(1922.12.27—2010.07.11)先生为代表的老一辈科学家以强烈的责任心和敏锐的学术洞察力，率先在国内开展数据库技术的教学与研究工作。萨师煊先生生于福建福州，我国数据库学科的奠基人之一，数据库学术活动的积极倡导者和组织者。1978 年首次在中国人民大学开设数据库课程，之后又将自己的讲稿汇集成《数据库系统简介》和《数据库方法》，在当时的《电子计算机参考资料》上公开发表供他人免费使用。这是我国最早的数据库学术论文。随后，他又发表了许多涉及数据模型、数据库设计、数据库管理系统实现和关系数据库理论等诸多方面的论文。1983 年，他与弟子王珊合作编写国内第一部系统阐明数据库理论和技术的教材《数据库系统概论》，2014 年已出版第五版。

近些年，参加国际数据库领域三大顶级会议 ACM SIGMOD/PODS、VLDB 和 ICDE 的华人越来越多。非官方的大型千人活动"中国数据库技术大会"已举办八届，从每届年会的主题可洞见我国数据管理的关注点。2010 年第一届大会的主题是"数据库与商业智能企业应用最佳实践"，第二届主题是"数据库架构设计"，第三届主题是"数据库技术企业应用最佳实践"，第四届主题是"大数据·数据库架构与优化·数据治理与分析"，第五届、第六届主题是"大数据技术探索和价值发现"，第七届主题是"数据定义未来"，2017 年第八届大会以"数据驱动·价值发现"为主题，汇集来自政府、互联网、电子商务、金融、电信、行业协会等 20 多个领域的技术专家，共同探讨 Oracle、MySQL、NoSQL、云端数据库、智能数据平台、区块链、数据可视化、深度学习等领域的前瞻性热点话题与技术。

1.1.2　基本术语

数据、数据库、数据库管理系统和数据库系统是与数据库技术密切相关的基本术语。

1. 数据(data)

当今世界，数据正在以前所未有的速度成为各个领域价值创造的核心驱动力。数据是数据库中存储的基本对象，是描述事物的符号记录。早期的计算机系统主要用于科学计算，处理的数据是整数、实数等数值型数据；现代计算机系统存储和处理的对象十分广泛，除了数值型数据，还可以是非数值型数据，例如文本、音频、视频、图形和图像等。非数值型数据经过数字化后存入计算机。

日常生活中，人们通常采用无结构的自然语言描述事物。例如，一个学生的基本情况可描述为：陈榕刚，男，团员，2000 年 3 月 12 日出生，福建生源，专业编号 M01 等。

日常数据管理中，学生的基本情况通常如表 1-2 所示。

表 1-2　学生基本情况表

姓名	性别	政治面貌	出生日期	生源地	专业编号
陈榕刚	男	团员	2000 年 3 月 12 日	福建	M01
⋮	⋮	⋮	⋮	⋮	⋮

数据与其语义是不可分的。数据的表现形式需要经过解释才能完全表达其内容，数据的含义(即语义)需要经过解释才能被正确理解。例如，"2000 年 3 月 12 日"这个数据可能是某人的生日，也可能是卒日，还可能是某商品的出厂日期等。在表 1-2 中，其语义已由其所在列的表头栏目名称解释，即出生日期。

记录是计算机中表示和存储数据的一种格式或一种方法。将一个学生的姓名、性别、政治面貌、出生日期、生源地和专业编号等数据组织在一起便构成一条记录，用于描述一个学生的基本情况。这样的数据是有结构的，表格描述的数据称为结构化数据。

数据不能等同信息(information)。信息论奠基人 C. E. Shannon(1916.04.30—2001.02.24)从通信理论出发，用数学方法定义信息。Shannon 认为：信息是用来消除随机不确定性的东西。控制论创始人 Norbert Wiener(1894.11.26—1964.03.18)认为：信息是人们在适应外部世界，并使这种适应反作用于外部世界的过程中，同外部世界进行互相交换的内容名称。我国信息学专家钟义信教授认为：信息是事物的存在方式或运动状态，以这种方式或状态进行直接或间接的表述。美国信息资源管理专家 F. W. Horton 认为：信息是为了满足用户决策的需要而经过加工处理的数据。人们从各自研究的角度出发，对信息有不同的理解和定义，随着时间的推移，信息也将被赋予新的含义。我们可以认为：信息以数据为载体，是具有一定含义的、经过加工处理的数据，是客观事物存在方式和运动状态的反映，对人类决策有帮助和有价值的数据。例如，我们经常通过天气预报了解天气情况，气象台主要依据事先勘测采集的一组气象数据，如气压、云层、温度、湿度、风力等进行整理加工和综合分析(与经验值比较、统计、运算、推断)，从而预报天气的阴、晴、刮风、下雨、下雪等。这里的气压、云层、温度、湿度、风力等称为数据，经过整理加工和综合分析的结果(天气预报)称为信息。

2. 数据库(DataBase，DB)

数据库从字面上可以理解为存放大量"数据"的"仓库"，只不过这个仓库遵循一定的数学理论创建，位于计算机存储设备中，数据按特定的格式存放。

数据库是长期存储在计算机内，有组织且可共享的大量数据的集合。数据库中的数据按一定的数据模型组织、描述和存储，具有较小的冗余度、较高的数据独立性和易扩展性。数据库中不仅存放数据，而且存放数据与数据之间的联系。

随着 DB 的发展，出现了数据仓库(Data Warehouse，DW)。数据仓库之父 William H. (Bill) Inmon 在经典论著 *Building the Data Warehouse* 第 4 版中将数据仓库定义为 "A data warehouse is a subject-oriented, integrated, nonvolatile, and time-variant collection of data in support of management's decisions." (DW 是一个面向主题、集成、非易失性和随时间变化

的集合，用于支持管理层的决策。)

3. 数据库管理系统(DataBase Management System，DBMS)

DBMS 是数据库系统的核心组成部分，是位于用户与操作系统之间的一层数据管理软件，它提供一个可以方便且高效地存取、管理和控制数据库信息的环境。当今主流的数据库管理系统是关系数据库管理系统(Relational DataBase Management System，RDBMS)。常见的 DBMS 有 Oracle、SQL Server、DB2、Informix、Sybase、PostgreSQL 和 MySQL 等。Access 是一个基于 Windows 的桌面关系数据库管理系统。

DBMS 的主要功能：

(1) 数据定义、组织、存储和管理功能

DBMS 为用户提供了数据定义语言(Data Definition Language，DDL)，方便对数据库中数据对象的组成和结构进行定义。DBMS 要确定以何种文件结构和存取方式在存储级别上组织数据，以提高存取效率。

(2) 数据操纵功能

DBMS 还为用户提供了数据操纵语言(Data Manipulation Language，DML)以操纵数据，实现对数据库的查询、插入、删除和修改等操作。

DDL 和 DML 不是两种分离的语言，它们简单地构成了单一的数据库语言的不同部分，例如，关系数据库的标准语言 SQL(Structured Query Language)。

(3) 数据库的建立和维护功能

数据库的建立、运用和维护由 DBMS 统一管理和控制，以保证事务(transaction)的正确运行、数据的安全与完整、多用户对数据的并发使用、发生故障后的系统恢复等。

对于用户而言，事务是具有完整逻辑意义的数据库操作序列的集合。对于 DBMS 而言，事务是一个读写操作序列，这些操作要么都执行，要么都不执行，是一个不可分割的逻辑工作单元。为保证事务能安全并发执行，事务具有原子性(Atomic)、一致性(Consistency)、隔离性(Isolation)和持久性(Durability)四个特性，统称为 ACID 特性。在关系数据库中，一个事务可以是一条或一组 SQL 语句。

4. 数据库系统(DataBase System，DBS)

DBS 是由数据库(DB)、数据库管理系统(DBMS)、数据库应用系统和用户组成的存储、管理、处理和维护数据的系统。DBS 的组成如图 1-3 所示。

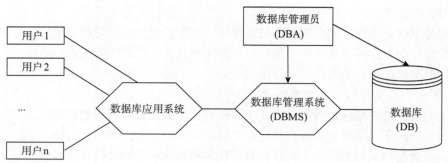

图 1-3　数据库系统的组成

DBS 中的用户有终端用户、应用程序员、系统分析员、数据库设计人员和数据库管理员等多种，分别承担不同的任务。

- **终端用户**通过应用系统的用户接口使用数据库。常用的接口方式有浏览器、菜单驱动、表格操作、报表书写和图形显示等。
- **应用程序员**负责设计和编写应用系统的程序模块，并进行调试和安装。
- **系统分析员**负责应用系统的需求分析和规范说明，确定系统的硬软件配置，并参与数据库系统的概要设计。
- **数据库设计人员**负责数据库中数据的确定、数据库中各级模式的设计。
- 数据库管理员(DataBase Administrator，DBA)负责全面管理和控制数据库系统，其主要职责是：决定数据库中的信息内容和结构、决定数据库的存储结构和存取策略、定义数据的安全性要求和完整性约束条件、监控数据库的使用和运行、推动数据库的改进和重组重构等。

DBS 的主要特点：

(1) 数据的共享性高、冗余度低

共享是指数据库中的相关数据能够被多个不同的用户使用，这些用户可以存取同一种数据并将它用于不同的目的。

数据共享可以大大减少数据冗余，节约存储空间，还能避免数据之间的不相容性和不一致性。

数据冗余是指同一数据在数据库中存储了多个副本，它可能引起如下问题。

- 冗余存储：相同数据被重复存储，导致浪费大量存储空间。
- 更新异常：若重复数据的一个副本被修改，所有副本都必须同时进行同样的修改。因此在更新数据时，为了维护数据库的完整性，系统要付出很大的代价，否则有可能发生数据不一致的危险。
- 删除异常：删除某些数据时可能丢失其他与之有关联的数据。
- 插入异常：只有当一些数据事先已存放在数据库中时，另一些数据才能存入该数据库中。

(2) 数据独立性高

数据独立性是数据与程序间的互不依赖性，即数据库中的数据独立于应用程序而不依赖于应用程序。

数据独立性一般分为逻辑独立性和物理独立性两种。

逻辑独立性是指用户的应用程序与数据库的逻辑结构是相互独立的。当数据的逻辑结构改变时，用户的应用程序可以不改变。

物理独立性是指用户的应用程序与数据库中数据的物理存储是相互独立的。DBMS 负责管理数据库中数据的存储，用户编写应用程序时只需要处理数据的逻辑结构，当数据的物理存储改变时，用户的应用程序不用改变。

(3) 数据有安全性保护、完整性检查

数据的安全性是指保护数据以防止不合法使用造成的数据泄密和破坏。每个用户只能按规定对某些数据以某些方式进行使用和处理。

数据的完整性是指数据的正确性、有效性和相容性。完整性检查将数据控制在有效的范围内,并保证数据之间满足一定的关系。

(4) 并发控制

当多个用户的并发进程同时存取、修改数据库时,DBS 可以对这些用户的并发操作加以控制和协调,以避免相互干扰。

(5) 数据库恢复

当计算机系统的硬软件故障、用户的失误或故意破坏造成数据库中的数据错误或丢失时,DBMS 能够将数据库从错误状态恢复到某种已知的正确状态。

1.1.3 数据库系统的结构

可以从多种不同的角度考察数据库系统的结构,以下从两个不同角度讨论。

1. 从数据库应用开发者角度

数据库系统通常采用"外模式-模式-内模式"三级模式结构,如图 1-4 所示。这是数据库系统内部的系统结构。

数据库系统的三级模式是数据的三个抽象级别,它把数据的具体组织交给 DBMS 管理,使用户不必知晓数据在计算机中的具体存储方式和表示方式,就能逻辑地、抽象地处理数据。为了在数据库系统内部实现这三个抽象层次的联系和转换,DBMS 在三级模式之间提供了两层映像:外模式/模式映像和模式/内模式映像。这两层映像保证了数据库系统中的数据能够具有较高的逻辑独立性和物理独立性。

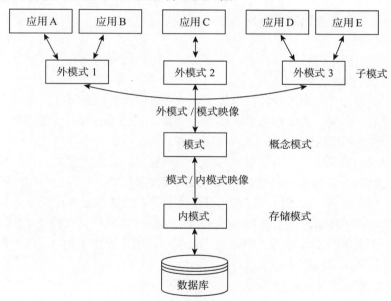

图 1-4 数据库系统的三级模式结构

(1) 外模式(external schema)

外模式又称用户模式或子模式,是数据库用户能够看见并使用的局部数据的逻辑结构和特征的描述,是与某一应用有关的数据的逻辑表示。

外模式是保证数据库安全的一个有力措施。每个用户只能看见和访问所对应的外模式中的数据,数据库中的其余数据是不可见的。

一个数据库可以有多个外模式。由于它是各个用户的数据视图，如果不同的用户在应用需求、看待数据的方式、对数据保密的要求等方面存在差异，则其外模式的描述就不同。模式中的同一个数据在外模式中的结构、类型、长度、保密级别等都可以不同。此外，同一个外模式也可以为某一用户的多个应用系统所使用，但一个应用程序只能使用一个外模式。

(2) 模式(schema)

模式又称逻辑模式或概念模式，是数据库中全体数据的逻辑结构和特征的描述，是所有用户的公共数据视图。一个数据库只有一个模式。

模式以某一种数据模型为基础，统一综合考虑所有用户的需求，并将这些需求有机地结合成一个逻辑整体。定义模式时不仅要定义数据的逻辑结构，还要定义数据之间的联系，定义与数据有关的安全性和完整性要求。

(3) 内模式(internal schema)

内模式又称存储模式，是数据物理结构和存储方式的描述，是数据在数据库内部的组织方式。一个数据库只有一个内模式。

说明：内模式处于最底层，它反映了数据在计算机物理结构中的实际存储形式；概念模式处于中间层，它反映了设计者的数据全局逻辑要求；外模式处于最外层，它反映了用户对数据的要求。

*2. 从终端用户的使用角度

数据库系统的体系结构主要有以下几种。

(1) 单用户结构

数据库系统运行于一台计算机中，只支持一个用户访问。

(2) 分布式结构

数据库系统运行在分布式计算机系统中，全局数据库的数据可分割存储在系统的多台数据库服务器上，由统一的分布式 DBMS 进行管理，在逻辑上是一个整体。

(3) 客户/服务器(Client/Server，C/S)结构

在 C/S 结构的系统中，应用程序分为客户端和服务器端两大部分。客户端部分为每个用户所专有，而服务器端部分则由多个用户共享其数据与功能。客户端程序的任务是完成数据预处理、数据表示、管理用户接口和报告请求等；服务器端计算机安装 DBMS，接收客户端程序提出的服务请求，完成 DBMS 的核心功能并将操作结果传递给客户端。这种于 20 世纪 80 年代出现的 C/S 结构比较适合于规模小、用户数少于 100、单一数据库且有安全性和快速性保障的局域网环境下运行。

(4) 浏览器/服务器(Browser/Server，B/S)结构

B/S 结构是随着 Internet 兴起的一种网络应用结构。它主要利用了不断成熟的 Web 浏览器技术，结合浏览器的多种脚本语言和 ActiveX 技术，通过通用浏览器实现原来需要复杂专用软件才能实现的强大功能。在这种结构下，用户工作界面通过 Web 浏览器来实现，除极少部分的事务逻辑在浏览器端实现外，大部分事务逻辑在服务器端实现。

也可将 C/S 结构和 B/S 结构结合起来，形成一种新的结构。在这种结构中，对于企业外部客户或者一些需要用 Web 处理的、满足大多数访问者请求的功能界面采用 B/S 结构；对于企业内部少数人使用的功能应用采用 C/S 结构。

*1.1.4　图灵奖得主

1947 年成立的美国计算机协会(Association for Computing Machinery，ACM)在 1966 年纪念计算机诞生 20 周年时，决定设立计算机科学界的第一个奖项并命名为图灵奖(A.M. Turing Award)。图灵奖这一名称取自人工智能和广义计算机科学的创始人之一的英国科学家艾伦·麦席森·图灵(Alan Mathison Turing, 1912.06.23—1954.06.07)。图灵在 1950 年发表了名为 *Computing machinery and intelligence* 的论文，这篇论文不仅因人们现在所称的图灵测试而闻名，也包含了人工智能很多核心概念的萌芽。

图灵奖被誉为计算机科学界的诺贝尔奖，专门奖励在计算机科学研究中做出创造性贡献、推动了计算机科学与技术发展的杰出科学家，偏重于在计算机科学理论和软件方面做出贡献的科学家。由 ACM 和 IEEE-CS(Institute of Electrical and Electronics Engineers- Computer Society，电气电子工程师协会-计算机学会)的代表组成的 CSAB(Computing Sciences Accreditation Board，计算机认证科学委员会)，确立了计算机科学的四个主要领域：计算理论、算法与数据结构、编程方法与编程语言、计算机元素与架构。CSAB 还确立了其他一些重要领域，如软件工程、人工智能、计算机网络与通信、数据库

图 1-5　Charles W. Bachman

系统、并行计算、分布式计算、人机交互、机器翻译、计算机图形学、操作系统、数值和符号计算等。截至 2017 年 8 月，已有四位数据库系统领域的杰出专家获得图灵奖。

Charles W. Bachman(1924.12.11—2017.07.13)，如图 1-5 所示，拥有美国宾夕法尼亚大学硕士学位，主持设计开发了第一个网状数据库系统 IDS(Integrated Data Store)，它的设计思想和实现技术被后来的许多数据库产品所仿效。Bachman 积极推动与促成了数据库标准的制定，美国数据系统语言委员会(Conference on Data Systems Languages，CODASYL)下属的数据库任务组(DataBase Task Group，DBTG)提出网状数据库模型以及数据定义语言(DDL)和数据操纵语言(DML)的规范说明，于 1971 年推出了第一个正式 DBTG 报告，成为数据库历史上具有里程碑意义的文献。因为对数据库技术做出的杰出贡献，1973 年 Charles W.Bachman 获得图灵奖，这是该奖首次颁发给无博士学位的专家。

Edgar F.("Ted")Codd(1923.08.19—2003.04.18)，如图 1-6 所示，生于英格兰，第二次世界大战期间应征入伍，在英国皇家空军服役，参与过多场惊心动魄的空战。1948 年到美国 IBM 公司做数学程序员，1953 年因得罪参议员 Joseph McCarthy 移居加拿大渥太华，1957 年回到 IBM 工作。1961—1965 年在密歇根大学安娜堡分校(University of Michigan in Ann Arbor)攻读计算机科学博士学位。1970 年 6 月在美国计算机协会会刊

图 1-6　Edgar F.("Ted") Codd

Communications of ACM 上发表了著名论文 *A Relational Model of Data for Large Shared Data Banks*(《大型共享数据库的关系模型》)，首先提出了关系数据模型。之后又提出了关系代数和关系演算以及函数依赖，1972 年提出了关系的第一范式、第二范式和第三范式。1974 年在第三范式基础上，与 Boyce 一起提出的 BC(Boyce-Codd)范式，为关系数据库系统奠定了理论基础，同时拉开了关系型数据库的序幕，被誉为"关系数据库之父"。

由于关系模型简单明了且具有坚实的数学理论基础，一经推出就受到了学术界的高度重视，之后又引起产业界广泛响应，使关系型数据库成为数据库市场的主流。Codd 创办过一个关系研究所(The Relational Institute)和一家 Codd & Associations 公司来进行关系数据库产品的研发、销售、咨询等业务。因为在数据库管理系统的理论和实践方面做出的杰出贡献，1981 年 E. F. Codd 获图灵奖。

图 1-7　James("Jim")
Nicholas Gray

James("Jim")Nicholas Gray(1944.01.12—2007.01.28 失踪)，如图 1-7 所示，拥有美国加州大学伯克利分校计算机科学博士学位。先后在贝尔实验室、IBM、Tandem、DEC、微软等公司工作。在 IBM 期间，参与和主持过层次型数据库管理系统 IMS(Information Management System)、关系数据库 System R、SQL/DS、DB2 等项目的研发；在 Tandem 期间，对公司的主要数据库产品 ENCOMPASS 进行了改进与扩充，并参与了系统字典、并行排序、分布式 SQL、Nonstop SQL 等项目的研制工作。

Gray 在事务处理方面取得的突出成就，使他成为该技术领域公认的权威，他的研究成果反映在他发表的一系列论文和研究报告之中，之后结晶为一部厚厚的专著 *Transaction Processing*: *Concepts and Techniques*。因为在数据库和事务处理研究以及系统执行方面做出了开创性的贡献，1998 年，时任微软研究员的 James Nicholas Gray 获得图灵奖。

2007 年 1 月 28 日 Gray 从旧金山港出发，驾驶一艘长 40 英尺的游艇，在前往 Farallon 岛的途中神秘失踪。海岸警卫队进行了全面搜查，但没有发现船只的迹象；Gray 的朋友和同事使用卫星图像和云计算进行搜索，仍没有找到他；长达四个月的海底先进技术搜查覆盖了约 1 千平方公里，依旧没有找到他。在法定授权的等待期之后，法院批准了截至 2012 年 1 月 28 日宣布死亡的请愿书。

Michael Stonebraker(1943.10.11—)，如图 1-8 所示，是专门从事数据库研究的美国计算机科学家，因为对现代数据库系统底层的概念与实践所做出的基础性贡献，2014 年获得图灵奖，此前他已经获得 IEEE 的约翰·冯·诺依曼(John von Neumann，1903.12.28—1957.02.08)奖章和第一届 SIGMOD(Special Interest Group on Management of Data)Edgar F. Codd 创新奖等多个重量级荣誉。他发明了多个现代数据库系统所用的概念，创办了多家成功的数据库技术公司，影响跨越学术界和产业界。

图 1-8　Michael Stonebraker

1973 年 IBM 启动关系数据库 System R 项目，发表了一系列关系数据库的文章。Stonebraker 和同事在这些文章的启发下，开始组织美国加州大学伯克利分校师生研制关系数据库实验系统 INGRES。INGRES 在关系数据库的查询语言设计、查询处理、存取方法、并发控制和查询重写等方面有重大贡献。后来在 INGRES 的基础上发展出 Sybase 和 SQL Server 两大主流数据库。

20 世纪 80 年代，Stonebraker 开发了 POSTGRES 项目，在关系数据库中增加对更复杂的数据类型的支持，包括对象、地理数据、时间序列数据等。后来这个系统演变为开源的 PostgreSQL。

20 世纪 90 年代，Stonebraker 创分布式数据库之先，启动了联邦数据库 Mariposa，创办了 Cohera 公司，后被 PeopleSoft 收购。他提出的 Shared Nothing 架构这一重要概念现已成为大数据系统的基石之一。

21 世纪初，Stonebraker 几乎每年都与多所大学合作开发一种新类型的数据库或数据处理系统，并创立一家公司。他汇集最有价值的数据库领域论文，成书的 *Readings in Database Systems* 已有第 4 版。2013 年，70 岁的他还与一个名叫卡塔尔的年轻人共同创办企业数据集成公司 Tamr，次年获得 Google 等 1600 万美元投资。他培养的学生和有过合作的同事是许多知名数据库公司和学界的核心人物，无论是 SQL、NoSQL、NewSQL、数据仓库还是大数据，都与他有着千丝万缕的联系。

1.2　数据模型

数据库技术的发展沿着数据模型(data model)的主线向前推进，数据模型是数据库系统的基础，数据库的类型是依据数据模型来划分的。一艘航模舰艇、一组建筑设计沙盘都是具体的模型，模型是对现实世界中某个对象特征的模拟和抽象。数据模型也是一种模型，是对现实世界数据特征的抽象，是用来描述、组织数据并对数据进行操作的。从构成上看，数据结构、数据操作与数据的约束条件是数据模型的三要素。其中，数据结构用于刻画数据、数据语义以及数据与数据之间的联系；数据操作规定了数据的添加、删除、更新、查找、显示、维护、打印、选择、排序等操作；数据约束是对数据结构和数据操作的一致性、完整性约束，也称为数据完整性约束。

1.2.1　数据模型的分层

数据模型应满足三方面要求：一是比较真实地模拟现实世界；二是容易被人理解；三是便于在计算机上实现。一种数据模型要同时完美地满足这三方面的要求很困难，因此，在数据库系统中针对不同的使用对象和应用目的，采用不同的数据模型。

由于计算机不可能直接处理现实世界中的具体事物，因此人们必须事先把具体事物转换成计算机能够处理的数据。为了把现实世界中的具体事物抽象、组织为某一个数据库管理系统支持的数据模型，人们常常首先将现实世界抽象为信息世界，再将信息世界转换为机器世界。

数据的加工是一个逐步转化的过程，经历了现实世界、信息世界和机器世界这三个不同的世界。首先将现实世界中的客观对象抽象为某一种信息结构，这种信息结构不依赖于具体的计算机系统，不是某一个 DBMS 支持的数据模型，而是概念级的模型；然后再将概念模型转换为计算机上某一个 DBMS 支持的数据模型。此过程如图 1-9 所示。信息世界又称为概念世界，机器世界又称为数据世界或计算机世界。

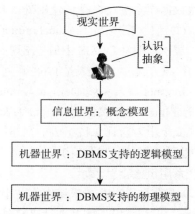

图 1-9　现实世界中客观对象的抽象过程

　　从现实世界到概念模型的转换由数据库设计人员完成；从概念模型到逻辑模型的转换可由数据库设计人员完成，也可用数据库设计工具协助设计人员来完成；从逻辑模型到物理模型的转换一般由 DBMS 完成。

　　根据数据抽象的不同级别，可以将数据模型分为三层：概念数据模型、逻辑数据模型和物理数据模型。

1. 概念数据模型(Conceptual Data Model，CDM)

　　概念层次的数据模型称为概念数据模型，简称为概念模型或信息模型，是按用户的观点或认识对现实世界的数据和信息进行建模，主要用于数据库设计。概念模型具有语义表达能力强、易于理解、独立于任何 DBMS、容易向 DBMS 所支持的逻辑数据库模型转换的特点。

　　常用的概念模型表示方法是实体-联系模型(Entry-Relationship model，E-R 模型)，E-R 模型认为现实世界由一组称为实体的基本对象以及这些对象间的联系构成。实体是现实世界中可区别于其他对象的一件"事情"或一个"物体"。例如，大学教务管理系统中的一个学院、一个专业、一门课程、一个学生、一个教师、一条选课记录等都是实体。E-R 模型的详细介绍参见 1.2.2 节。

2. 逻辑数据模型(Logical Data Model，LDM)

　　逻辑层是数据抽象的第二层抽象，用于描述数据库数据的整体逻辑结构。该层的数据抽象称为逻辑数据模型，简称为逻辑模型或数据模型。在上下文语境没有歧义时，逻辑数据模型常常简称为数据模型。

　　逻辑模型是用户通过 DBMS 看到的现实世界，是按计算机系统的观点对数据建模，即数据的计算机实现形式，主要用于 DBMS 的实现。因此，逻辑模型既要考虑用户容易理解，又要考虑便于 DBMS 的实现。

　　不同的 DBMS 提供不同的逻辑数据模型，例如层次模型、网状模型、关系模型、面向对象模型、对象关系模型、半结构化模型等，其中层次模型和网状模型统称为格式化模型。

　　格式化模型的数据库系统在 20 世纪 70 年代至 20 世纪 80 年代初十分流行，占据数据库系统产品的主导地位。层次型数据库系统和网状数据库系统在使用和实现上都要涉及数据库物理层的复杂结构，现在除了美国和欧洲某些国家有一些早期的层次型数据库系统或网状数据库系统还在继续使用外，其他地方已很少见。

　　(1) 层次模型(hierarchical model)

　　层次模型是 DBMS 中最早出现的数据模型，层次型数据库管理系统采用层次模型作为数据的组织方式，典型代表是 1968 年美国 IBM 公司推出的第一个大型商用数据库管理系统 IMS。

　　Internet 域名系统(Domain Name System，DNS)是一个层状数据库的集合，用于将基于字符的 Internet 域名翻译成用数字表示的 IP(Internet Protocol)地址。DNS 数据库中的数据由全球成千上万台计算机组成的网络提供，DNS 数据库被称为分布式数据库。

　　层次模型用树状结构来表示各类实体以及实体之间的联系，实体用记录表示，实体间的联系用链接指针表示。层次模型要满足以下条件：

- 有且仅有一个根结点，此根结点没有双亲结点。
- 根结点以外的其他结点有且只有一个双亲结点。

　　现实世界中许多实体之间的联系本来就呈现出一种层次关系，例如部门组织结构、家族关系等。层次模型的数据结构比较简单清晰，每个结点表示一条记录型，记录型之间的联系用结点之间的连线表示，这种联系是父子之间的一对多联系。但在现实世界中很多联系是非层次的，层次模型表示这类联系时只能通过引入冗余数据(易产生不一致性)或创建非自然的虚拟结点来解决，对插入和删除操作的限制较多，应用程序的编写比较复杂。

(2) 网状模型(network model)

网状数据库管理系统采用网状模型作为数据的组织方式。20 世纪 70 年代，美国数据系统语言研究会(CODASYL)下属的数据库任务组(DBTG)提出一个网状数据模型方案，其基本概念、方法和技术具有普遍意义。典型的网状数据库管理系统有 Cullinet Software 公司的 IDMS、Honeywell 公司的 IDS/2、Univac 公司的 DMS1100、HP 公司的 LMAGE 等。

网状模型用网状结构来表示各类实体以及实体之间的联系，网状模型是满足以下条件的基本层次联系的集合：

● 允许一个以上的结点无双亲。

● 一个结点可以有多个双亲。

网状模型是一种比层次模型更具有普遍性的结构，能更直观地描述现实世界。与层次模型一样，网状模型中的每个结点也表示一个记录型，每个记录型可包含若干个字段，结点之间的有向连线表示记录型之间的一对多父子联系。由于网状模型的双亲结点与孩子结点之间的联系不是唯一的，因此要为每个联系命名，并指出与该联系有关的双亲记录和孩子记录，结构比较复杂，而且随着应用规模的扩大，数据库的结构会变得越来越复杂。操作语言也比较复杂。

(3) 关系模型(relational model)

关系数据库管理系统采用关系模型作为数据的组织方式。关系模型的数据之间的联系是通过存取路径(即指针)实现的，应用程序在访问数据时必须选择适当的存取路径，因此编程人员要了解系统结构的细节，加重了编写应用程序的负担。

1970 年美国 IBM 公司 San Jose 研究室的 Edgar F. Codd 发表的《大型共享数据库的数据关系模型》论文首次提出关系模型，开创了数据库管理系统的新纪元。ACM 在 1983 年将该论文列为自 1958 年以来的四分之一世纪中具有里程碑意义的 25 篇研究论文之一。

关系模型用规范化的二维表来表示各类实体以及实体之间的联系，其详细介绍参见1.2.3 节。

(4) 面向对象模型(object oriented model)

面向对象数据库管理系统采用面向对象模型作为数据的组织方式。面向对象模型也称OO 模型，是用面向对象的观点来描述现实世界实体对象的逻辑组织、对象间限制、联系等的模型。面向对象的方法和技术在计算机各领域，包括程序设计语言、软件工程、信息系统设计、计算机硬件设计等方面都产生了深远的影响，也促进了面向对象数据模型的发展。对象是由一组数据结构以及在这组数据结构上操作的程序代码封装起来的基本单位。对象通常与实际领域的实体对应，因此，OO 模型也可以看成 E-R 模型在增加了封装、方法和对象标识符等概念后的扩展。

面向对象数据库系统对数据的操纵包括数据查询、增加、删除、修改等，也具有并发控制、故障恢复、存储管理等完整的功能。不仅能支持传统数据库应用，也能支持非传统领域的应用，例如 CAD(Computer Aided Design)、CAM(Computer Aided Manufacturing)、

CIMS(Computer/contemporary Integrated Manufacturing System)、GIS(Geographic Information System)以及图形、图像等多媒体领域、工程领域和数据集成等领域。然而，由于面向对象数据库操作语言过于复杂，没有得到广大用户和开发人员的认可，加上面向对象数据库企图完全替代关系数据库管理系统的思路，增加了企业升级的负担，客户不接受，市场上没有成功的面向对象数据库产品。

(5) 对象关系模型(object relational model)

对象关系数据库管理系统采用对象关系模型作为数据的组织方式。对象关系数据库系统(Object Relational DataBase System，ORDBS)是关系数据库与面向对象数据库的结合。它保持了关系数据库系统的非过程化数据存取方式和数据独立性，继承了关系数据库系统已有的技术，既支持原有的数据管理，又能支持 OO 模型和对象管理。各数据库厂商都在原来的产品基础上进行了扩展。1999 年发布的 SQL 标准，也称 SQL99，增加了 SQL/Object Language Binding，提供了面向对象的功能标准。SQL99 对 ORDBS 标准的制定滞后于实际系统的实现。因此，各个 ORDBS 产品在支持对象模型方面虽然思想一致，但所采用的术语、语言语法、扩展的功能都不尽相同。

(6) 半结构化模型(semi-structured model)

随着互联网的迅速发展，Web 上各种半结构化、非结构化数据源已成为重要的信息来源，产生了以 XML 为代表的半结构化数据模型和非结构化数据模型。通过 Internet 使用 XML 元素的形式传递消息以实现共享数据已成为普遍现象，传统关系数据库应用中使用 XML 的现象也愈加普及。

万维网联盟的 XML 工作组对 XML 的定义是："XML 是标准通用标记语言(Standard Generalized Markup Language，SGML)的子集，其目标是允许普通的 SGML 在 Web 上以目前超文本标记语言(HyperText Markup Language，HTML)的方式被服务、接收和处理。XML 被设计成易于实现且可在 SGML 和 HTML 之间互操作。"

XML 是一种描述性的标记语言，被设计用来传输和存储数据，它具有自我描述性，标签没有被预定义，需要用户自行定义标签。XML 是纯文本，有能力处理纯文本的软件都可以编辑 XML，但是只有能够读懂 XML 的应用程序可以有针对性地处理 XML 的标签。标签的功能性意义依赖于应用程序的特性。

XML 简化了数据的传输和平台的变更。很多 Internet 语言是通过 XML 创建的，例如，用于描述可用 Web 服务的 WSDL、用于 RSS feed 的语言 RSS、用于描述资源和本体的 RDF 和 OWL 等。

一个 XML 文档由标记和内容组成。XML 中共有 6 种标记：元素(element)、属性(attribute)、实体引用(entity reference)、注释(comment)、处理指令(processing instruction)和 CDATA 区段(CDATA section)。XML 的语法规则简单，易学易用。以下列举 5 种基本语法规则。

① 所有 XML 元素都须有结束标签，属性值须加引号。

例如，<p>This is a paragraph</p>，<p>和</p>要成对出现，<p>是开始标签，</p>是结束标签。

XML 的声明不属于 XML 本身的组成部分，不是 XML 元素，不需要关闭标签。XML 声明形式如下：

```
<?xml version="1.0" encoding="UTF-8" standalone="yes"?>
```

此声明表示 XML 的当前版本是 1.0,使用 UTF-8 字符集,独立文件声明的属性值是 yes。yes 表示所有与文件相关的信息都已经包含在文件中,即文件中没有指定外部的实体,也没有使用外部的模式。

XML 元素指的是从(且包括)开始标签直到(且包括)结束标签的部分。元素可包含其他元素、文本或者两者的混合物。元素也可以拥有属性。

② XML 标签对大小写敏感。

在 XML 中,标签<Book>与标签<book>是不同的。

③ XML 必须正确嵌套。

在 XML 中,所有元素都不能交叉嵌套。例如:

```
<b><i>This text is bold and italic</i></b>
```

由于<i>元素是在<b>元素内打开的,因此它必须在<b>元素内关闭。

④ XML 文档必须有根元素。

XML 文档必须有一个元素是所有其他元素的父元素,该元素称为根元素。例如:

```
<root>
<child>
<subchild>J K. Rowling</subchild>
</child>
</root>
```

<root>是根元素。

⑤ XML 的注释格式如下:

```
<!-- This is a comment -->
```

相对于关系型数据存储模式,通过 XML 存储数据有以下优势:

● XML 标签型的数据格式易于人们理解。

● XML 层次型的数据表达,更能反映出对象和业务的实际层次关系。

● XML 灵活的数据存储方式,更能反映业务的变化,能够存储相对更广泛的数据。

因此,在数据建模的时候,使用 XML 能够保证数据模型的扩展能力。

在数据模型设计时,通常有两种使用 XML 的方式:完全 XML 的数据模型设计和部分 XML 的数据模型设计。

完全 XML 的数据模型设计虽然简化了很多数据模型的工作,但是要求开发人员必须熟悉 XML 的 Xquery 语言,完全抛弃已有的 SQL 规范,这给现有的技术体系的延续性添加了难度。完全 XML 的数据模型设计节省了模型设计的工作时间,但是现有的一些开发工具还不能完全支持 XML 的技术,因此,当需要手工进行一些开发工作时,增加了开发工作量。

关系模型和 XML 模型相结合的部分 XML 的数据模型设计方式,通过关系模型延续现有的体系架构,通过 XML 模型提升现有数据模型的扩展能力,兼顾了关系模型和 XML 模型的优点,发挥了两者的长处,规避了两者的不足,在实际数据模型设计中常常采用。

XML 模型将一个 XML 文档建模为一棵树,把文档中的每一个元素、属性、命名空间、处理指令和注释等内容都建模为这棵树中的一个结点,它是非线性的树结构。

3. 物理数据模型(Physical Data Model，PDM)

物理层是数据抽象的最底层，用于描述数据的物理存储结构和存取方法。例如，数据的物理记录格式是变长还是定长；数据是压缩还是非压缩；一个数据库中的数据和索引(index)是存放在相同的还是不同的数据段上等。索引提供了对包含特定值的数据项的快速访问，建立索引是加快查询速度的有效手段。索引占用一定的存储空间，当基本表更新时，索引需要进行相应的维护，这就增加了数据库的负担，因此要根据实际应用的需求有选择地创建索引。

物理层的数据抽象称为物理数据模型，简称为物理模型，它不但由 DBMS 的设计决定，而且与操作系统、计算机硬件密切相关。物理模型的具体实现是 DBMS 的任务，数据库设计人员要了解和选择物理模型，一般用户不必考虑物理层的细节。

1.2.2 概念模型的表示方法：实体-联系方法

概念模型是对信息世界建模，概念模型的表示方法有很多，常用的是 P.P.S.Chen 于 1976 年提出的实体-联系方法(Entity-Relationship approach，E-R 方法)。该方法用 E-R 图(E-R diagram)来描述概念模型，E-R 方法也称 E-R 模型、E-R 图或实体-联系图。E-R 图是一种语义模型，是现实世界到信息世界的事物及事物之间关系的抽象表示。

E-R 图是不受任何 DBMS 约束的面向用户的表达方法，能够直观表示现实世界中的客观实体、属性以及实体之间的联系。构成 E-R 图的基本要素是：实体型、属性和联系。实体型用矩形表示，矩形框内写实体名；属性用椭圆形表示，椭圆形框内写属性名，并用直线与相应的实体型连接；联系用菱形表示，菱形框内写联系名，并用直线分别与有关实体型相连，同时在直线旁标上联系的类型(1∶1、1∶n 或 m∶n)。

1. 基本概念

(1) 实体(entity)

实体是客观世界中可区别于其他事物的"事物"或"对象"。实体既可以是有形的实在的事物，例如一个学生、一本书、一张身份证；也可以是抽象的概念上存在的事物，例如一个专业、一门课程、一次选课、一次借书或还书、一次网络教学平台的在线学习等。

(2) 实体集(entity set)

实体集是指具有相同类型及相同性质或属性的实体集合。例如，全体学生的集合可定义为学生实体集，学生实体集中的每个实体具有学号、姓名、性别、出生日期等属性。

(3) 实体型(entity type)

具有相同属性的实体必然具有共同的特征和性质。用实体名及其属性名集合来抽象和刻画同类实体，称为实体型。实体型是实体集中每个实体所具有的共同性质的集合。例如，学生｛学号，姓名，性别，…｝就是一个实体型。实体是实体型的一个实例，在含义明确的情况下，实体与实体型通常互换使用。

(4) 属性(attribute)

实体是通过一组属性来描述的，属性是实体集中的每个实体都具有的特征描述。在一个实体集中，所有实体都具有相同的属性。例如，学生实体集中的每个实体都具有学号、姓名、性别、出生日期等属性，如图 1-10 所示。选课实体集中的每个实体都具有学号、课程编号、课程名称、学分、学期、课程类型、成绩等属性，如图 1-11 所示。

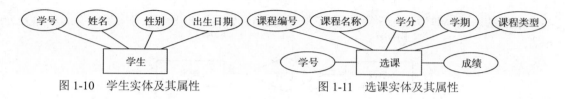

图 1-10　学生实体及其属性　　　　　　图 1-11　选课实体及其属性

(5) 码(key)

能唯一标识实体的属性或属性集称为码或键。在图 1-10 中，学号可以作为学生实体的码，而学生姓名由于可能重名，不能作为学生实体的码。在图 1-11 中，由于每个学生每学期可以选修多门课程，学号不是选课实体的码，学号和课程编号这两个属性合在一起才能作为选课实体的码。

(6) 域(domain/value set)

每个属性都有自己的取值范围，一个属性所允许的取值范围或集合称为该属性的域，实体的属性值是数据库中存储的主要数据。例如，"姓名"属性的域是字符串集合，"性别"属性的域值是"男"或"女"，"学号"属性的域可以是字母和数字的组合。

2. 实体间的联系(relationship)

正如现实世界的事物之间存在着联系一样，实体之间也存在着联系。联系是指多个实体之间的相互关联。两个实体间的联系可分为一对一、一对多和多对多 3 种联系类型，如图 1-12 所示。

(1) 一对一联系(1:1)

若对于实体集 A 中的每一个实体，在实体集 B 中至多有一个(也可以没有)实体与之联系，反之亦然，则称实体集 A 与实体集 B 具有一对一联系，记为 1:1。

例如，学校里一个班级只有一个正班长，而一个正班长只在一个班级里任职，班级与正班长之间具有一对一的联系。电影院中座位实体集和观众实体集之间具有一对一联系，因为一个座位最多坐一名观众或没有观众，而一名观众也只能坐在一个座位上。

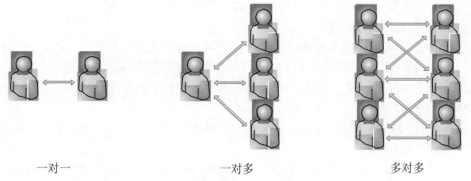

一对一　　　　　　　　　一对多　　　　　　　　　多对多

图 1-12　实体间的 3 种联系

(2) 一对多联系(1:n)

若对于实体集 A 中的每一个实体，在实体集 B 中有 n 个实体(n≥2)与之联系，反之，对于实体集 B 中的每一个实体，在实体集 A 中至多只有一个实体与之联系，则称实体集 A 与实体集 B 具有一对多联系，记为 1:n。实体集 A 是 1 端，实体集 B 是 n 端。

例如，一所学校有若干名学生，而每个学生只能在一所学校注册，学校与学生之间具有一对多的联系，即学生与学校具有多对一的联系。如图 1-13 所示，学校是 1 端，学生是 n 端。

图 1-13　一对多联系示例

(3) 多对多联系(m:n)

若对于实体集 A 中的每一个实体，在实体集 B 中有 n 个实体(n≥2)与之联系，反之，对于实体集 B 中的每一个实体，在实体集 A 中也有 m 个实体(m≥2)与之联系，则称实体集 A 与实体集 B 具有多对多联系，记为 m:n。

例如，公司生产的产品与其客户之间是多对多联系，因为一个产品可以被多个客户订购，一个客户也可以订购多个产品；又如，一门课程同时有若干个学生选修，而一个学生可以同时选修多门课程，则课程与学生之间具有多对多联系；一名教师可以讲授多门课程，一门课程可以有多位教师讲授，则教师与课程之间具有多对多联系，如图 1-14 所示。

图 1-14　多对多联系示例

【例 1-1】用 E-R 图表示某个工厂物资管理的概念模型。

物资管理涉及以下 5 个实体。

(1) 仓库，有仓库号、面积、电话号码等属性。

(2) 零件，有零件号、名称、规格、单价等属性。

(3) 供应商，有供应商号、姓名、地址、账号、电话号码等属性。

(4) 项目，有项目号、预算、开工日期等属性。

(5) 职工，有职工号、姓名、性别、工龄、职务等属性。

这些实体之间有如下联系：

(1) 一个仓库可以存放多种零件，一种零件可以存放在多个仓库中，因此仓库和零件具有多对多联系。用库存量来表示某种零件在某个仓库中的数量。

(2) 一个仓库有多个职工当仓库保管员，一个职工只能在一个仓库工作，因此仓库和职工之间是一对多联系。

(3) 职工之间具有领导与被领导关系。即仓库主任领导若干仓库保管员，因此职工实体型之间具有一对多联系。

(4) 一个供应商可以供给若干项目多种零件，每个项目可能使用不同供应商供应的零件，每种零件可由不同供应商供给，因此供应商、项目和零件三者之间具有多对多联系。

工厂物资管理 E-R 图如图 1-15 所示。"职工"包括仓库主任和仓库保管员两类人员，具有一对多联系。

3. 三个不同世界的术语对照

现实世界、信息世界(概念世界)和机器世界(数据世界)的术语对照表如表 1-3 所示。

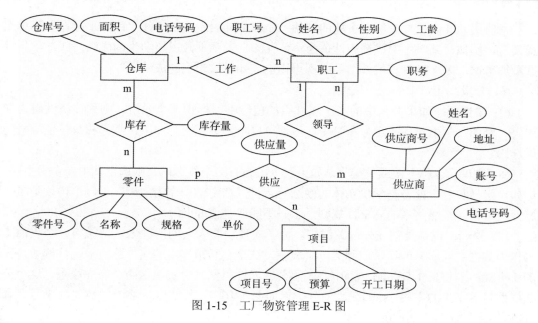

图 1-15 工厂物资管理 E-R 图

表 1-3 三个不同世界的术语对照表

现实世界	信息世界(概念世界)	机器世界(数据世界)
组织(事务及其联系)	实体及其联系	数据库
事物类(总体)	实体集	文件
事物(对象、个体)	实体	记录
特征	属性	数据项(字段)

1.2.3 关系模型的基本术语及性质

关系模型是最重要的一种数据模型，关系数据库系统采用关系模型作为数据的组织方式。20 世纪 80 年代以来，计算机厂商新推出的数据库管理系统几乎都支持关系模型，数据库领域当前的研究工作也都是以关系方法为基础。

关系模型是一种用二维表表示实体集，用主码标识实体，用外码表示实体之间联系的数据模型。

1. 关系模型的基本术语

(1) **关系**：对应通常所说的二维表，它由行和列组成，还必须满足一定的规范条件。表 1-4 和表 1-5 就是两个关系。

(2) **关系名**：每个关系的名称。表 1-4 的关系名是 Stu，表 1-5 的关系名是 Grade。

(3) **元组**：二维表中的每一行称为关系的一个元组，它对应于实体集中的一个实体。

(4) **属性**：二维表中的每一列对应于实体的一个属性，每个属性要有一个属性名。

(5) **值域**：每个属性的取值范围。关系的每个属性都必须对应一个值域，不同属性的值域可以相同，也可以不同。

例如，用"男"或"女"表示性别的取值范围；用大于或等于 0 且小于或等于 100 的实数可以表示百分制成绩的取值范围，也可以表示其他某种属性的取值范围。

空值用 null 表示，是所有可能的域的一个取值，表示值"未知"或"不存在"或"无意义"。例如，某学生的成绩属性值为空值 null，表示不知道该学生的成绩；或该学生没有参加考试，因而没有获得成绩；或不想让他人知道该学生的成绩等。

(6) **分量**：元组中的一个属性值。

(7) **候选码**：如果关系中的某一属性组的值能唯一标识一个元组，则称该属性组为候选码。例如，学生实体的学号和身份证号都可以唯一标识一个元组，学号和身份证号就是候选码。

(8) **主码**：也称主键或关键字。如果一个关系有多个候选码，则选定其中一个为主码。例如，学号和身份证号是学生实体的候选码，可以选定学号作为主码。主码也可以是多个属性的组合。按照关系的完整性规则，主码不能取空值 null。

(9) **外码**：也称外键或外部关键字。为了实现表与表之间的联系，通常将一个表的主码作为数据之间联系的纽带放到另一个表中，这个起联系作用的属性称为外码。例如，在表 1-4(Stu 表)和表 1-5(Grade 表)中，利用公共属性"学号"实现这两个表的联系，这个公共属性是 Stu 表的主码、Grade 表的外码，如图 1-16 所示。Grade 表的主码是"学号"和"课程编号"这两个属性的组合。

通过公共属性"学号"实现两表的关联

表1-4　Stu表

学号	姓名	性别	是否团员	出生日期	生源地	专业编号
S1701001	陈榕刚	男	True	2000/03/12	福建	M01
S1701002	张晓兰	女	False	1999/07/11	云南	M01
S1702001	马丽林	女	True	1998/11/06	湖南	M02
S1702002	王伟国	男	True	1999/10/10	江西	M02

表1-5　Grade表

学号	课程编号	平时成绩	期末成绩
S1701001	C0101	76.00	80.00
S1701002	C0101	85.00	75.00
S1701001	C0102	82.50	86.00
S1701002	C0102	90.00	93.00

图 1-16　利用公共属性实现两表间的联系

(10) **关系模式**：对关系的描述，一般表示为

关系名(属性 1，属性 2，…，属性 n)

【例 1-2】Stu 关系和 Grade 关系的关系模式如下：

Stu(学号，姓名，性别，是否团员，出生日期，生源地，专业编号)
Grade(学号，课程编号，平时成绩，期末成绩)

其中，Stu 关系模式中带下画线的属性"学号"是主码；Grade 关系模式中带下画线的两个属性"学号"和"课程编号"一起作为主码。

关系模式要求关系必须是规范化的，即要求关系必须满足一定的规范条件，这些规范条件中最基本的一条就是：关系的每一个分量必须是一个不可分的数据项，不允许表中还嵌套有表。

例如，在图 1-17 所示的机动车驾驶证申请条件汇总表中，身体条件和年龄条件是可分的数据项，又分为身高、视力和申请年龄、允许年龄，因此图 1-17 所示的表就不符合关系模型要求，这个汇总表不是关系。

	是否初学	身体条件		年龄条件		增驾条件	可否在暂住地申请
		身高(cm)	视力	申请年龄	允许年龄	驾驶经历及记分情况	
A1	否	155	5.0	26~50	26~60	B1、B2 五年以上且前三个周期内无满分记录 A2 两年以上且前一个周期内无满分记录 无死亡事故中负主要以上责任的记录	不可
⋮	⋮	⋮	⋮	⋮	⋮		⋮

图 1-17　机动车驾驶证申请条件汇总表(表中有表)的非规范化实例

关系和现实生活中的表格所使用的术语不同，术语对照如表 1-6 所示。

表 1-6　术语对照

关系术语	生活中的表格术语
关系名	表名
关系模式	表头(表格的描述)
关系	二维表
元组	记录或行
属性	列
属性名	列名
属性值	列值
分量	一条记录中的一个列值
非规范关系	表中有表(大表中嵌套小表)

2. 关系模型的性质

关系是一张二维表，但并不是所有的二维表都是关系。关系建立在严格的数学理论基础之上，应具有如下性质。

(1) 元组个数有限性：关系中元组个数是有限的。

(2) 元组的唯一性：关系中每个元组代表一个实体，因此各元组均不相同。

(3) 元组的次序无关性：关系中元组与次序无关，可以任意交换。

(4) 元组分量的原子性：关系中元组的分量是不可分割的基本数据项。关系中的每个属性的值域必须是原子的、不可分解的。若域中的每个值都被看作不可再分的单元，则称域是原子的。例如，表示属性"出生日期"的值域是由所有形如"year/month/day"的值构成，其中 year 是由 4 位数字构成的字符串，表示年份；month 是由两位数字构成的字符串，表示月份；day 是由两位数字构成的字符串，表示日子。将 year、month、day 看成一个整体，则出生日期的值域是原子的。

(5) 属性名唯一性：一个关系中的属性名要各不相同。

(6) 属性的次序无关性：关系中属性与次序无关，可以任意交换。

(7) 分量值域的统一性：关系中各列的属性值取自同一个域，因此一列中的各个分量具有相同性质。

关系模型优化的详细介绍参见 1.3.3 节。

3. 关系模型的优缺点

关系模型具有下列优点：

(1) 关系模型与格式化模型不同，它建立在严格的数学概念的基础之上。

(2) 关系模型的概念单一。无论实体还是实体之间的联系都用关系来表示。对数据的检索和更新结果也是关系，即二维表。关系的结构简单、清晰，用户易懂易用。

(3) 关系模型的存取路径对用户透明，因而具有更高的数据独立性、更好的安全保密性，简化了程序员的工作和数据库开发建立的工作。

当然，关系模型也有缺点，例如，由于存取路径对用户是透明的，查询效率往往不如格式化数据模型。为了提高性能，DBMS 必须对用户的查询请求进行优化，这样就增加了开发 DBMS 的难度。不过，数据库用户不必考虑这些系统内部的优化技术细节。

1.2.4　关系运算

关系运算是对关系数据库的数据操纵，主要用于关系数据库的查询操作。关系模型中常用的关系操作包括查询操作和插入、删除、修改操作两大部分。查询是关系操作中最主要的部分。查询操作可分为并、差、交、笛卡尔积、选择、投影、连接、除等，其中并、差、笛卡尔积、选择、投影是 5 种基本操作，其他操作可以用基本操作来定义和导出，就像乘法可以用加法来定义和导出一样。

关系代数是一种抽象的查询语言，它用对关系的运算来表达查询。关系代数的运算对象是关系，运算结果也是关系。关系代数用到的运算符有集合运算符和专门运算符两类，按照运算符的不同，关系代数的运算可分为传统的集合运算和专门的关系运算两类。

1. 传统的集合运算

传统的集合运算包括并、差、交和笛卡尔积 4 种运算。由于笛卡尔积的元素是元组，这里的笛卡尔积是指广义的笛卡尔积。

设关系 R 和关系 S 具有相同的目 n(即两个关系都有 n 个属性)，且相应的属性取自同一个域，t 是元组变量，$t \in R$ 表示 t 是 R 的一个元组。

(1) 并(union)

关系 R 和关系 S 的并记作：$R \cup S = \{t | t \in R \vee t \in S\}$

其结果仍为 n 目关系，由属于 R 或属于 S 的元组组成。

(2) 差(except/difference)

关系 R 和关系 S 的差记作：$R - S = \{t | t \in R \wedge t \notin S\}$

其结果仍为 n 目关系，由属于 R 但不属于 S 的所有元组组成。

(3) 交(intersection)

关系 R 和关系 S 的交记作：$R \cap S = \{t | t \in R \wedge t \in S\}$

其结果仍为 n 目关系，由既属于 R 又属于 S 的元组组成。关系的交可以用差来表示，即 $R \cap S = R - (R - S)$。

(4) 广义笛卡尔积(extended cartesian product)

两个分别为 n 目和 m 目的关系 R 和关系 S 的笛卡尔积是一个(n+m)列的元组的集合。元组的前 n 列是关系 R 的一个元组，后 m 列是关系 S 的一个元组。若 R 有 k_1 个元组，S 有 k_2 个元组，则关系 R 和关系 S 的笛卡尔积有 $k_1 \times k_2$ 个元组。记作：$R \times S = \{t_r t_s | t_r \in R \wedge t_s \in S\}$。

2. 专门的关系运算

(1) 选择(select)

选择运算是根据给定的条件，从一个关系中选出一个或多个元组(表中的行)。被选出的元组组成一个新的关系，这个新的关系是原关系的一个子集。例如，表 1-7 就是从表 1-4 所示关系中选取性别为"女"的记录而组成的新关系。

表 1-7　选择运算

学号	姓名	性别	是否团员	出生日期	生源地	专业编号
S1701002	张晓兰	女	False	1999/07/11	云南	M01
S1702001	马丽林	女	True	1998/11/06	湖南	M02

(2) 投影(project)

投影运算是从一个关系中选择某些特定的属性(表中的列)重新排列组成一个新关系。投影之后属性减少，新关系中可能有一些行具有相同的值，若有这种情况，重复的行将被删除。例如，表 1-8 就是从表 1-7 所示关系中选取部分属性而得到的新关系。

表 1-8　投影运算

学号	姓名	性别	生源地
S1701002	张晓兰	女	云南
S1702001	马丽林	女	湖南

(3) 连接(join)

连接运算是从两个或多个关系中选取属性间满足一定条件的元组，组成一个新的关系。等值连接(equijoin)和自然连接(natural join)是最为重要也最为常用的连接。例如，表 1-9 就是将表 1-4 和表 1-5 按学号进行自然连接而生成的新关系。

在连接运算中，按照字段值对应相等为条件进行的连接操作称为等值连接。自然连接是去掉重复属性的等值连接。

表 1-9　自然连接运算

学号	姓名	性别	是否团员	出生日期	生源地	专业编号	课程编号	平时成绩	期末成绩
S1701001	陈榕刚	男	True	2000/03/12	福建	M01	C0101	76.00	80.00
S1701001	陈榕刚	男	True	2000/03/12	福建	M01	C0102	82.50	86.00
S1701002	张晓兰	女	False	1999/07/11	云南	M01	C0101	85.00	75.00
S1701002	张晓兰	女	False	1999/07/11	云南	M01	C0102	90.00	93.00

1.2.5　关系的完整性

关系模型的完整性规则是对关系的某种约束条件。实体及其联系要受到现实世界中许多语义要求的约束，例如，24 小时制表示的整点时间取值只能在[0，23]区间；百分制成绩的取值只能在[0，100]区间；一个学生一个学期可以选修多门课程，但只能在本学期已开设的课程中进行选修；学生在选修一门课程所开教学班时，所有选修该教学班的学生人数之和不能超过该教学班所安排教室的容量等。

为了维护数据库中数据与现实世界的一致性，关系数据库的数据与更新操作要遵循三类完整性规则：实体完整性、参照完整性和用户自定义完整性。其中实体完整性和参照完整性是所有关系模型必须满足的数据完整性约束，被称作关系的两个不变性，由关系数据库系统自动支持。用户自定义完整性是应用领域需要遵循的数据完整性约束，体现了具体应用领域中的数据语义约束。

1. 实体完整性(entity integrity)

若属性集(指一个或多个属性)A 是关系 R 的主码，则 A 不能取空值 null。

由于现实世界中的实体都是可区分的，即它们具有某种唯一性标识；而一个关系对应于现实世界的一个实体集，关系中的每一个元组对应于一个实体。因此，作为唯一区分不同元组的主码属性集不能取空值。若主码的属性取空值，就说明存在某个不可标识的实体，即存在不可区分的实体，这是不允许的。

如果主码是由若干个属性的集合构成，则要求构成主码的每一个属性的值都不能取空值。例如，表 1-5 所示 Grade 关系中的主码"学号"和"课程编号"都不能取 null。

【例 1-3】Stu 关系的主码是"学号"，因此它在任何时候的取值都不能为空值 null，但其他属性：姓名、性别、是否团员、出生日期、生源地、专业编号等都可以取空值，表示当时该属性的值未知或不存在或无意义。如果不知道某个学生的出生日期，可以将该属性值输入为 null，表示未知；如果规定学生从大二开始选择专业，那么新生的专业编号暂时输入为 null，表示不存在，待学生大二选择专业后再将 null 更新为所选专业的编号。

2. 参照完整性(referential integrity)

现实世界的实体之间存在各种联系，而在关系模型中实体以及实体间的联系都用关系来描述。因此，实体间的联系也就对应于关系与关系之间的联系。

若关系 R 的外码 F 参照关系 S 的主码，则对于关系 R 中的每一个元组在属性 F 上的取值，要么为空值 null，要么等于关系 S 中某个元组的主码值。

参照完整性反映了"主码"属性与"外码"属性之间的引用规则。

【例 1-4】Grade 关系和 Stu 关系之间存在着属性之间的引用，即 Grade 关系引用了 Stu 关系的主码"学号"，显然，Grade 关系中的外码"学号"属性的取值必须存在于 Stu 关系中。

数据库的修改会导致参照完整性的破坏。当参照完整性约束被违反时，通常是拒绝执行导致完整性被破坏的操作。

3. 用户自定义完整性(user-defined integrity)

任何关系数据库系统都应该支持实体完整性和参照完整性，这是关系模型所要求的。除此之外，不同的关系数据库系统根据其应用环境的不同，往往还要满足一些特殊的约束条件。用户自定义完整性就是针对不同应用领域的语义，由用户自己定义的一些完整性约束条件。例如，课程成绩若是等级制，可以自定义成绩为优秀、良好、中等、及格和不及格五个等级；在 Stu 关系中，若按照应用的要求学生不能没有姓名，则可以定义学生姓名不能取空值；学生的出生日期不能晚于当前日期，需要按标准的年/月/日格式设置。

1.3   数据库设计

数据库设计(database design)广义地讲是数据库及其应用系统的设计，即设计整个数据库应用系统；本节讨论狭义的数据库设计，即设计数据库的各级模式并建立数据库，这是数据库应用系统设计的一部分。数据库设计是指对于一个给定的应用环境，构造优化的数据库逻辑模式和物理结构，并据此建立数据库及其应用系统，使之能够有效地存储和管理数据，满足各种用户的应用需求，包括信息管理要求和数据操作要求。信息管理要求是指在数据库中应该存储和管理哪些数据对象；数据操作要求是指对数据对象需要进行哪些操作，如查询、添加、删除、修改、统计等操作。

大型数据库的设计和开发是一项庞大的工程，涉及多学科的综合技术。数据库应用系统从设计、实施到运维的全过程和一般的软件系统设计、开发和运维有许多相似之处，但更有其自身的一些特点。"三分技术，七分管理，十二分基础数据"是数据库设计的特点之一，因此数据的收集、整理、组织和不断更新是数据库建设中的重要环节。

早期数据库设计主要采用手工和经验相结合的方法，设计质量与设计人员的经验和水平有直接关系。缺乏科学理论和工程方法支持的数据库设计，质量难以保证。常常是数据库运行一段时间后会发现各种问题，需要进行修改甚至重新设计，增加了系统维护代价。为此，人们相继提出了各种数据库设计方法。例如，新奥尔良方法、基于 E-R 模型的设计方法、第三范式设计方法、面向对象的数据库设计方法、统一建模语言 UML(Unified Modeling Language)方法等。

实践表明，数据库设计是一项软件工程，开发过程遵循软件工程的一般原理和方法。数据库设计经过以下 6 个阶段：需求分析→概念结构设计→逻辑结构设计→物理结构设计→数据库实施→数据库运行和维护。设计一个完善的数据库应用系统不可能一蹴而就，它往往是这 6 个阶段的不断反复。

在数据库设计过程中，需求分析和概念结构设计可以独立于任何 DBMS 进行，逻辑结构设计和物理结构设计与选用的 DBMS 密切相关。若所设计的数据库应用系统比较复杂，可借助数据库设计工具以提高数据库设计质量并减少设计工作量。例如，支持 60多种 RDBMS，并提供 Eclipse 插件的 Power Designer；MySQL 数据库设计专用工具 Navicat for MySQL、MySQL Workbench 等。

1.3.1   数据库系统的需求分析

需求分析是整个设计过程的基础，是最困难和最耗时的一步。需求分析的结果是否准确反映用户的实际要求，将直接影响后面各阶段的设计，并影响到设计结果是否合理和实用。

设计人员要不断深入地与用户交流，逐步确定用户的实际需求，与用户达成共识，然后分析和表达这些需求，形成需求分析报告，即需求说明书。需求分析报告必须交给用户确认，用户认可之后才能开始下阶段的概念结构设计。

数据字典是进行详细的数据收集和数据分析所获得的主要成果。它是关于数据库中数据的描述，即元数据，而不是数据本身。数据字典在需求分析阶段建立，在数据库设计过程中不断修改、充实和完善。

【例 1-5】简要分析大学教务管理系统的功能需求。

大学教务管理系统的设计目标是对高校的学院、专业、课程、教师、学生、学生成绩等进行信息化管理，以方便用户并提高工作效率。该系统的基本要求是采用 Access 关系数据库管理系统对教务信息进行管理，要考虑数据库的完整性要求，保证数据的一致性；要能够方便快捷地查询到相关的教务信息：学院专业信息、课程信息、教师基本信息、学生基本信息、选课成绩等，并且能够对这些数据进行增、删、改、统计分析、打印存档等。

1.3.2　概念结构设计

将需求分析得到的用户需求抽象为概念模型的过程就是概念结构设计。

概念模型是各种数据模型的共同基础，它比数据模型更独立于机器、更抽象，从而更加稳定。描述概念模型的常用工具是 E-R 图。

E-R 图是数据库设计中广泛使用的数据建模工具。它所表示的概念模型与具体的 DBMS 所支持的数据模型相独立，是各种数据模型的共同基础。

概念结构设计时，要对各种需求分而治之，即先分别考虑各个用户的需求，形成局部的概念模型，也称局部 E-R 图，再根据实体间联系的类型，将它们综合为一个全局的结构。全局 E-R 图要支持所有局部 E-R 图，能合理地抽象出一个完整的信息世界的结构，即概念模型。

概念模型是对用户需求的客观反映，不涉及具体的计算机软硬件。因此，在概念结构设计阶段只需要关注怎样表达出用户对信息的需求，不需要考虑具体的实现问题。

【例 1-6】按照例 1-5 中的需求分析，设计大学教务管理系统全局 E-R 图。

图 1-18 中，有学院、专业、课程、教师、学生 5 个实体；实体之间通过联系相关联，联系的命名要反映联系的语义，通常采用动词命名。联系本身也可以产生属性，如"选课"联系有"成绩"属性。

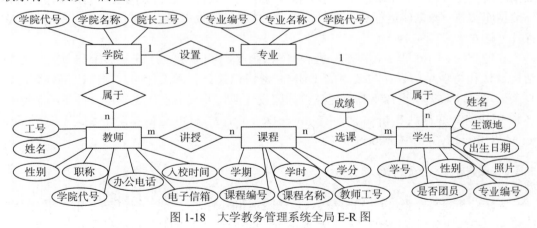

图 1-18　大学教务管理系统全局 E-R 图

1.3.3　逻辑结构设计

概念结构是独立于任何一种数据模型的信息世界的结构，逻辑结构设计的任务是把概念结构设计阶段得到的 E-R 图转换为逻辑结构，这个逻辑结构要与选用的 DBMS 产品的数据模型相符合。当前的数据库应用系统大都采用支持关系数据模型的 RDBMS，以下只讨论 E-R 图向关系数据模型的转换原则和方法。

1. E-R 图向关系模型的转换

E-R 图由实体型、实体的属性和实体型之间的联系 3 个要素组成，因此将 E-R 图转换为关系模型要解决的问题是：如何将实体型和实体型之间的联系转换为关系模式，如何确定这些关系模式的属性和码。

转换遵循的原则是：

- 一个实体型转换为一个关系模式，实体的属性就是关系的属性，实体的码就是关系的码。
- 实体型之间不同类型联系的转换规则如下。

(1) 一个 1:1 联系可以转换为一个独立的关系模式，也可以与任意一端对应的关系模式合并。如果转换为一个独立的关系模式，则与该联系相连的各实体的码以及联系本身的属性均转换为关系的属性，每个实体的码均是该关系的候选码。如果与某一端实体对应的关系模式合并，则需要在该关系模式的属性中加入另一个关系模式的码和联系本身的属性。

(2) 一个 1:n 联系可以转换为一个独立的关系模式，也可以与 n 端对应的关系模式合并。如果转换为一个独立的关系模式，则与该联系相连的各实体的码以及联系本身的属性均转换为关系的属性，而关系的码为 n 端实体的码。

(3) 一个 m:n 联系转换为一个关系模式，与该联系相连的各实体的码以及联系本身的属性均转换为关系的属性。各实体的码组成关系的码或关系码的一部分。

(4) 三个或三个以上实体间的一个多元联系可以转换为一个关系模式。与该多元联系相连的各实体的码以及联系本身的属性均转换为关系的属性，各实体的码组成关系的码或关系码的一部分。

(5) 具有相同码的关系模式可以合并。

【例 1-7】按照 E-R 图向关系模型的转换规则，将例 1-6 中的大学教务管理系统 E-R 图转换成关系模式，在 Access 2010 中实现。以下关系模式的主码用下画线标出，外码用斜体表示。

学院(<u>学院代号</u>，学院名称，*院长工号*，…)

专业(<u>专业编号</u>，专业名称，*学院代号*，…)

教师(<u>工号</u>，姓名，性别，入校时间，职称，*学院代号*，办公电话，电子信箱，…)

学生(<u>学号</u>，姓名，性别，是否团员，出生日期，生源地，*专业编号*，照片，…)

课程(<u>课程编号</u>，课程名称，学期，学时，学分，课程类型，*教师工号*，…)

成绩(<u>*学号*</u>，<u>*课程编号*</u>，平时成绩，期末成绩，…)

其中，"成绩"关系由"选课"联系转换，学号和课程编号两个属性组成主码，这两个属性也是外码。

*2. 关系模型的优化

数据库逻辑设计的结果不是唯一的。为了进一步提高数据库应用系统的性能，还需要依据应用需要适当地修改、调整数据模型的结构，即进行数据模型的优化。关系数据模型的优化通常以规范化理论为指导。一个"好"的关系模型应该是数据冗余尽可能少，且不会发生插入异常、删除异常和更新异常等问题。

设计关系数据库时，关系模式必须满足一定的规范化要求。在关系数据库理论中，这种规则称为范式 NF(Normal Form)。范式是符合某一种级别的关系模式的集合，目前关系数据库有六种范式：第一范式(1NF)、第二范式(2NF)、第三范式(3NF)、Boyce-Codd 范式(BCNF)、第四范式(4NF)和第五范式(5NF)。满足最低要求的范式是第一范式(1NF)。在第一范式的基础上进一步满足更多要求的称为第二范式(2NF)，其余范式以此类推。一般情况下，数据库只需要满足第三范式(3NF)即可。

所谓第几范式原本是表示关系的某一种级别，所以常称某一关系模式 R 为第几范式。现在则把范式这个概念理解成符合某一种级别的关系模式的集合，即 R 为第几范式就可以写成 R∈xNF。

对于各种范式之间的关系有 5NF⊂4NF⊂BCNF⊂3NF⊂2NF⊂1NF 成立。一个低一级范式的关系模式通过模式分解(schema decomposition)可以转换为若干个高一级范式的关系模式的集合，这个过程就叫规范化(normalization)。

(1) 函数依赖

在数据库设计中，除了实体型之间存在着联系外，在属性之间还存在着一定的依赖关系。由此引入了属性间的函数依赖概念。

定义 1-1　关系中的主码 X 有一取值，随之确定了关系中的非主属性 Y 的值，则称关系中的非主属性 Y 函数依赖于主码 X，或称属性 X 函数决定属性 Y，记作 X→Y。其中 X 称为决定因素，Y 称为被决定因素。

函数依赖又分为非平凡的函数依赖和平凡的函数依赖；从性质上还可以分为完全函数依赖、部分函数依赖和传递函数依赖。

例如，在设计"学生"表时，一个学生的学号能决定学生的姓名，也可称姓名属性依赖于学号。现实生活中，如果知道一个学生的学号，就一定能知道学生的姓名，这种情况就称姓名依赖于学号，记作：学号→姓名。

(2) 第一范式(1NF)

定义 1-2　如果一个关系模式 R 的所有属性都是不可分的基本数据项，则称 R 属于第一范式的关系模式，记为 R∈1NF。

当一个关系中不存在组合数据项和多值数据项，只存在不可分的数据项时，这个关系是规范化的。在关系数据库中，1NF 是对关系模式的基本要求。

【例 1-8】有一个"选课"关系由"学号"和"课程编号"两个属性组成，每个学生可以选择多门课程，见表 1-10，"课程编号"列中出现了多个值的情况，是非规范化的关系。规范化为 1NF 后，如表 1-11 所示。

表 1-10　不满足 1NF 的关系

学号	课程编号
S1701001	C0101，C0102，C0103
S1701002	C0101，C0102

表 1-11　满足 1NF 的关系

学号	课程编号
S1701001	C0101
S1701001	C0102
S1701001	C0103
S1701002	C0101
S1701002	C0102

(3) 第二范式(2NF)

定义 1-3　如果关系模式 R∈1NF，且 R 中的每一个非主属性都完全函数依赖于主码，则称 R 属于第二范式的关系模式，记为 R∈2NF。

2NF 要求关系中的非主属性(不能用作候选码的属性)完全依赖于主码。所谓完全依赖，是指不能存在仅依赖主码一部分的属性。如果存在，则这个属性和主码的这一部分应该分离出来形成一个新关系，新关系与原关系之间是一对多的联系。

【例 1-9】以下选课关系模式在实际应用中存在问题，请将之规范化为 2NF。

选课(学号，课程编号，成绩，学分)

此选课关系中，主码为学号和课程编号组合属性。实际应用中存在数据冗余、更新异常、插入异常、删除异常等问题。

① 数据冗余：若同一门课有 61 个学生选修，则这门课相同的学分就重复了 60 次。

② 更新异常：若某门课程的学分变化了，相应元组的所有学分值都要更新，有可能遗漏，出现同一门课学分不同。

③ 插入异常：若计划开设新课，由于没有学生选修，因此没有学生的学号，只能等有人选修才能把课程编号和学分信息存入。

④ 删除异常：若学生已经结业，要从当前数据库删除选修记录，而此课程新生尚未选修，则此课程编号和学分信息无法保存。

解决方法：将原"选课"关系分解成以下两个新关系模式，即可满足 2NF 的要求。

课程(课程编号，学分)

成绩(学号，课程编号，成绩)

(4) 第三范式(3NF)

定义 1-4　如果关系模式 R∈2NF，且 R 中的每一个非主属性都不传递函数依赖于任何主码，则称 R 属于第三范式的关系模式，记为 R∈3NF。

所谓传递函数依赖，是指如果存在 A→B→C 的决定关系，则 C 传递函数依赖于 A。

【例 1-10】以下学生关系模式在实际应用中存在问题，请将之规范化为 3NF。

学生(学号，姓名，专业编号，专业名称，专业负责人)

此关系中的专业编号、专业名称和专业负责人等信息会重复存入，有大量的数据冗余；插入、删除和更新时也将产生数据异常的情况。这是由于关系中存在传递依赖造成的，即学号→专业编号、专业编号→专业负责人，但"学号"不直接决定非主属性"专业负责人"，而是通过"专业编号"传递依赖实现的，不满足 3NF 的要求。

解决方法：将原"学生"关系分解成以下两个新关系模式，即可满足 3NF 的要求。

学生(学号，姓名，专业编号)

专业(专业编号，专业名称，专业负责人)

由以上分析可知，部分函数依赖和传递函数依赖是产生数据冗余、异常的两个重要原因，3NF 消除了大部分冗余、异常，具有较好的性能。

综上所述，关系数据模型的优化通常以规范化理论为指导，按照以下方法：

① 确定数据依赖。写出每个数据项之间的数据依赖，按需求分析阶段得到的语义，分别写出每个关系模式内部各属性之间的数据依赖以及不同关系模式属性之间的数据依赖。

② 对于各关系模式之间的数据依赖进行极小化处理，消除冗余的数据联系。

③ 按照函数依赖理论对关系模式逐一进行分析，考察是否存在部分函数依赖、传递函数依赖、多值函数依赖等，确定各关系模式属于第几范式。

④ 根据需求分析阶段得到的处理要求，分析在应用环境中这些模式是否合适，确定是否要对某些模式进行合并或分解。

必须注意，并不是规范化程度越高的关系就越优。例如，当查询经常涉及两个或多个关系模式的属性时，系统经常进行连接运算，而连接运算的代价相当高，关系模型低效的主要原因之一就是由连接运算引起的。这时可以考虑将几个关系合并为一个关系。因此在这种情况下，2NF 甚至 1NF 也许是合适的。对于一个具体应用，到底规范化到什么程度，需要权衡响应时间和潜在问题两者的利弊决定。

⑤ 对关系模式进行必要分解，提高数据操作效率和存储空间利用率。常用的分解方法是水平分解和垂直分解。

水平分解是把基本关系的元组分为若干个子集合，定义每个子集合为一个子关系，以提高系统的效率。垂直分解是把关系模式 R 的属性分解为若干子集合，形成若干子关系模式。

3. 设计用户子模式

将概念模型转换为全局逻辑模型之后，还应根据局部应用需求，结合具体关系数据库管理系统的特点设计用户的外模式。RDBMS 一般都提供了视图概念，可以利用这一功能设计更符合局部用户需要的用户外模式。

定义数据库全局模式主要是从系统的时间效率、空间效率、易维护等角度出发。从数据库系统的三级模式结构(见图 1-4)可知，由于用户外模式与模式是相对独立的，因此在定义用户外模式时可以考虑用户的使用习惯和使用的便捷性。

(1) 使用更符合用户习惯的别名。用视图机制可以在设计用户视图时重新定义某些属性名，使其与用户习惯一致，以方便用户使用。

(2) 可以对不同级别的用户定义不同的视图，以保证系统的安全性。

(3) 简化用户对系统的使用。如果某些局部应用中经常要用到某些复杂的查询，可将这些复杂的查询定义为视图，用户每次只对定义好的视图查询，可以极大简化用户的使用。

1.3.4　物理结构设计

数据库在物理设备上的存储结构与存取方法称为数据库的物理结构，它依赖于选定的 DBMS。数据库的物理结构设计是为一个给定的逻辑数据模型选取一个最适合应用要求的物理结构的过程。

数据库的物理结构设计通常分为两步。

(1) 确定数据库的物理结构，通常关系数据库物理设计的内容主要包括：为关系模式选取存取方法，以及设计关系、索引等数据库文件的物理存储结构。

(2) 对物理结构进行评价，评价的重点是时间效率、空间效率、维护代价和各种用户要求。

评价物理数据库的方法完全依赖于所选用的 RDBMS，主要从定量估算各种方案的存储空间、存取时间和维护代价入手，对估算结果进行权衡、比较，选择出一个较优的、合理的物理结构。

若评价结果满足原设计要求，则可进入物理实施阶段，否则，需要重新设计或修改物理结构，有时甚至要返回逻辑设计阶段修改数据模型。

1.3.5　数据库的实施

完成数据库的物理结构设计之后，设计人员要用 RDBMS 提供的数据定义语言和其他实用程序将数据库逻辑设计和物理设计结果严格描述出来，成为 RDBMS 可以接受的源代码，再经过调试产生目标模式，然后组织数据入库，并进行试运行。

数据入库十分费时费力。由于一般数据库系统中数据量很大，而数据来源于不同部门，数据的组织方式、结构和格式往往与新设计的数据库系统有差距。组织数据载入要将各类源数据从各个局部应用中抽取出来，输入计算机，再分类转换，最后综合成符合新设计的数据库结构的形式。

在原有系统的数据有一小部分已输入数据库后，就可以开始对数据库系统进行联合调试，即试运行。试运行阶段要实际运行数据库应用程序，执行对数据库的各种操作，测试应用程序的功能是否满足设计要求，若不满足，要对应用程序进行修改、调整，直到达到设计要求；还要测试系统的性能指标，分析其是否达到设计目标。一般情况下，设计时的考虑在许多方面只是近似评估，与实际系统运行总有一定的差距，因此必须在试运行阶段实际测量和评价系统性能指标。事实上，有些参数的最佳值往往是经过运行调试后找到的。如果测试的结果与设计目标不符，则要返回物理设计阶段重新调整物理结构，修改系统参数，有时甚至要返回逻辑设计阶段修改逻辑结构。

1.3.6　数据库的运行和维护

数据库应用系统经过试运行合格后，数据库开发工作基本完成，可以投入正式运行了。但是由于应用环境在不断变化，数据库运行过程中物理存储也会不断变化，对数据库设计进行评价、调整、修改等维护工作是一个长期的任务，也是设计工作的继续和提高。

在数据库运行阶段，对数据库经常性的维护工作主要由 DBA 完成。数据库的维护包括：数据库的转储和恢复，数据库的安全性、完整性控制，数据库性能的监督、分析和改造，数据库的重组织与重构造。

随着时间的推移，数据库应用环境会发生变化，比如，增加了新的应用或新的实体，取消了某些应用，有的实体与实体间的联系也发生了变化等，使原有的数据库设计不能满足新的需求，需要调整数据库的模式和内模式等，需要进行数据库的重新构造，但数据库的重构也是有限的，只能做部分修改。如果应用变化太大，重构也无济于事，说明此数据库应用系统的生命周期已结束，应该设计新的数据库系统。

1.4　本章小结

需求是一切发明之母。数据库技术在诞生不到半个世纪的时间里，已形成坚实的理论基础、成熟的商业产品和广泛的应用领域，吸引了越来越多的研究者加入。本章引用了多位中外著名数据库专家的观点，依据《全国计算机等级考试二级 Access 数据库程序设计考试大纲(2016 版)》和《福建省高校计算机应用水平二级数据库应用技术 Access 2010 关系数据库考试大纲(2017 版)》的要求，对数据库基础理论进行了概述。

本章 1.1 节从数据管理技术经历的三个阶段：人工管理阶段→文件系统阶段→数据库

系统阶段，引出与数据库技术密切相关的基本术语：数据、数据库、数据库管理系统 DBMS 和数据库系统 DBS，同时介绍了信息、数据仓库、事务和索引等概念。着重说明了数据库系统的三级模式结构——外模式-模式-内模式，以及两层映像——外模式/模式映像和模式/内模式映像。

本章 1.2 从现实世界→信息世界→机器世界入手，按数据模型的分层，讨论了概念数据模型、逻辑数据模型和物理数据模型。逻辑模型中介绍了层次模型、网状模型、关系模型、面向对象模型、对象关系模型和 XML 模型。重点论述了概念模型的表示方法 E-R 图，关系模型的基本术语、性质和关系的三个完整性规则：实体完整性、参照完整性和用户自定义完整性。

本章 1.3 从开发者的角度，介绍了数据库应用系统设计的 6 个阶段：需求分析→概念结构设计→逻辑结构设计→物理结构设计→数据库实施→数据库运行和维护。设计一个完善的数据库应用系统不可能一蹴而就，它往往是这 6 个阶段的不断反复。

按照章节顺序可总结出 9 个"三"：①数据管理技术经历三个阶段：人工管理、文件系统和数据库系统。②数据库系统的三级模式结构：外模式(又称用户模式或子模式)、模式(又称概念模式或逻辑模式)和内模式(又称存储模式)。③三个世界：现实世界、信息世界(又称概念世界)和数据世界(又称机器世界或计算机世界)。④数据模型的三要素：数据结构、数据操作和数据完整性约束。⑤数据模型分为三层：按数据抽象的不同级别，分为概念数据模型、逻辑数据模型和物理数据模型。⑥E-R 模型的三个基本要素：实体型(用矩形表示)、属性(用椭圆形表示)和联系(用菱形表示)。⑦两实体间的联系分为三种：一对一(1:1)、一对多(1:n)和多对多(m: n)。⑧掌握三种关系运算：选择运算、投影运算和连接运算。⑨关系模型的三个完整性规则：实体完整性、参照完整性和用户自定义完整性。

本章不仅阐述了数据库系统的核心理论，也涉及数据库领域的新成果和应用的新方向，提到 19 位中外杰出人物的姓名，学习者可以自行查阅资料，进一步了解他(她)们的生平。

1.5　思考与练习

1.5.1　选择题

1. 在数据管理技术发展的三个阶段中，数据共享最好的是(　　)。
   - A. 人工管理阶段
   - B. 文件系统阶段
   - C. 数据库系统阶段
   - D. 文件系统和数据库系统阶段
2. 数据库中存储的是(　　)。
   - A. 数据库应用程序
   - B. 数据模型
   - C. 数据库管理系统
   - D. 数据以及数据之间的关系
3. 在数据库系统的三级模式结构中，描述数据物理结构和存储方式的是(　　)。
   - A. 外模式
   - B. 概念模式
   - C. 内模式
   - D. 关系模式
4. 按照数据抽象的不同级别，数据模型可分为三种模型，它们是(　　)。
   - A. 小型、中型和大型模型
   - B. 网状、环状和链状模型
   - C. 层次、网状和关系模型
   - D. 概念、逻辑和物理模型

5. E-R 模型适用于建立数据库的(　　)。

    A. 概念模型　　　B. XML模型　　　　　C. 层次模型　　　　D. 物理模型

6. 在 E-R 模型中，表示属性的图形是(　　)。

    A. 菱形　　　　　B. 椭圆形　　　　　　C. 矩形　　　　　　D. 直线

7. 用二维表来表示实体及实体间联系的数据模型是(　　)。

    A. XML模型　　　B. 层次模型　　　　　C. 关系模型　　　　D. 网状模型

8. 在关系模型中，(　　)的值能唯一标识一个元组。

    A. 分量　　　　　B. 索引　　　　　　C. 外码　　　　　　D. 主码

9. 下列实体之间存在多对多联系的是(　　)。

    A. 宿舍与学生　　B. 学生与课程　　　　C. 病人与病床　　　D. 公司与职工

10. 一支球队由一名主教练、一名队医和若干球员组成，则队医和球员是(　　)联系。

    A. 一对一　　　　B. 一对多　　　　　　C. 多对一　　　　　D. 多对多

1.5.2　填空题

1. 数据库系统 DBS 的核心组成部分是_____，其英文缩写是_____。

2. 层次模型、网状模型和关系模型的数据结构依次是_____、_____和_____。

3. 关系数据库系统采用_____作为数据的组织方式。

4. 将 E-R 模型转换为关系模式时，实体和联系都可以表示为_____。

5. _____是指用户的应用程序与数据库中数据的物理存储是相互独立的。

6. 在数据库运行阶段，对数据库经常性的维护工作主要由_____完成。

1.5.3　简答题

1. 请简述数据库系统的组成，并解释各组成部分的作用。

2. 数据库系统的三级模式结构和两层映像是什么？这两层映像的作用分别是什么？

3. E-R 模型有什么作用？构成 E-R 模型的基本要素是什么？

4. "一把钥匙开一把锁"中的钥匙和锁是两个实体，它们之间存在什么联系？

5. 数据模型在数据库设计中起什么作用？

6. 试述关系模型的主要术语含义。

7. 什么是关系的完整性？试举例说明关系的完整性约束条件。

8. 试述数据库应用系统的设计过程。

*9. 本章中提及了哪些杰出人物？试简述中外两位人物的贡献。

*10. 试用关系模式的规范化理论分析表 1-12 存在的问题，并将此学生成绩信息表分解成符合范式要求的关系模式。

表 1-12　学生成绩信息表

学号	姓名	专业	课程成绩						
			课程名	学时	学分	学期	任课教师编号	教师姓名	成绩
S001	刘英	SE	DB	64	4	3	T009	何宾先	90
⋮	⋮	⋮	⋮	⋮	⋮	⋮	⋮	⋮	⋮

第2章　走进Access

学习目标

1. 了解 Microsoft Access 的发展历程与特点。
2. 学会安装 Microsoft Access 2010。
3. 熟悉 Access 2010 集成环境。
4. 认识 Access 2010 的 6 种数据库对象。
5. 学会常见数据对象的导入与导出。
6. 掌握 Access 安全体系结构的核心。
7. 掌握保护 Access 数据库的常用方法。

学习方法

Access 是 Microsoft Office 套装软件的组件之一，运行在 Windows 操作系统之上。本章从 Windows 的视角，依托互联网，学习 Access 2010 的安装、启动与退出、集成环境的组成和安全保障。有理论指导的针对性实验操作训练，有助于快速掌握本章内容。若在学完第 9 章之后再学习本章 2.6 节，会有更深刻的理解。

学习指南

本章的重点是 2.4 节、2.5 节和 2.6 节，难点是 2.4 节和 2.6 节。

思维导图

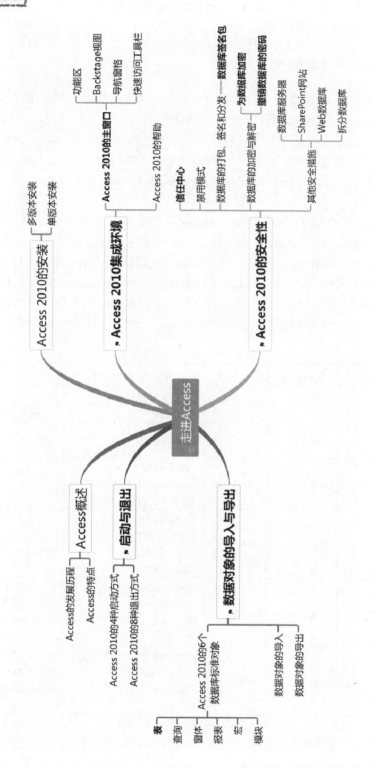

走进 Access

- Access 2010的安装
  - 多版本安装
  - 单版本安装

- **Access 2010集成环境**
  - **Access 2010的主窗口**
    - 功能区
    - Backstage视图
    - 导航窗格
    - 快速访问工具栏
  - Access 2010的帮助

- **Access 2010的安全性**
  - **信任中心**
    - 禁用模式
    - 数据库的打包、签名和分发 —— 数据库签名包
    - 数据库的加密与解密 —— 为数据库加密
      - 撤销数据库的密码
    - 其他安全措施
      - 数据库服务器
      - SharePoint网站
      - Web数据库
      - 拆分数据库

- Access概述
  - Access的发展历程
  - Access的特点

- **启动与退出**
  - Access 2010的4种启动方式
  - Access 2010的8种退出方式

- **数据对象的导入与导出**
  - Access 2010的6个数据库标准对象
    - 表
    - 查询
    - 窗体
    - 报表
    - 宏
    - 模块
  - 数据对象的导入
  - 数据对象的导出

2.1　Access 概述

2.1.1　Access 的发展历程

Microsoft Access 是由微软公司发布的一个桌面关系数据库管理系统，它将数据库引擎 (Microsoft Jet Database Engine)与图形用户界面和软件开发工具相结合，是 Microsoft Office 套装软件的一个成员，包括在专业版和高级版中，也有单独售卖。Microsoft Office 是一套由微软公司开发的软件套装，它包括 Word、Excel、PowerPoint、Access、Outlook、Visio 等多种组件，可以在 Microsoft Windows、Windows Phone、Mac 系列、iOS 和 Android 等操作系统上运行。

微软公司自 1992 年 11 月首次推出 Access，历经 Access 1.1→Access 2.0→Access for Windows 95→Access 97 →Access 2000→Access 2002→Access 2003→Access 2007→Access 2010→ Access 2013→Access 2016 共 11 个版本的变迁。基于 Windows 的 Microsoft Access 2016 于 2015 年 9 月推出，2016 年 7 月微软公司发布 64 位 Access 2016 版本的更新；2017 年 2 月，又发布 32 位 Access 2016 版本的修补程序。Access 的发展历程如表 2-1 所示，每个版本在公布之后一般都有相继的修补程序推出，以改进其性能和稳定性。

表 2-1　Access 的发展历程

版本	版本号	发布日期	Jet 版本	支持的操作系统	Office 版本
Access 1.1	1	1992	1.1	Windows 3.0	
Access 2.0	2	1993	2	Windows 3.1x	Office 4.3 Pro
Access for Windows 95	7	1995.8.24	3	Windows 95	Office 95 Professional
Access 97	8	1997.1.16	3.5	Windows 95/ Windows NT 3.51 SP5/ Windows NT 4.0 SP2	Office 97 Professional 和 Developer
Access 2000	9	1999.6.7	4.0 SP1	Windows 95/ Windows NT 4.0 / Windows 98/ Windows 2000	Office 2000 Professional/ Premium 和 Developer
Access 2002	10	2001.3.31	4.0 SP1	Windows NT 4.0 SP6/ Windows 98/ Windows 2000/ Windows Me	Office XP Professional 和 Developer
Access 2003	11	2003.11.27	4.0 SP1	Windows 2000 SP3 或更新版本/Windows XP/ Windows Vista/ Windows 7	Office 2003 Professional 和 Professional Enterprise
Access 2007	12	2007.1.27	12	Windows XP SP2/ Windows Server 2003 SP1/ 或更新版操作系统	Office 2007 Professional/ Professional Plus/ Ultimate 和 Enterprise

(续表)

版本	版本号	发布日期	Jet 版本	支持的操作系统	Office 版本
Access 2010	14	2010.7.15	14	Windows XP SP3/ Windows Server 2003 SP2/ Windows Server 2003 R2/ Windows Vista SP1/ Windows Server 2008/ Windows 7/ Windows Server 2008 R2/ Windows Server 2012/ Windows 8	Office 2010 Professional/ Professional Academic 和 Professional Plus
Access 2013	15	2013.1.29	15	Windows 7/ Windows Server 2008 R2/ Windows Server 2012/ Windows 8/ Windows 10	Office 2013 Professional 和 Professional Plus
Access 2016	16	2015.9.22	16	Windows7/ Windows 8.1/ Windows 10	Office 2016 Professional 和 Professional Plus

1. .mdb 与 .accdb 数据库文件

.mdb 是 Access 2000 格式的数据库文件扩展名，Access 2000、Access 2002 和 Access 2003 都使用这种格式，各类 Access 用户以这种格式的数据库开发了许多实用的数据库应用程序。

.accdb 是 Access 2007 格式的数据库文件扩展名，Access 2010、Access 2013 和 Access 2016 的数据库文件都使用这种格式，微软公司下一个版本的 Access 没有打算更换这种数据库文件格式。

微软公司允许在高版本的 Access 中打开低版本创建的数据库文件。Access 每个版本自带帮助说明文档，当版本变化较大时，微软官方网站会提供使用说明。例如，可以从微软官方网站下载 Access 2003 至 Access 2007 交互式命令参考指南 "ac2003_2007CmdRef.exe" 文件，在本地电脑上安装，生成一个 "Access 2003 to Access 2007 command reference.exe"

文件，执行该文件，出现如图 2-1 所示的界面，将鼠标指针悬停在某个 Access 2003 菜单或按键上，可了解它在 Access 2007 中的新位置，单击该命令可查看演示跟随学习。

单击图 2-1 所示对象窗格中的 "表"，出现图 2-2 所示界面，单击 "设计视图"，可以查看此视图中命令在 Access 2007 中的位置，如图 2-3 所示。

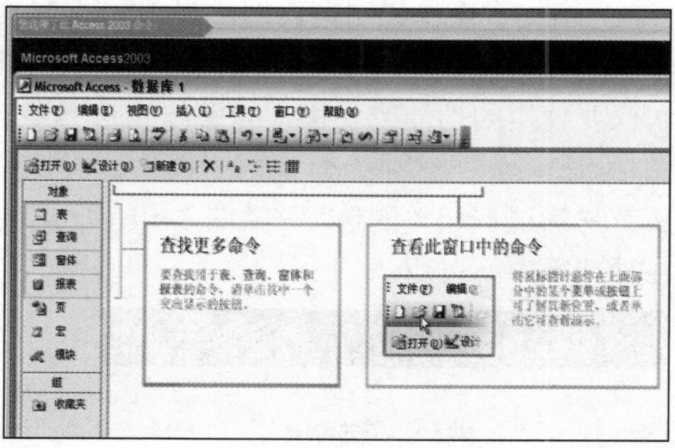

图 2-1　Access 2003 至 Access 2007 交互式命令参考指南 1

2. 最新版本 Access 2016

从 Microsoft Access 2010 到 2016 版本，系统界面没有大变化，用户可以保留以前的所有操作习惯。Access 2016 的用户会更容易找到和编辑自己想要使用的功能，例如，Access

控件的新"标签名称"属性、编辑新的值列表项等都更易于访问。Access 2016 界面有更丰富多彩的边框，有彩色和白色两种主题供用户挑选，提供的数据库模板外观更新颖。

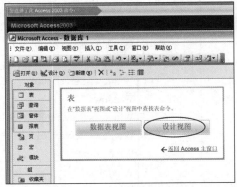

图 2-2　　Access 2003 至 Access 2007 交互式命令参考指南 2

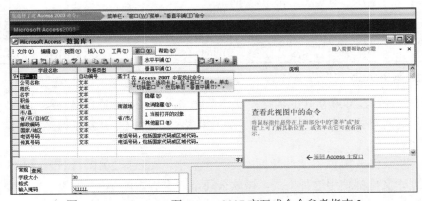

图 2-3　　Access 2003 至 Access 2007 交互式命令参考指南 3

在 Microsoft Office 2016 中，32 位版本和 64 位版本是对等的。对于以前的版本，微软公司的指导意见是：除非用户有非常大的数据报表需要处理，否则还是建议使用 32 位版本的 Access。但是现在则变成了：用户可以在 32 位和 64 位两者之间自由选择，但 64 位版本的 Access 更适合处理庞大的数据报表，而且更安全。以下简介 Access 2016 版的新特色。

(1) 增加了操作说明搜索框。在 Access 2016 的功能区中有一个文本框，其中显示"告诉我您想要做什么"。用户可以在其中输入与接下来要执行的操作相关的字词和短语，快速访问要使用的功能或要执行的操作；还可以选择获取与要查找的内容相关的帮助。例如，在图 2-4(a)所示顶部带有灯泡的"操作说明搜索"框内单击，输入"筛选器"，系统会列出所有与筛选器相关的选项，如图 2-4(b)所示。设计 Access Web 应用时，"操作说明搜索"框在功能区中不可用。

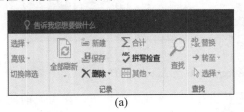

(a)　　　　　　　　　　　　　　　　　　(b)

图 2-4　　Access 2016 功能区中的操作说明搜索框

（2）增加了"大数"数据类型。数据表的字段增加了一个"大数"(bigint)数据类型，可以表示$-2^{63}\sim 2^{63}-1$的数据，如图 2-5 所示。

（3）可以将链接的数据源信息导出到 Excel 中。通过 Access 2016"链接表管理器"对话框中内置的新功能，选择要列出的链接数据源，然后单击"导出到 Excel"按钮，如图 2-6 所示。再按照 Access 的提示输入一个位置来保存 Excel 工作簿。提供保存位置后，Access 将在新的工作簿中显示链接数据源信息。用户能看到链接数据源的名称、源信息和数据源类型。设计 Access Web 应用时，"链接表管理器"对话框不可用。

图 2-5　Access 2016 的数据类型

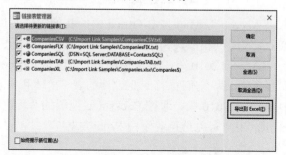

图 2-6　Access 2016 的"链接表管理器"对话框

3. 数据库金字塔

据美国 FMS 网站统计，每个级别的数据库解决方案的数量如图 2-7 所示，数据库金字塔由个人解决方案(individual solutions)、小组解决方案(small group solutions)、工作组/团队(workgroup/team)、部门(department)和企业(enterprise)5 层搭建而成，复杂性(complexity)、安全性(security)、可靠性(reliability)、可扩展性(scalability)、可维护性(maintainability)和费用(cost)从下往上逐级提高，灵活性(flexibility)和快速应用程序开发(Rapid Application Development，RAD)从上往下逐级增强。金字塔底部的个人解决方案需求量最大，而 Access 就是主要面向这一层级的数据库软件开发工具。许多企事业单位的科室人员，经常使用 Excel 处理工作的人员，没有计算机编程经验的人员，通过学习 Access 之后，可以开发出降本增效、适于自己的数据库应用程序。

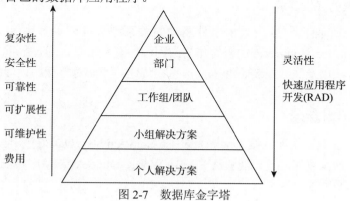

图 2-7　数据库金字塔

2.1.2　Access 的特点

Access 不仅可以存储和分析数据，还可以进行数据库应用程序的开发。Access 有较强的数据处理和统计分析能力,数据查询操作简单快捷;利用 Access 可以快速开发出实用的小型数据库应用软件,比如人事管理、生产与销售管理、各行业系统管理、个人信息管理等;用 Access 创建的数据库存储在一个单独的文件中,即一个 Access 数据库中的各种对象(包括表、查询、窗体、报表、宏和模块)都存储在一个文件中,有利于整个数据库的迁移和维护。

下面以 Access 2010 为例,列举 Access 的主要特点。

1. 入门更加快速轻松

Access 与 Microsoft Office 中的其他组件有许多共性,用户界面与相同版本的 Word、Excel 等组件相似,为用户快速入门 Access 提供了方便。

Access 2010 附带多个模板,也可以从 Office.com 下载更多模板。Access 模板是预先设计的数据库,它们含有专业设计的表、窗体和报表,为用户创建新数据库提供了极大便利。在 Access 2010 中,通过 Backstage 视图的"新建"命令,可以看到多个可用模板,如图 2-8 所示。用户可以选用"空白 Web 数据库""样本模板",还可以连接到 Office.com 下载更多的模板。

图 2-8　Backstage 视图中的可用模板

2. 面向对象的开发环境

Access 是一个面向对象、采用事件驱动的关系型数据库管理系统,允许用户使用 VBA(Visual Basic for Applications)语言作为应用程序开发工具,通过数据库对象、控件、属性、事件、方法以及类、封装、继承、消息、传递等面向对象程序设计机制实现对数据库应用系统的开发。

3. 兼容多种数据格式

Access 符合开放数据库连接(Open Database Connectivity,ODBC)标准,通过 ODBC 驱动程序可以与其他数据库相连,能够与 Excel、Word、Outlook、XML、SharePoint、dBASE 等其他软件进行数据交互和共享。

4. 可使用应用程序部件

用户可以通过使用"应用程序部件"插入或创建数据库局部或整个数据库应用程序。创建表格、窗体和报表作为数据库的组成部分。应用程序部件是 Access 2010 的新增功能,它是一个模板,是构成数据库的一部分。比如,预设格式的表或者具有关联窗体和报表的表。如图 2-9 所示，如果向数据库中添加"任务"应用程序部件，用户将获得"任务"表、"任务"窗体以及用于将"任务"表与数据库中的其他表相关联的选项。

5. 可使用主题实现专业设计

如图 2-10 所示，利用"主题"可以更改数据库的总体设计，包括颜色和字体。从各种主题中进行选择，或者设计用户自己的自定义主题，可以制作出美观的窗体。

图 2-9　Access 2010 中的"应用程序部件"

图 2-10　Access 2010 中的"主题"

6. 具有智能感知特性

用户可以使用智能感知特性轻松编写 Access 表达式。使用智能感知的快速信息、工具提示和自动完成，用户可以减少录入错误，不用花费时间去记忆函数名称和语法，能有更多时间去重点关注编写应用程序的逻辑。如图 2-11 所示，在"条件："中输入字母 s 后，Access 智能感知出以 s 开头的系统函数和表的名字，用鼠标指向 StrReverse 函数时，显示其功能是：返回与指定字符串的字符顺序相反的字符串。

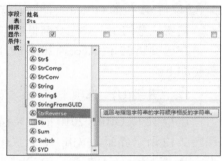
图 2-11　Access 2010 的智能感知特性

7. 各版本之间的兼容性强

在 Access 2010 中可以查看和调用以 Access 2000/2003/2007/2013/2016 版本创建的数据库，并快速实现各种版本的兼容和转换，用户不用因为 Access 版本的升级而重新设计数据库，不同版本的应用程序和用户间可以便捷共享数据库资源。

8. 共享数据库

用户可以将自己的 Access 数据与实时 Web 内容集成。Access 2010 有两种数据库类型的开发工具：标准桌面数据库类型和 Web 数据库类型。使用 Web 数据库开发工具可以开发网络数据库，实现数据库的共享。

Access 2010 提供了一种作为 Web 应用程序部署到 SharePoint 服务器的新方法。Access 2010 与 SharePoint 技术结合，可以基于 SharePoint 的数据创建数据库，也可以与 SharePoint 服务器交换数据。

当然，Access 也存在不足：由于 Access 属于中小型关系数据库管理系统，在实际应用中存在一定的局限性。比如，用户的数据库文件容量不能超过 2 千兆字节，数据库中的对象总数不能超过 32 768 个，每张数据表中的字段数不能超过 255 个，同时打开的数据表不能超过 2 048 个。

2.2　Access 2010 的安装

Access 2010 是作为 Microsoft Office 2010 的组件一同发布的，Office 2010 有 32 位和 64 位两种版本，默认情况下，微软公司会安装 32 位版本的 Office 2010，即使用户的计算机上安装的是 64 位版本的 Windows 也是如此。微软公司建议大多数用户安装 32 位版本的 Office 2010，因为它可以防止与其他 32 位应用程序之间潜在的不兼容性问题，特别是那些只适用于 32 位操作系统的第三方加载项。在 64 位 Windows 操作系统中安装的 64 位 Office 2010 产品，适用于经常使用极大数据集的用户。64 位版本的 Office 2010 与任何其他 32 位版本的 Office 程序都不兼容。因此，用户若要安装 64 位版本的 Office 2010，必须先卸载所有 32 位版本的 Office 程序。

2.2.1　Access 的多版本安装

微软公司允许一台计算机安装多个不同版本的 Office，只不过 Office 的位数要相同，即 32 位与 64 位的 Office 不能同时安装。

需要注意的是：要先安装低版本，再安装高版本；不同版本的安装目录不同。

在已安装 32 位 Access 2003 的计算机中，安装 Access 2010 版本 14.0.4760.1000(32)的步骤如下。

1. "升级(U)"选项卡

运行 32 位 Office 2010 的安装程序，系统在提示用户安装程序正在准备安装之后，出现图 2-12 所示界面，单击"自定义(U)"按钮，出现图 2-13 所示界面。在"升级(U)"选项卡中有"删除所有早期版本(R)""保留所有早期版本(K)"和"仅删除下列应用程序(O)"3 个选项，选择"保留所有早期版本(K)"。

图 2-12　Office 2010 的安装界面

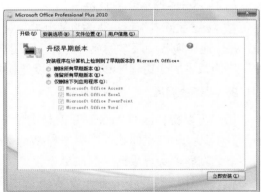

图 2-13　"升级(U)"选项卡界面

2. "安装选项(N)"选项卡

选择"安装选项(N)"选项卡，确定要安装的 Office 2010 组件。如图 2-14 所示，选择需要自定义安装的"Microsoft Access"组件。

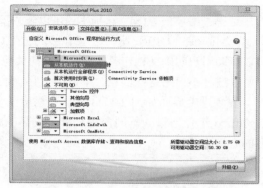

图 2-14 "安装选项(N)"选项卡界面

在图 2-14 中，单击加号(+)可展开文件夹，以查看更多功能。每个功能旁边的符号分别指示默认情况下将如何安装该功能。单击功能旁边的符号，然后从出现的列表中选择另一个符号，可以更改功能的安装方式。也可使用键盘浏览功能，并更改功能的安装选项：使用向上键和向下键可选择功能；使用向右键可展开包含一个或多个子功能的功能；使用向左键可折叠已展开的功能。在选择要更改的功能后，按空格键可显示安装选项的菜单。使用向上键和向下键可以选择所需的安装选项，然后按回车键确认。

(1) 从本机运行(R)

完成安装后，该功能将安装并存储在硬盘上。子功能不会安装并存储在硬盘上。

(2) 从本机运行全部程序(U)

完成安装后，该功能及其所有子功能将安装并存储在硬盘上。

(3) 首次使用时安装(I)

在用户第一次使用该功能时，该功能会安装在硬盘上。这时，用户可能需要访问最初安装软件时所用的光盘或网络服务器。此选项并不适用于所有功能。

(4) 不可用(N)

由于功能不可用，因此不会安装。在不需要安装的组件上选择"不可用(N)"选项即可。

说明：

(1) 如果某个功能有子功能，具有白色背景的符号表示该功能及其所有子功能都具有相同的安装方法；具有灰色背景的符号表示该功能及其子功能具有多种安装方法。

(2) "试用版"表示该程序在初始安装过程中是以试用模式提供的。用户只能在有限的时间内使用该程序，如果要继续使用，则需要购买。用户的计算机上可能有其他提供这些程序的产品，此信息只是为了引导用户完成初始安装。

3. "文件位置(F)"选项卡

选择"文件位置(F)"选项卡，确定 Office 2010 的安装位置。如图 2-15 所示，通过"浏览(B)…"按钮，将 Office 2010 安装到指定目录中，本地安装源所需空间为 837MB，程序文件所需空间为 1.93GB，所需驱动器空间总大小为 2.75GB。Office 文件安装的默认路径是在 C 盘，为了提高计算机的运行效率，用户最好更改路径，将其安装到非系统目录的其他磁盘中。

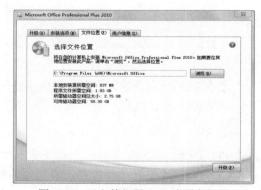

图 2-15 "文件位置(F)"选项卡界面

4. "用户信息(S)"选项卡

选择"用户信息(S)"选项卡,可以输入安装用户的全名、缩写和公司/组织,如图 2-16 所示。Microsoft Office 使用这些信息识别在 Office 共享文档中进行更改的人员。这些信息可以帮助用户明确文档作者的身份,并向其他审阅者标明内容的修订者或批注的插入者。用户可以选择不填写这些信息。单击图 2-16 界面右下角的"升级(P)"按钮,即可开始安装。

安装进度界面如图 2-17 所示,有进度条显示当前的安装进展。由于计算机的性能和安装 Office 组件数量的不同,用户等待安装的时间有差别,要有安装过程须等待 10 分钟左右的心理准备。

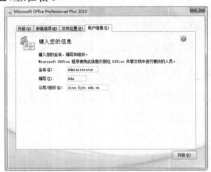 

图 2-16   "用户信息(S)"选项卡界面   图 2-17   安装进度界面

5. 重启系统,结束安装

在安装进度界面结束之后,出现图 2-18 所示界面,提示用户在操作系统的"开始"菜单中可找到 Microsoft Office 文件夹。单击图 2-18 界面右下角的"关闭(C)"按钮,弹出图 2-19 所示的"安装"对话框,单击"是(Y)"按钮,重启计算机系统,完成 Microsoft Office 的安装。

 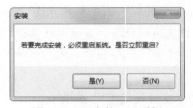

图 2-18   安装结束界面   图 2-19   "安装"对话框

计算机系统重新启动之后,第一次使用新安装的 Office 2010 应用程序,会出现图 2-20 所示的欢迎界面,选择"使用推荐的设置(U)"即可开始使用 Access 2010。

说明:

(1) 在安装过程中,系统会提示输入一个形如"XXXXX-XXXXX-XXXXX-XXXXX-XXXXX"的 25 字符产品密钥,密钥通常可在产品包装中找到。产品密钥是产品授权的证明,是根据一定的算法产生的随机数。每个产品密钥仅能用于在特定数量的计算机上安装软件。

图 2-20　首次使用安装的 Office 组件

(2) 在安装过程中，可以单击安装界面右上方的问号按钮，获取微软公司提供的"安装帮助"信息。

(3) 在安装过程中，可以单击安装界面右上角的关闭按钮，终止 Office 程序的安装。

(4) 在图 2-18 中，单击"继续联机(O)"按钮，获取可增强 Office 体验的联机服务。可以在 Office.com 上注册下列服务：

① 联机保存 Office 文档并几乎可从任意位置访问它们。

② 与他人共享 Office 文档。

③ 下载免费产品更新。

④ 熟练掌握 Microsoft Office 2010 的帮助和培训。

如果在完成 Microsoft Office 2010 的安装程序后没有连接 Internet，用户今后可以随时转至 Office.com，注册以上服务并增强 Office 2010 体验。

(5) 除 Microsoft Outlook 2010 和 Microsoft SharePoint Workspace 2010 外，所有 Microsoft Office 2010 程序都可以与相同程序的早期版本共存。

① Outlook 2010 不能与早期版本的 Outlook 同时存在

如果用户在"安装选项"选项卡中选择安装 Outlook 2010，并在"升级"选项卡中将默认设置更改为保留早期版本的 Outlook，则系统会忽略用户在"升级"选项卡中所做的选择，删除早期版本的 Outlook 并安装 Outlook 2010。

② Microsoft SharePoint Workspace 2010 不能与早期版本的 Microsoft Groove 同时存在

如果用户在"安装选项"选项卡中选择安装 SharePoint Workspace 2010，并在"升级"选项卡中将默认设置更改为保留早期版本的 Groove，则系统会忽略用户在"升级"选项中所做的选择，删除早期版本的 Groove 并安装 SharePoint Workspace 2010。

(6) 打开安装了多个版本的 Access 时，切换需要等待比较长的时间。建议安装虚拟机后再安装各版本的 Access。

2.2.2　Access 的单版本安装

如果只打算在计算机中安装 Access 2010 一个版本，而已安装的 Access 不是我们所需要的版本，可以先将原版本的 Access 卸载，再安装新版本的 Access。也可以在图 2-13 所示的"升级(U)"选项卡中，选择"删除所有早期版本(R)"或选择"仅删除下列应用程序(O)"中的"Microsoft Office Access"，再升级安装 Access 2010。

安装 Access 2010 时，可以有选择地安装一些项目，如图 2-21 所示。各项目的功能如下：

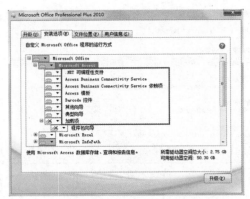

图 2-21　Office Access 2010 的可安装项

".NET 可编程性支持"是互操作程序集,用于实现 Microsoft Access 在.NET Framework 2.0 或更高版本下的编程功能。

"Access Business Connectivity Service"允许 Access 链接到 Business Connectivity Service 数据源。

"Access Business Connectivity Service 依赖项"允许 Access 链接到 Business Connectivity Service 依赖项。

"Access 模板"是安装模板。模板是完整的 Access 数据库应用程序,用于跟踪、存储和报告业务数据或个人数据。可以将这些数据存储在.accdb 文件中,或者存储在 SharePoint 网站的列表中。

"Barcode 控件"是安装在 Microsoft Office Access 窗体和报表中显示条码符号的 ActiveX 控件。Access 2010 中的控件名称为"Microsoft BarCode 控件 14.0"。

"其他向导"和"典型向导"是安装数据库专家,通过询问一些用户将要创建的高级项目的问题,自动为用户创建。

"加载项"是安装解决问题的工具和应用程序。

说明:

(1) 在 Microsoft Office 安装程序中删除早期版本的 Microsoft Office 进行升级时,不会删除用户个人数据,用户创建的文件、设置的用户首选项都不会被删除。

(2) 如果要安装的 Office 版本不包含某些安装 Office 早期版本时安装的程序,系统不会自动删除这些早期版本的程序。

2.3　Access 2010 的启动与退出

在 Windows 操作系统中,启动和退出 Access 2010 有多种方法。

2.3.1　Access 2010 的启动

启动 Access 2010 的方法与启动其他 Office 组件的方法类似,常用的方法有以下 4 种:

(1) 通过"开始"菜单启动

依次选择 Windows 任务栏的"开始"→"所有程序"→Microsoft Office→Microsoft Access

2010，可以启动 Access 2010。

(2) 通过快捷方式启动

安装 Access 2010 之后，系统一般会在桌面上添加一个 Access 2010 快捷图标，双击该图标即可启动 Access 2010。用户也可以自己创建 Access 2010 的快捷方式来启动它。

(3) 通过打开 Access 数据库文件启动

双击一个在 Access 2010 中创建的数据库文件(以.accdb 或.accde 或.accdc 为扩展名的文件均可)，可以在启动 Access 2010 的同时打开这个数据库文件。

(4) 通过运行 MSACCESS.EXE 程序文件启动

用 Win+R 组合键打开"运行"对话框，如图 2-22 所示，输入 MSACCESS(文件名的大小写英文字母没有区别)，再单击"确定"按钮，即可启动 Access 2010。也可以在 Windows 7 的"开始"菜单或"开始"菜单→"所有程序"→"附件"中找到"运行"命令。

启动 Access 2010，在尚未打开数据库文件时，可以看到 Access 2010 的启动窗口——Backstage 视图，如图 2-23 所示，里面显示了"文件"选项卡的命令和可用模板。

图 2-22 运行 MSACCESS.EXE 文件　　　　图 2-23 Access 的启动窗口 Backstage 视图

Backstage 视图是功能区的"文件"选项卡中显示的命令集合，是 Access 2010 的新增功能，其后的 Access 版本都保留了它。Backstage 视图包含应用于整个数据库的命令，也包含了 Access 早期版本"文件"菜单的命令，如"保存""打印""退出"等。

从图 2-23 中可以看到："文件"选项卡的命令集合包括"保存""对象另存为""数据库另存为""打开""关闭数据库""信息""最近所用文件""新建""打印""保存并发布""帮助""选项"和"退出"共 13 项命令，显示为浅灰色的命令表示当前不能使用。在"关闭数据库"和"信息"这两条命令之间，显示了 4 个最近用过的数据库文件名("实验案例 4.accdb""实验案例 3.accdb""实验案例 2.accdb"和"实验案例 1.accdb")。在图 2-23 所示的 Backstage 视图中，打开"新建"命令，选中"可用模板"中的"空数据库"，空数据库保存的默认路径是 F:\Access2010，文件名是 Database1.accdb。

【请思考】

图 2-8 与图 2-23 的 Backstage 视图为什么有些不同呢？

2.3.2 Access 2010 的退出

当用户不再使用 Access 时，应将其关闭退出。退出 Access 2010 的常用方法有以下 8 种：

(1) 直接单击 Access 2010 窗口右上角的关闭按钮 。

(2) 按 Alt+F4 组合键。

(3) 依次按 Alt、F 和 X 键。

(4) 按 Alt+Space 组合键打开控制菜单(也称程序图标菜单)，再选择"关闭(C)"命令。

(5) 双击 Access 2010 窗口左上角的控制菜单图标 **A**。

(6) 用鼠标在 Access 2010 标题栏的空白处右击，在弹出的快捷菜单中选择"关闭(C)"命令。

(7) 在任务栏的 Access 2010 程序按钮上右击，在弹出的快捷菜单中选择"关闭窗口"。

(8) 单击"文件"选项卡，在 Backstage 视图中选择"退出"命令。

使用以上方法退出 Access 2010 时，如果对数据库所做的修改已经保存，会直接退出 Access；如果对数据库所做的修改还没有保存，会弹出提示对话框。例如，若数据库对象"窗体 1"尚未保存就要退出 Access 程序，系统会弹出图 2-24 所示对话框，用户根据具体情况选择单击"是(Y)""否(N)"或"取消"按钮。单击"是(Y)"按钮，保存之后退出 Access 程序；单击"否(N)"按钮，不保存直接退出 Access 程序；单击"取消"按钮，取消退出 Access 程序的操作。

图 2-24　退出 Access 时的对话框

2.4　Access 2010 集成环境

Access 2010 用户界面由功能区、Backstage 视图和导航窗格 3 个主要部分组成。功能区是一个包含多组命令且横跨程序窗口顶部的带状选项卡区域；Backstage 视图是功能区的"文件"选项卡中显示的命令集合；导航窗格是 Access 主窗口左侧的窗格，可以在其中使用数据库对象。

在 Access 2010 的启动窗口(见图 2-23)中，提供了创建数据库的导航，当选择新建空数据库，或新建空白 Web 数据库，或使用某个模板，或打开某个数据库文件时，就正式进入 Access 2010 的主窗口，如图 2-25 所示。

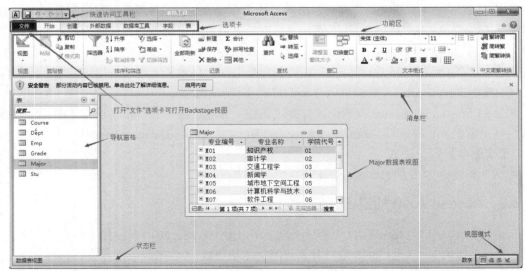

图 2-25　Access 2010 的主窗口

2.4.1　Access 2010 的主窗口

图 2-25 是打开"教务管理.accdb"数据库文件后的 Access 2010 主窗口，包括标题栏、快速访问工具栏、功能区(包括选项卡)、导航窗格、对象编辑区和状态栏等部分。

1. 快速访问工具栏

快速访问工具栏是与功能区相邻的工具栏，通过快速访问工具栏，只需要单击一次即可访问命令。快速访问工具栏的默认命令集包括"保存""撤消"和"恢复"。用户可以自定义快速访问工具栏，将常用的其他命令放在其中；还可以修改快速访问工具栏的位置，以及将其从默认的小尺寸更改为大尺寸。小尺寸工具栏显示在功能区命令选项卡的上方。切换为大尺寸后，快速访问工具栏将显示在功能区的下方，并展开到全宽。

单击"快速访问工具栏"右侧的▾按钮，从弹出的快捷菜单中选择相应的选项，当其名称前有对号标记☑时，表示该选项已经显示在快速访问工具栏中。

如图 2-26 所示，在"自定义快速访问工具栏"快捷菜单中，当鼠标指针悬停在"打印预览"上时，出现提示文本"添加到快速访问工具栏"，选中"打印预览"，即可在快速访问工具栏中添加"打印预览"按钮；也可以再次打开"自定义快速访问工具栏"快捷菜单，单击此命令，取消选中"打印预览"，即可将此命令从快速访问工具栏中删除。在"自定义快速访问工具栏"中，若选择"在功能区下方显示(S)"，快速访问工具栏将置于功能区的下方。在"自定义快速访问工具栏"中，若选择"其他命令(M)…"，将打开"Access 选项"对话框，如图 2-27 所示。

也可以单击主窗口的"文件"选项卡→"选项"命令，在弹出图 2-27 所示的"Access 选项"对话框的左侧选择"快速访问工具栏"，进入自定义快速访问工具栏设置界面。在对话框的下方有"在功能区下方显示快速访问工具栏(H)"复选框和"导入/导出(P)"按钮，勾选此复选框，将快速访问工具栏置于功能区的下方；单击"导入/导出(P)"按钮，可以将用户自定义项(包括功能区和快速访问工具栏自定义项)导出为单一 Office UI(User Interface，用户界面)文件。此文件可由其他用户导入，或者可以通过使用 Office 自定义工具(Office Customization Tool，OCT)为企业级部署提供此文件。OCT 设置仅提供初始默认值，用户仍然可以在之后使用 UI 文件更改设置。若要防止最终用户自定义，可以使用 Windows 的组策略。

图 2-26　在主窗口中自定义快速访问工具栏

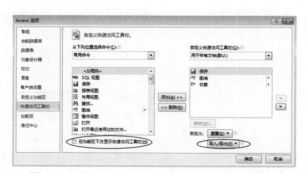

图 2-27　在"Access 选项"对话框中自定义快速
访问工具栏

2．功能区

功能区(ribbon)取代了 Access 2007 以前版本中的下拉式菜单和工具栏，将早期版本中通常需要使用菜单、工具栏、任务窗格和其他用户界面组件才能显示的任务或入口点集中在一个地方，方便了用户的使用。

(1) 功能区的组成

功能区是一个横跨 Access 2010 主窗口顶部的带状区域，功能区由选项卡(tab)、命令组(group)和命令按钮 3 部分组成。Access 2010 默认有"文件""开始""创建""外部数据"和"数据库工具" 5 个标准选项卡，每个选项卡包含多组相关的命令按钮。如图 2-28 所示，除了 5 个标准选项卡，还有"表格工具"上下文选项卡；在"开始"选项卡中，从左至右依次为"视图""剪贴板""排序和筛选""记录""查找"和"文本格式"命令组，每组中又有若干个命令按钮；利用"开始"选项卡中命令可执行的常用操作是：选择不同的视图；从剪贴板复制和粘贴；设置当前的字体特性；设置当前的字体对齐方式；对备注字段应用格式文本格式；使用记录(刷新、新建、保存、删除、汇总、拼写检查及更多)；对记录进行排序和筛选；查找记录等。

图 2-28　"开始"选项卡

有些命令组的右下角有一个"对话框启动器"按钮，鼠标悬停在上面时，有提示信息。例如，单击图 2-28 中"文本格式"命令组右下角的"对话框启动器"按钮，会打开"设置数据表格式"对话框，如图 2-29 所示，可以在其中设置数据表的格式。

(2) 功能区的操作

在 Access 2010 中，执行命令的方法有多种。一般可以单击功能区的选项卡，再找相关的命令组中的相关命令按钮。也可以使用与命令关联的键盘快捷方式，早期 Access 版本的键盘快捷方式在 Access 2010 中可以继续使用。

按下并释放 Alt 键或 F10 键，将显示相关操作的访问键，此时按下所提示的键就可以执行相应的操作。图 2-30 所示是"创建"选项卡功能区，在快速访问工具栏按钮和选项卡名称下方显示了访问键。"创建"选项卡可以执行的常用操作是：插入新的空白表；使用表模板创建新表；在

图 2-29　"设置数据表格式"对话框

SharePoint 网站上创建列表，在链接至新创建的列表的当前数据库中创建表；在设计视图中创建新的空白表；基于活动表或查询创建新窗体；创建新的数据透视表或图表；基于活动表或查询创建新报表；创建新的查询、宏、模块或类模块等。

图 2-30　"创建"选项卡

功能区可以进行折叠或展开，折叠即最小化时，只保留一个包含选项卡名称的条形区域。如果要折叠功能区，单击图 2-30 右上角的"功能区最小化"按钮 即可。功能区折叠后，此按钮外观变为 ，单击此按钮可以展开功能区。也可以利用 Ctrl+F1 组合键，展开或最小化功能区。还可以单击已打开的选项卡名称，最小化或展开功能区。

在出现图 2-30 时，如果按下 Y 键(字母的大小写没有区别)，将打开"数据库工具"选项卡，同时显示其中各命令按钮的访问键。"数据库工具"选项卡可以执行的常用操作是：将部分或全部数据库移至新的或现有的 SharePoint 网站；启动 Visual Basic 编辑器或运行宏；创建和查看表关系；显示/隐藏对象相关性；运行数据库文档或分析性能；将数据移至 Microsoft SQL Server 或 Access(仅限于表)数据库；管理 Access 加载项；创建或编辑 Visual Basic for Applications (VBA)模块等。

在出现图 2-30 时，如果按下 X 键(字母的大小写没有区别)，将打开"外部数据"选项卡，同时显示其中各命令按钮的访问键，如图 2-31 所示。"外部数据"选项卡可以执行的常用操作是：导入或链接到外部数据；导出数据；通过电子邮件收集和更新数据；创建保存的导入和导出；运行链接表管理器等。

图 2-31　"外部数据"选项卡

(3) 上下文选项卡

功能区还为用户提供了处理特定对象(例如，数据表、窗体、报表、宏)时出现的上下文选项卡。上下文选项卡在适当的时间为特定对象提供适当的工具。即根据正在进行操作的对象、正在执行的操作的不同，在标准选项卡旁边出现上下文选项卡。例如，如果在设计视图中打开了一个窗体，则出现"窗体设计工具"选项卡，按下并释放 Alt 键或 F10 键，出现图 2-32 所示界面，"窗体设计工具"选项卡中又包含"设计""排列"和"格式"3个选项卡。

图 2-32　"窗体设计工具"上下文选项卡

上下文选项卡可以根据所选对象状态的不同而自动显示或关闭，具有智能特性，方便用户操作。

(4) 自定义功能区

用户不用编程就可以自定义功能区选项卡。如果要自定义功能区中列出的命令，可按照以下步骤进行操作：单击"文件"选项卡→在 Backstage 视图中单击"选项"命令，然后选择"自定义功能区"→选择要添加或从功能区中移除的命令。

【例 2-1】在功能区添加一个"我的工具"选项卡，设置其组名为"画图"，添加 3 个"不在功能区中的命令"：直线、矩形、线条颜色。

操作步骤：

(1) 在 Access 主窗口中，单击"文件"选项卡，进入 Backstage 视图。

(2) 在 Backstage 视图中单击"选项"命令，进入"Access 选项"对话框，如图 2-33 所示。

(3) 在"Access 选项"对话框中，单击"自定义功能区"。

(4) 在"自定义功能区"窗口的"自定义功能区"列表中，选择"主选项卡"，再单击 新建选项卡(W) 按钮，产生"新建选项卡(自定义)"和"新建组(自定义)"，将其分别重命名为"我的工具"和"画图"。

(5) 从"不在功能区中的命令"列表中分别依次选择"直线""矩形"和"线条颜色"命令。

(6) 单击"Access 选项"对话框中的"确定"按钮，即可保存和查看自定义设置，如图 2-34 所示。

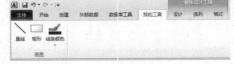

图 2-33　"Access 选项"对话框的"自定义功能区"　　　　　图 2-34　"我的工具"选项卡

【请思考】如何修改自定义选项卡的命令组中各命令的图标？提示：单击图 2-33 中右下方的"重命名(M)..."按钮，在弹出的对话框的"符号"列表中选择一种图标。

【例 2-2】向"开始"选项卡中添加"中文简繁转换"，将图 2-35 的图(a)设置为图(b)。中文简繁转换属于 COM 加载项，用户可以自行添加。

操作步骤：

单击 Access 2010 主窗口的"文件"选项卡→"选项"→"自定义功能区"→"不在功能区的命令"→"COM 加载项"，如图 2-36 所示，将"COM 加载项"添加到用户自定义选项卡的组中，再到 Access 主窗口的自定义选项卡的组中，执行"COM 加载项"命令，在弹出的图 2-37 中勾选 Chinese Translation Addin 复选框，最后单击"确定"按钮即可。

(a)

(b)

图 2-35　向"开始"选项卡添加"中文简繁转换"组

图 2-36　添加"COM 加载项"

图 2-37　设置"COM 加载项"

添加了"中文简繁转换"命令组的"开始"选项卡如图 2-35(b)所示。

【请思考】如何卸载刚添加的"中文简繁转换"组？如何将"COM 加载项"添加到"快速访问工具栏"？

说明：

(1) 用户可以更改 Microsoft Office 2010 内置的默认选项卡、组或命令。可以重命名内置的默认选项卡和组，并可以更改它们的顺序。但是不能重命名默认命令、更改与这些命令关联的图标或更改这些命令的顺序。

(2) 功能区自定义设置专用于用户当前正在使用的 Microsoft Office 程序。例 2-1 中的设置只适用于 Access 2010，不会应用于其他的 Office 程序(例如，Word、Excel 等)。

(3) 可以用代码隐藏或显示功能区。

隐藏功能区的代码：DoCmd.ShowToolbar "Ribbon", acToolbarNo

显示功能区的代码：DoCmd.ShowToolbar "Ribbon", acToolbarYes

3. 导航窗格

打开 Access 2010 数据库时，图 2-25 所示主窗口的左侧即为导航窗格。导航窗格中显示当前数据库中的各种数据库对象，数据库对象包括表、查询、窗体、报表、宏、模块等。导航窗格可以帮助组织数据库对象，是打开或更改数据库对象设计的主要方式。它取代了 Access 2007 之前版本中的数据库窗口。导航窗格在 Web 浏览器中不可用，若要将导航窗格与 Web 数据库一起使用，可以先用 Access 打开该数据库。

(1) 导航窗格的组成

单击导航窗格右上方的小箭头，可打开导航窗格菜单，如图 2-38 示。导航窗格按类别和组对数据库对象进行组织。默认情况下，新数据库使用"对象类型"类别，该类别包含对应于各种数据库对象的组。"对象类型"类别组织数据库对象的方式与 Access 早期版本的"数据库窗口"显示界面相似。

(2) 导航窗格的操作

在导航窗格的空白处单击鼠标右键，弹出图 2-39 所示的快捷菜单，单击"百叶窗开/关"按钮 « ，或按 F11 键可以展开或折叠导航窗格。单击快捷菜单的"导航选项(N)..."命令，将打开图 2-40 所示对话框。

图 2-38 导航窗格菜单

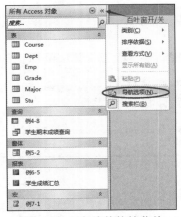

图 2-39 导航窗格快捷菜单

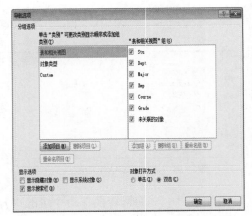

图 2-40 "导航选项"对话框

打开数据库中对象(如表、窗体等)的方法：在导航窗格中双击数据库对象；或选中对象，然后按回车键；或用鼠标右键单击对象，在弹出的快捷菜单中单击"打开"。注意：可以在图 2-40 所示的"导航选项"对话框中设置"对象打开方式"为"单击"，以便单击即可打开对象。

导航窗格将数据库对象划分为多个类别，各个类别中又包含多个组。某些类别是预定义的，允许用户创建自己的自定义组。

从图 2-41 所示的"导航选项"对话框可知：可以设置在导航窗格中显示的"对象类型"(表、查询、窗体、报表、宏、模块)，可以设置是否显示系统对象。

在图 2-41 所示的导航窗格中可以看到灰色显示的系统对象表的表名，Access 以 MSys 开头命名系统对象表，而系统文件一般是不显现的。系统表 MSysACEs 存放着用户和组的 SID 以及与之对应的数据库各对象的标识 ID，还有操作权限信息；MSysObjects 存放着表、查询、窗体等对象的信息；MSysQueries 存放着查询的定义；MSysRelationships 存放着关系的定义。注意：一般用户不要随意修改这些系统对象。

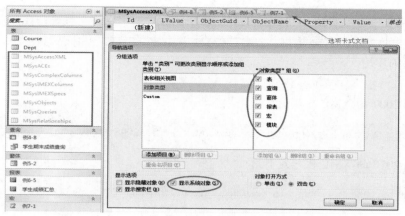

图 2-41　设置"导航窗格"以显示系统对象

*【例 2-3】创建系统表 USysRibbons，隐藏 Access 2010 中除"文件"选项卡外的所有选项卡以及快速访问工具栏。

操作步骤：

(1) 在 Access 2010 数据库中创建系统表 USysRibbons，设置两个字段：RibbonName(文本型)和 RibbonXml(备注型)。

(2) 向 USysRibbons 表添加一条记录。RibbonName 字段值为 Fjut，RibbonXML 字段值为如下 XML 代码，然后保存。

```
<customUI xmlns="http://schemas.microsoft.com/office/2009/07/customui">
  <ribbon startFromScratch="true">
  </ribbon>
  <backstage>
    <button idMso="ApplicationOptionsDialog" visible="false"/>
    <button idMso="FileExit" visible="false"/>
  </backstage>
</customUI>
```

(3) 单击"文件"选项卡→"选项"，打开"Access 选项"对话框，在图 2-42 所示的对话框中选择"当前数据库"，在"功能区名称(R)"中选择字段 RibbonName 设置的值 Fjut，单击"确定"按钮。

(4) 重启此数据库文件可以看到图 2-43 所示结果，除"文件"外的选项卡和快速访问工具栏全部隐藏。

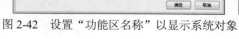
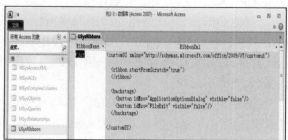

图 2-42　设置"功能区名称"以显示系统对象　　　图 2-43　例 2-3 显示结果

【请思考】①若要将图 2-43 所示的导航窗格隐藏，如何操作？提示：在图 2-42 中，不勾选"显示导航窗格(N)"复选框。②何时需要设置这些隐藏？③查阅资料，分析以上 XML 代码各标签的作用。

说明：

Access 2007 的 XML 代码是引用：

```
<custom UIxmlns=="http://schemas.microsoft.com/office/2006/01/customui">
```

Access 2010 的 XML 代码是引用：

```
<custom UIxmlns=="http://schemas.microsoft.com/office/2009/07/customui">
```

4. 其他界面元素

(1) 对象编辑区

对象编辑区位于 Access 2010 主窗口的右下方、导航窗格的右侧，是用来设计、编辑、修改和显示表、查询、窗体、报表和宏等数据库对象的区域。如图 2-25 所示，在对象编辑区以"重叠窗口"方式打开了一个 Major 表。通过折叠导航窗格或功能区，可以扩大对象编辑区的范围。

(2) 选项卡式文档

启动 Access 2010 数据库后，系统默认以"选项卡式文档"方式显示数据库对象，如图 2-41 所示，以选项卡式文档打开 MSysAccessXML、例 4-8、例 5-2、例 6-5 和例 7-1，它们分别是表、查询、窗体、报表和宏 5 个对象。

通过设置 Access 选项，可以启用或禁用选项卡式文档。如图 2-44 所示，"文档窗口选项"有两种："重叠窗口(O)"和"选项卡式文档(B)"，还可以不勾选"显示文档选项卡"复选框。

说明：设置"文档窗口选项"是针对单个数据库进行的，必须为每个数据库单独设置此选项。更改文档窗口选项设置之后，必须关闭并重新打开数据库，更改才能生效。使用 Access 2007 或 Access 2010 创建的新数据库默认显示文档选项卡；使用早期版本 Access 创建的数据库默认使用重叠窗口。

(3) 状态栏

与早期 Access 版本一样，Access 2010 也会在窗口底部显示状态栏。继续保留此标准界面元素是为了方便用户查找状态消息、属性提示、进度指示等。如图 2-25 所示，状态栏的右侧是各种视图切换按钮，单击各个按钮可以快速切换视图状态；状态栏的左侧显示了当前的视图状态，当前 Major 表以数据表视图显示。

与其他 Office 2010 应用程序中的状态栏一样，Access 2010 的状态栏也具有两项标准功能：视图/窗口切换和缩放。用户可以使用状态栏上的可用控件，在可用视图之间快速切换活动窗口。如果要查看支持可变缩放的对象，则可以使用状态栏上的滑块，调整缩放比例以放大或缩小对象。

状态栏也可以启用或禁用。在图 2-44 所示的"Access 选项"对话框中，勾选或不勾选"显示状态栏(S)"复选框，即可在 Access 主窗口中显示或禁用状态栏。注意：这个显示状态栏复选框的功能有时会失效，可以用代码激活状态栏。

设置显示状态栏的代码是：Application.SetOption "Show Status Bar", True

隐藏状态栏的代码是：Application.SetOption "Show Status Bar", False

(4) 样式库

Access 2010 功能区使用一种名为"样式库"的控件。样式库控件不仅显示命令，还显示使用这些命令的结果。其意图是提供一种可视方式，便于用户浏览和查看 Access 2010 可以执行的操作，并关注操作结果，而不只是关注命令本身。

样式库有各种不同的形状和大小。它包括一个网格布局、一个类似菜单的下拉表示形式，甚至还有一个功能区布局，该布局将样式库自身的内容放在功能区中。如图 2-45 所示，在"报表设计工具"下的"页面设置"选项卡中，有"页边距"样式库。

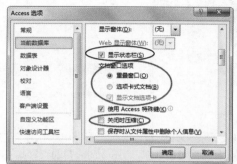
图 2-44　设置当前数据库的文档窗口

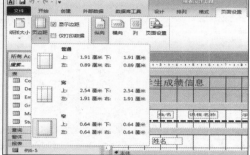
图 2-45　"页边距"样式库

2.4.2　Access 2010 的帮助

使用 Access 时，按 F1 功能键可以随时获取帮助信息。在 Access 2010 主窗口中，单击"文件"选项卡，出现图 2-23 所示 Backstage 视图，选择"帮助"命令，可以看到图 2-46 所示窗口，此窗口的右侧是 Microsoft Office 2010 产品的相关信息，显示当前 Microsoft Access 的版本为 14.0.4760.1000(32 位)。在图 2-46 中单击"支持"区的"Microsoft Office 帮助"或窗口右上角的 ❓ 按钮，可以打开"Access 帮助"对话框，单击此对话框右下角的"脱机"，可以选择连接状态，如图 2-47 所示。

图 2-46　Backstage 视图中的"帮助"命令

图 2-47　"Access 帮助"对话框 1

在不同的 Access 工作环境中，"Access 帮助"对话框显示的内容不相同。单击 Access 2010 主窗口右上角的 ❓ 按钮，可以打开图 2-48 所示对话框；在编写代码的 Visual Basic 编辑器的标准工具栏中有 ❓ 按钮，单击它可以打开图 2-49 所示对话框。Visual Basic 编辑器可以用 Alt+F11 组合键打开。

从图 2-48 中可以看到，搜索帮助可以"来自 Office.com 的内容"，也可以"来自此计算机的内容"，它们都有"开发人员参考"命令，图 2-49 即为"开发人员参考"帮助对话框。用户可以在"Access 帮助"对话框的搜索栏输入信息，以获取帮助。还可以使用帮助对话框的工具栏 ←　→　⊗　↻　⌂　🖨　A˅ 中的"显示目录"按钮，按目录分类学习 Access 2010 的各种功能。

Access 2010 在使用过程中，有时会遇到无法获取帮助的问题。出现图 2-50 中的提示：帮助查看器遇到意外问题，无法继续。重新安装 Access，重启计算机都不能解决此问题。

图 2-48　"Access 帮助"对话框 2　　图 2-49　"Access 帮助"对话框 3　　图 2-50　帮助查看器故障

【例 2-4】"帮助查看器遇到意外问题"的解决方法。

操作步骤：

关闭 Access 应用程序，打开 IE 浏览器的"Internet 选项"对话框的"高级"选项卡，如图 2-51 所示，单击"重置"按钮，弹出图 2-52 所示的"重置 Internet Explorer 设置"对话框，勾选"删除个人设置(P)"，再单击"重置(R)"按钮，按照"重置用户自定义"→"禁用浏览器加载项"→"应用默认设置"→"删除个人设置"顺序逐个重置，重置完成后，即可解决问题。

图 2-51　"Internet 选项"对话框　　　　图 2-52　"重置 Internet Explorer 设置"对话框

2.5　Access 数据对象的导入与导出

Access 2010 的优势之一是能够通过向导，方便地实现各种环境间的数据共享：能将其他 Windows 或 DOS 应用程序创建的电子表格、数据库表、文本文件转换成 Access 的.accdb 格式(即导入文件);能将表格文件导出为任何可以导入的文件格式,包括 HTML 和 XML 文件;也可以导入/导出 SharePoint Foundation (SPF) 2010 或 Microsoft SharePoint Server (SPS) 2010 列表;还可以把 Access 或其他关系数据库管理系统 RDBMS、Excel 工作表或 SharePoint 列表创建的数据库文件链接到当前 Access 数据库中,Access 作为链接对象的数据输入前台,此功能在其他 B/S 的 RDBMS 中很少见。

2.5.1　Access 2010 的数据库对象

客观世界里的任何事物都可以被看作对象。对象可以是具体的物,也可以是指某些概念。每个对象都具有自己的属性、事件和方法。用户通过属性、事件和方法来处理对象。

Access 是一个面向对象的可视化关系型数据库管理系统,它提供了一个完整的对象类集合,用户在 Access 环境中的操作都是面向这些对象进行的。Access 以数据库对象为基本单位存储、操作、管理各类数据,它主要包括 6 种标准数据库对象:表、查询、窗体、报表、宏和模块。Access 的主要功能就是通过这 6 种数据对象来完成的。

1. 表(Table)——Access 数据库的基础与核心

表是数据库中最基本的对象,是关于特定实体的数据集合,它以二维表格的形式组织、保存待管理的原始数据,并描述关系数据库中数据的属性和关系,可以作为其他数据库对象的数据源。创建数据库之后,首先要做的就是建立数据库中的各个表,将各种信息分门别类存放到各种数据表中。例如,在"教务管理"数据库中有学生表 Stu、课程表 Course、成绩表 Grade、部门表 Dept、职工表 Emp 和专业表 Major 等。

2. 查询(Query)——按用户的需求获取有用信息

查询是根据给定的条件从数据库的一个或多个数据源中筛选出符合条件的记录,构成一个动态的数据记录集合。查询是 Access 数据库的主要应用对象,数据库中的数据只有被查询才能实现它的价值。用户可以通过查询操作按照不同的方式浏览、更新、重组和分析数据,形成动态的数据集。

保存后的查询结果可作为其他数据库对象的数据源。Access 的查询包括选择查询、交叉表查询、参数查询、操作查询和 SQL 查询等。本书的第 4 章重点介绍查询。

3. 窗体(Form)——让用户更清晰地浏览数据库

窗体也称表单,可用于为数据库应用系统创建用户界面。窗体是数据库中信息的主要展示窗口,是用户与数据库之间的人机交互界面,用户通过使用窗体来实现数据维护、控制应用程序流程等人机交互功能。用户可以向数据表中直接输入或修改数据,但操作界面不友好,也不安全。

窗体分为"绑定"窗体和"非绑定"窗体。"绑定"窗体是直接连接到数据源(如表或查询)的窗体,并可用于输入、编辑或显示来自该数据源的数据;"非绑定"窗体没有直接连接到数据源,但仍然包含操作应用程序所需的命令按钮、标签、文本框或其他控件。因此,利用窗体对象可以建立一个查询、输入、修改、删除数据的操作界面,可以让用户在一个便捷和安全的环境中使用数据。一个设计良好的窗体可以将数据库应用系统的功能以美观、便捷、友好的方式展现。本书的第 5 章重点介绍窗体。

4. 报表(Report)——输出标准的统计分析结果

报表用于将选定的数据以特定的表格、图表等格式显示或打印，是表现用户数据的一种有效方式。报表对象的数据来源可以是表、查询或 SQL 语句。在 Access 中，报表能对数据进行多重的数据分组并可将分组结果作为另一个分组的依据，同时支持对数据进行排序、统计、分析、整理、计算等各种操作，并将处理后的数据以标准格式显示或打印输出。本书的第 6 章重点介绍报表。

5. 宏(Macro)——让系统的运行与操作变得更便捷

宏是 Access 一系列操作命令的组合。在进行数据库操作时，有些任务需要经过繁复的操作过程，要执行多个命令才能完成。如果需要经常执行这些任务，就可以将执行这些任务的一系列操作命令记录下来组成一个宏，当运行宏时即可快速实现对数据库的应用。可以将宏看作一种简化的编程语言，用户利用宏，不需要编写任何代码，就可以实现简单的交互功能。本书的第 7 章重点介绍宏。

6. 模块(Module)——数据库应用程序的摇篮

模块是 Access 数据库 VBA 程序代码的集合。Access 虽然在不需要编写任何程序代码的情况下就可以满足大部分用户的需求，但对于较复杂的数据库应用系统，只靠 Access 的向导和宏已不能解决现实生活和工作中的问题，需要通过 VBA 语言编写程序，以完成较为复杂或高级的系统设计和数据库操作。本书的第 8 章和第 9 章介绍如何编写程序代码，数据库应用程序开发人员必须学习。

2.5.2　Access 数据对象的导入

通过导入(import)的方式，可以在 Access 数据库中使用其他种类数据库或其他格式文档中的数据。Access 可以导入和链接的数据库和文件格式包括 Access、ODBC(如 SQL Server)、dBASE 数据库、SharePoint 列表、Excel、Outlook、HTML、XML 和文本文件。对于关系型数据库文件，只要调入原文件基本可以实现直接导入，对于 SQL Server、Oracle 这样不一定以文件形式存储的大型客户机/服务器数据库，应通过 ODBC 数据源导入。将另一个 Access 数据库中的表全部导入到当前数据库时，表间的关系会一并导入。

导入数据的一般操作步骤：

(1) 打开需要导入数据的数据库。

(2) 在 Access 主窗口中，单击"外部数据"选项卡，在图 2-31 所示的"导入并链接"组中选择要导入的数据所在文件的类型按钮，打开"获取外部数据"对话框，在对话框中完成相关设置后，单击"确定"按钮。

用鼠标右击导航窗格中的数据表时，弹出图 2-53 所示快捷菜单，从"导入"命令的级联子菜单可知：导入的数据可以来自于另一个 Access 数据库、Excel 文件、SharePoint 列表、文本文件、XML 文件、ODBC 数据库、HTML

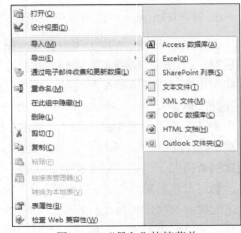

图 2-53　"导入"快捷菜单

文档和 Outlook 文件夹。

　　导入 Excel 数据的实例可参看第 3 章 3.2.5 节，需要注意的是：作为数据源的 Excel 原工作表不要包含合并单元格的标题数据，最好是第一行含有列名的规范二维表。

2.5.3　Access 数据对象的导出

　　Access 通过导出(export)方式，可以将数据库中的表、查询、报表等复制到其他关系数据库或 Excel、Word、PDF，或 XPS、HTML、XML、SharePoint 列表，或 TXT、RTF 等其他格式的数据文件中。

　　导出数据的一般操作步骤：

　　(1) 打开需要导出数据的数据库。

　　(2) 在 Access 主窗口中，单击"外部数据"选项卡，在"导出"组中选择要导出的文件类型，打开"导出"对话框，在对话框中完成相关设置后，单击"确定"按钮。

　　导出报表数据成为 PDF 文件的实例可参看第 6 章 6.5 节。注意：在将表格数据导出到 Microsoft Excel 工作簿或 Microsoft Word 文档时，要确保导出的字段在视图中没有被隐藏，要导出的所有记录在视图中都可见。

　　【例 2-5】将"教务管理"数据库中的 Dept 表转换为 Word 的 RTF 格式文档，保存到 D 盘 Jane 文件夹中，同时保存导出步骤。

　　操作步骤：

　　(1) 在"教务管理"数据库中，用鼠标右击 Dept 表，在图 2-54 所示的"导出"快捷菜单中选择"Word RTF 文件(W)"命令。

　　(2) 在"导出-RTF 文件"对话框中选择导出操作的目标，如图 2-55 所示。通过"浏览(R)…"按钮选择导出文件的位置，并可以对导出文件重新命名。

　　(3) 在图 2-55 中单击"确定"按钮，出现图 2-56 所示对话框，勾选"保存导出步骤(V)"，在"另存为(A)"文本框中可以设置导出步骤的名称，还可以创建 Outlook 任务。本例用默认的导出名称"导出-Dept"。

图 2-54　"导出"快捷菜单　　　　　　　　　图 2-55　选择导出操作的目标

若已有保存的导入/导出步骤，图 2-56 中左下角的"管理数据任务(M)…"就为可用状态，供用户查看本数据库中已保存的导入/导出步骤。

在图 2-56 中，单击"保存导出(S)"按钮，即可完成将 Dept 表导出为 Word RTF 格式的任务。可在 D:\Jane 目录中打开 Dept.rtf 文件，查看导出的信息：数据表的字段名在 Dept.rtf 文件中以加粗并带灰色底纹的形式呈现。

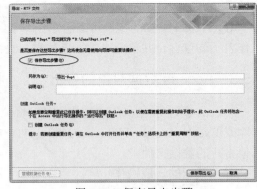

图 2-56   保存导出步骤

若要查看和运行数据库已保存的导出任务，可以在图 2-57 所示"外部数据"选项卡中单击"已保存的导出"按钮，出现图 2-58 所示"管理数据任务"对话框，在此对话框中可以对保存的的信息进行编辑说明、运行任务、删除任务、创建 Outlook 任务。

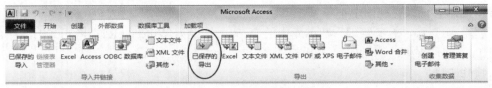

图 2-57   "外部数据"选项卡

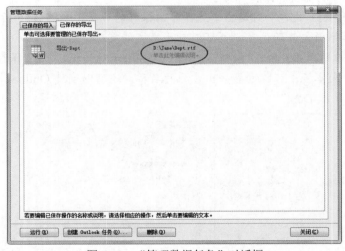

图 2-58   "管理数据任务"对话框

说明：

(1) 在 Access 2010 中导入/导出数据时，可以保存所使用的设置，如图 2-56 所示，以便能够随时重复该操作。

(2) 理解"规格"。规格包含在不必由用户提供任何输入的情况下 Access 重复操作所需要的所有信息。例如，将数据导出到 Microsoft Excel 工作簿的规格，将存储目标 Excel 文件的名称、位置以及其他详细信息(比如，导出数据时是否也导出了格式和布局)。

(3) 创建导入或导出规格的步骤:

① 通过单击"外部数据"选项卡中提供的命令, 打开导入或导出对话框, 即启动导入或导出向导。

② 按照对话框(即向导)中的说明操作。单击"确定"后, 如果 Access 成功完成操作, 则会显示"保存导入步骤"或"保存导出步骤"页。

③ 勾选"保存导入步骤"或"保存导出步骤"复选框, 将操作的详细信息另存为规格。此时 Access 将显示附加的控件集。

④ 在"另存为"文本框中输入规格的名称。

⑤ 在"说明"文本框中输入说明文字以帮助用户识别操作。

⑥ 单击"创建 Outlook 任务"可创建 Outlook 任务, 以便在应该重复该操作的时候提醒用户。

⑦ 单击"保存导入"或"保存导出"以保存规格。Access 将在当前数据库中创建和存储规格。

⑧ 如果用户在步骤⑥中单击了"创建 Outlook 任务", 将显示"Outlook 任务"窗口。此时填入任务的详细信息, 然后单击"保存并关闭"即可。

(4) 运行保存的导入或导出操作。

创建导入或导出规格后, 在希望重复操作时, 可运行保存的导入或导出操作。运行导入规格时, 当前数据库是目标数据库; 运行导出规格时, 当前数据库是源数据库。

注意: 运行时, 可以更改源文件或目标文件, 但用户指定的新文件必须满足成功完成操作所必需的所有要求。在运行之前, 必须确保源文件和目标文件已存在, 源数据已做好导入准备, 并且操作将不会意外覆盖目标文件中的任何数据。在运行任何已保存的规格之前, 要尽量确保向导驱动的操作成功。

学习者可以通过《Access 2010 数据库应用技术案例教程学习指导》(以下简称《学习指导》)中第 2 章的"实验案例 7"练习数据的导入/导出。

2.6　Access 2010 的安全性

Access 是一个安全体系结构。在 Access 数据库中, 除了表对象, 还可以包含查询、窗体、报表、宏、模块等对象, 这些对象通过绑定或连接到数据表来操作数据。插入、删除或更改数据的查询、宏、带返回值的函数、VBA 代码等组件会带来安全风险。为了保证数据库安全, 在打开数据库文件(.accdb 或.accde)时, Access 会将数据库的位置提交到信任中心。如果信任中心确定该位置受信任, 数据库将以完整功能运行。如果打开 Access 早期版本的数据库, 则会将文件位置和数字签名的详细信息提交到信任中心。Access 的信任中心审核评估这些信息, 指导 Access 如何打开数据库。

Access 2010 新增功能拥有更强大的加密技术, 同时对第三方加密产品也提供了支持。

2.6.1　信任中心

Access 安全体系结构的核心是信任中心。信任中心是一个对话框, 它为设置和更改 Access 的安全设置提供了一个集中位置。使用信任中心, 可以为 Access 数据库创建或更改受信任位置并设置安全选项，这些设置将决定如何打开数据库。信任中心包含的逻辑还可以评估数据库中的组件，判断数据库是否安全，是否应禁用或启用它。

用户可以通过图 2-59 所示的"Access 选项"对话框打开"信任中心"。在"信任中心"对话框中有 9 个设置项，如图 2-60 所示，其功能分别是：

图 2-59　"Access 选项"对话框

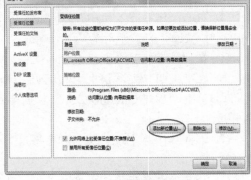

图 2-60　添加受信任位置

(1) "受信任的发布者"：生成用户信任的代码项目发布者的列表。

(2) "受信任位置"：指定计算机上用来放置来自可靠来源的受信任文件的文件夹。对于受信任位置文件夹中的文件，不执行文件验证。

(3) "受信任的文档"：管理 Mircrosoft Office 程序与活动内容的交互方式。只有用户信任文档来源时才设置此项。受信任的文档打开时文档中没有任何宏、ActiveX 控件和其他类型的活动内容的安全提示。勾选"允许可信文档联网"复选框后，下次打开受信任的文档时，将不会出现提示，即使文档中添加了新的活动内容或对现有活动内容进行了更改。

(4) "加载项"：选择加载项是否需要数字签名，或者是否禁用加载项。

(5) "ActiveX 设置"：管理 Mircrosoft Office 程序中 ActiveX 控件的安全提示。

(6) "宏设置"：启用或禁用 Mircrosoft Office 程序中的宏。

(7) "DEP 设置"：启用或禁用数据执行保护模式。

(8) "消息栏"：显示或隐藏消息栏。

(9) "个人信息选项"可以对以下 6 种情况进行复选。

① 勾选"连接到 Internet 时，连接到 Office.com 搜索更新内容"复选框时，会从 Office.com 网站下载最新的帮助内容到用户计算机，只下载用户在"搜索结果"框中单击的帮助文章，不是完整的帮助系统。

② 勾选"定期下载一个用于确定系统问题的文件"复选框时，允许从 Office.com 网站将文件下载到用户计算机。如果用户的计算机变得不稳定或者崩溃，Microsoft Office 诊断工具会自动运行以帮助用户诊断和修复问题；允许 Microsoft 要求用户发送针对用户可能收到的特定类型的错误消息的错误报告。发送的报告有助于 Microsoft 了解问题并尝试修复；用户可以允许 Microsoft 提供有助于解决计算机问题的最新帮助。

③ 勾选"注册客户体验改善计划"复选框后，Microsoft 会自动收集用户计算机上的信息，包括软件所生成的错误消息以及生成时间、正在使用的计算机配置的种类、计算机运行 Microsoft 软件时是否遇到困难，以及软硬件是否能够良好响应并快速执行。这些信息通常每天收集一次，匿名发送到 Microsoft。

④ 勾选"自动检测已安装的 Office 应用程序,以改进 Office.com 的搜索结果"复选框时,系统会帮助 office.com 上的搜索过程将结果锁定到已安装的 office 程序。

⑤ 勾选"检查来自或链接到可疑网站的 Microsoft Office 文档"复选框时,将打开欺骗网站检测,以帮助用户免遭网络仿冒骗术的攻击。当 Office 检测到指向具有欺骗域名的网站链接时,将会以安全警告的形式通知用户。欺骗网站检测检查在计算机本地执行,不会向 Microsoft 发送任何信息。

⑥ 勾选"允许信息检索任务窗格检查并安装新服务"复选框时,将允许 Office 程序自动检查并安装新的信息检索服务。

注意:更改信任中心设置时须谨慎。更改信任中心的设置,会极大降低或提高计算机、计算机中的数据、组织网络上的数据以及该网络中其他计算机的安全性。

【例 2-6】将存放"教务管理"数据库的"F:\Access 2010"目录及其子目录均设置为受信任位置,说明信息为"教务管理"。

操作步骤:

(1) 在 Access 主窗口中,单击"文件"选项卡,出现 Backstage 视图。

(2) 在 Backstage 视图中,单击"选项"命令,打开"Access 选项"对话框。

(3) 在图 2-59 所示"Access 选项"对话框中,单击"信任中心"命令,再单击"信任中心设置(T)…"按钮,将进入"信任中心"对话框。

(4) 在图 2-60 所示的"信任中心"对话框中,"受信任位置"列表框已列出所有受信任位置的路径,单击"添加新位置(A)…"按钮,出现图 2-61 所示的"Microsoft Office 受信任位置"对话框。

(5) 在图 2-61 中,通过"浏览(B)…"按钮,找到 F:\Access 2010 目录,再勾选"同时信任此位置的子文件夹(S)"复选框,在"说明"文本框内输入"教务管理",最后单击"确定"按钮,返回图 2-62 所示的"信任中心"对话框,此时,"受信任位置"列表框中已增加了 F:\Access 2010。

图 2-61　"Microsoft Office 受信任位置"对话框　　图 2-62　新添加的受信任位置示例

【请思考】若受信任位置的设置错误,用户是否可以修改或删除它?能否禁用所有受信任位置?

2.6.2　禁用模式

用户打开数据库时,如果信任中心将之评估为受信任的,则会在打开数据库的同时启用文件中的可执行组件。如果打开的数据库没有放在受信任的位置,或包含无效的数字签名,或来自不可靠的发布者,或包含可执行组件,信任中心会将之评估为不受信任,Access 将在禁用模式下打开该数据库。禁用模式即关闭所有可执行的组件,禁用有可能引发安全风险的组件。这些组件包括宏、VBA 代码、操作查询(用于插入、删除或更新数据的查询)、一些返回单个值函数的表达式。

在禁用模式下，下列组件会被禁用：

(1) 所有可能允许用户修改数据库或对数据库以外的资源获得访问权限的宏操作。

(2) VBA 代码和 VBA 代码中的任何引用，以及任何不安全的表达式。

(3) 用于添加、更新和删除数据的操作。

(4) 用于直接向支持开放式数据库连接(ODBC)标准的数据库服务器发送 SQL 命令。

(5) 用于创建或更改数据库中对象的数据定义语言(DDL)。

(6) ActiveX 控件。

在图 2-25 中，Access 主窗口有一个带有盾牌图标的安全警告消息栏，提醒用户可能存在某些危险。单击消息栏的"启用内容"按钮，可以启用被禁用的内容并关闭消息栏。

如果在"信任中心"对话框的"加载项"选项中勾选"要求受信任的发布者签署应用程序加载项(R)"复选框，并且在"信任中心"对话框的"消息栏"选项中选择"活动内容被阻止时在所有应用程序中显示消息栏(S)"，则打开数据库时将出现消息栏。

说明：

(1) 单击消息栏的"启用内容"时，Access 将启用所有禁用的内容，包括潜在的恶意代码。如果恶意代码损坏了数据库或计算机，Access 将无法弥补损失。

(2) 用户可以在信任中心禁用消息栏，但建议 Access 初学者不要这样设置。

(3) Access 2010 没有低版本的安全级别设置，无论用户是否信任数据库都可以查看数据。

2.6.3　数据库的打包、签名和分发

数据库开发者将数据库分发给不同的用户使用，或是在网络中使用，这时需要考虑数据库分发的安全问题。将数据库打包并对包进行签名是一种传达信任的方式。对数据库打包并签名后，数字签名会确认在创建该包之后数据库未进行过更改。

1. 数字签名

数字签名是由信息的发布者创建并且他人无法伪造的一段数字串，作为信息发布者发送的信息真实性的有效证明。带有数字签名的数据被篡改时会被侦测到。数字签名的作用是防抵赖和防篡改。

数字签名基于非对称加密技术，非对称加密算法有一对公钥和私钥，通常公钥是公开的，私钥由自己保管。数字签名就是用私钥进行加密，然后用公钥解密，从而验证签名者的身份。常用的数字签名技术是使用 RSA 数字证书。

数字证书可以用来直接对数据库进行数字签名。创建 Office 数字证书的步骤如下：

(1) 单击 Windows 的"开始"菜单→"所有程序"→Microsoft Office→"Microsoft Office 2010 工具"→"VBA 工程的数字证书"命令，弹出"创建数字证书"对话框，如图 2-63 所示。

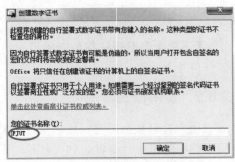

图 2-63　"创建数字证书"对话框

也可以在 Microsoft Office 安装目录…\Microsoft Office\Office14 中找到 SelfCert.exe 文件，双击此文件，创建数字证书。

(2) 在"您的证书名称(Y)"文本框中输入证书名称，然后单击"确定"按钮。

说明：这种方式创建的数字证书属于自签名证书，只适用于个人。如果用于商业，则要使用经过权威机构认证的证书。

2. 创建签名包

将重要的 Access 数据库分发给不同用户或在网络中共享时，为了保证数据库的安全性并向接收端传达一种信任，同时防止数据被篡改，可以对数据进行打包签名。

【例 2-7】打包签名"教务管理.accdb"数据库，保存到 D 盘 MyData 子目录中。

操作步骤：

(1) 在 Access 中打开"教务管理.accdb"。

(2) 单击"文件"选项卡，在 Backstage 视图中单击"保存并发布"命令，在窗口右侧出现"数据库另存为"界面，如图 2-64 所示。

(3) 在图 2-64 中双击"打包并签署"项，或先单击"打包并签署"，再单击"另存为"按钮，打开"确认证书"对话框，如图 2-65 所示。

(4) 选择图 2-63 中已创建的 FJUT 安全证书，在图 2-65 中单击"确定"按钮。随即打开"创建 Microsoft Access 签名包"对话框，在此对话框中设置保存签名包的位置和文件名，然后单击"创建"按钮，将签名包保存到 D:\MyData 位置。签名包的扩展名为.accdc。

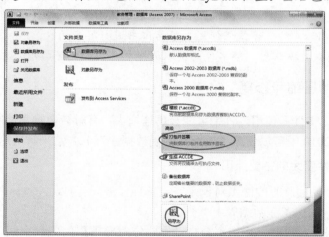

图 2-64　"数据库另存为"界面

说明：

(1) 一个签名包只包含一个数据库，创建签名包是对整个数据库的包进行签名，而不仅仅是宏或模块。

(2) 打包签名过程也压缩了包文件，以便缩短下载时间。

(3) 可以对.accdb 和.accde 扩展名文件格式的数据库使用"打包并签署"命令。

图 2-65　"确认证书"对话框

(4) .accde 是将原始.accdb 文件编译为"锁定"或"仅执行"的可执行文件。如果.accdb 文件包含 VBA 代码，.accde 文件将仅包含编译的代码，用户不能查看或修改 VBA 源代码，也不能更改窗体或报表的设计。单击图 2-64 中的"生成 ACCDE"命令，可将当前数据库另存为.accde 文件。

3. 提取签名包

找到欲提取的签名包文件，双击它，将启动 Access，并弹出"插入智能卡"对话框，单击此对话框中的"取消"按钮，出现图 2-66 所示的"Microsoft Access 安全声明"对话框。此对话框中两个按钮的功能如下：

(1) "信任来处发布者的所有内容(T)"：信任对部署包进行签名的任何证书，单击此按钮会出现"将数据库提取到"对话框，为提取的数据库包选择一个位置，并为提取的数据库输入名称，然后单击"确定"按钮即可将数据库提取到指定位置。

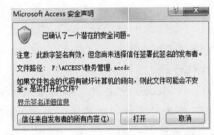

图 2-66 "Microsoft Access 安全声明"对话框

(2) "打开"：信任该数据库，单击此按钮也会出现"将数据库提取到"对话框并进行数据库提取操作。

说明：

(1) 如果使用自签名证书对数据库包进行签名，然后在打开该包时单击"信任来自发布者的所有内容(T)"，将始终信任使用自签名证书进行签名的包。

(2) 从包中提取数据库后，签名包与提取的数据库之间将不再有关系。

2.6.4 数据库的压缩和修复

Access 数据库文件在使用过程中可能会迅速增大，有时会影响其性能，有时也可能被损坏，在 Access 2010 中可以使用"压缩和修复数据库"的方法来解决这些问题。

1. 数据库文件变大的主要原因

(1) Access 会创建临时的隐藏对象来完成各种任务。有时，Access 在不再需要这些临时对象后，仍将它们保留在数据库中。

(2) 删除数据库对象时，系统不会自动回收该对象占用的磁盘空间。尽管该对象已被删除，数据库文件仍然占用磁盘空间。

(3) 用户添加新数据、更新数据以及更改数据库设计。

随着数据库文件不断被遗留的临时对象和已删除对象填充，其性能也会逐渐降低。表现为：打开数据库对象变慢，查询可能比正常情况下运行的时间更长，各种典型操作通常也需要使用更长时间。

在图 2-44 中，勾选"关闭时压缩(C)"复选框，在每次关闭特定的数据库时自动运行"压缩和修复数据库"命令。如果数据库只有一人使用，则可以设置此选项；如果是多用户使用的数据库，这样的设置不合适。

2. 压缩和修复已打开的数据库

若要压缩和修复已打开的数据库，在图 2-67 中，单击"压缩和修复数据库"即可。

注意：如果其他用户当前也在使用该数据库文件，则无法执行压缩和修复操作。

图 2-67　Backstage 视图的"信息"命令界面

3. 压缩和修复未打开的数据库

(1) 启动 Access，但不要打开数据库。

(2) 打开"数据库工具"选项卡，如图 2-68 所示，单击"压缩和修复数据库"命令。

(3) 在弹出的"压缩数据库来源"对话框中，定位到要压缩和修复的数据库，然后双击它。

图 2-68　"数据库工具"选项卡

说明：压缩数据库并不是压缩数据，而是通过清除未使用的空间来缩小数据库文件。

2.6.5　数据库的加密与解密

为数据库设置密码是最简单的数据保护方法，可以禁止非法用户使用数据库。用户若忘记密码，Access 2010 没有提供解密方法。因此除了牢记密码，最好也为数据库建立一个备份。

1. 加密数据库

给数据库加密时，必须以独占方式打开数据库。数据库独占是指一个数据库同一时刻只能被一个用户打开，其他用户只能等待此用户交出使用权后才能打开和使用该数据库。

【例 2-8】　为"教务管理"数据库设置 8 位密码。

操作步骤：

(1) 启动 Access。

(2) 单击"文件"选项卡，进入 Backstage 视图，单击"打开"命令，在"打开"对话框中找到"教务管理.accdb"文件。

(3) 单击"打开"对话框中"打开(O)"按钮右侧的箭头，再单击"以独占方式打开(V)"选项，如图 2-69 所示，以独占方式打开"教务管理.accdb"文件。

(4) 在 Backstage 视图中单击"信息"命令，再单击图 2-67 右侧窗格中的"用密码进行加密"按钮，打开"设置数据库密码"对话框，如图 2-70 所示。

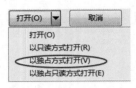

图 2-69　"打开"按钮　　　　　　图 2-70　"设置数据库密码"对话框

(5) 在"设置数据库密码"对话框中的"密码(P)"文本框中输入 8 位密码，然后在"验证(V)"文本框中再次输入该密码，两次密码一致后，单击"确定"按钮，完成数据库加密。

说明：在打开设置了密码的数据库时，系统会弹出"要求输入密码"对话框，在"输入数据库密码"文本框中输入正确密码，才能打开数据库。

2．解密数据库

解密数据库是指撤消数据库的密码，操作步骤如下：

(1) 以独占方式打开要撤消密码的数据库。

(2) 单击"文件"选项卡，进入 Backstage 视图，单击"信息"命令，再单击右侧窗格中的"解密数据库"按钮，打开"撤消数据库密码"对话框。

(3) 在"撤消数据库密码"对话框的"密码"文本框中输入正确的密码，然后单击"确定"按钮。

2.6.6　其他安全措施

要使数据库获得更好的安全性，还可以采取以下措施：

1．数据库服务器

将数据存储在管理用户安全的数据库服务器上，如 SQL Server，通过数据连接到服务器上来生成查询、窗体和报表等。

2．SharePoint 网站

利用 Microsoft SharePoint Services 的网站功能和 SQL Server 功能搭建数据库共享网络，从而实现数据库资源的共享与管理。

3．Web 数据库

Access Services 是一个新的 SharePoint 组件，它提供了一种发布数据库的方式，使 SharePoint 用户可在 Web 浏览器中使用数据库。

4．拆分数据库

在图 2-68 中，单击"移动数据"组中的"Access 数据库"命令，可拆分当前数据库。

通过拆分数据库，可以将数据保存在用户无法直接访问的单独文件中，从而有助于防止数据库文件损坏并减少丢失的数据量。

2.7　本章小结

　　本章在追溯 Microsoft Access 的发展历程、简介 Access 的特点之后，介绍了 Access 2010 的多版本与单版本安装、启动与退出，阐述了 Access 6 个标准对象的作用、数据对象的导入/导出、Access 2010 集成环境和数据库安全问题。建议学习者从 Access 是一个运行在 Windows 上的应用程序的角度初识它，学会使用"Access 帮助"对话框，借助 Internet 自己解决学习过程中遇到的问题。

　　Access 是一个可以存储数据、分析数据，还能开发数据库应用程序的桌面关系型数据库管理系统。Access 可以通过导入/导出与其他应用程序的数据共享。Access 2010 数据库的表、查询、窗体、报表、宏和模块共同构成了 Access 安全体系结构。

　　Access 2010 集成环境的"功能区"(5 个标准选项卡)、"Backstage 视图"(13 种命令)、"导航窗格"和自定义"快速访问具栏"要重点掌握。"Access 选项"对话框、"导航选项"对话框和"信任中心"对话框所涉及的各个命令要逐步熟悉并能灵活运用。要掌握对数据库加密、压缩和修复、打包和签发等保障数据库安全的操作技能。

2.8　思考与练习

2.8.1　选择题

1. Access 数据库的类型是(　　)。
　　A. 层次型数据库　　B. 关系数据库　　C. 网状数据库　　D. 面向对象数据库
2. 下列不是 Access 数据库对象的是(　　)。
　　A. 报表　　　　　　B. 表单　　　　　C. 查询　　　　　D. 菜单
3. Access 2010 数据库文件的扩展名为(　　)。
　　A. .mdb　　　　　　B. .accde　　　　 C. .mde　　　　　D. .accdb
4. 在 Access 数据库中，一张表就是(　　)。
　　A. 多个属性的组合　　　　　　　　　B. 多个字段的组合
　　C. 一个关系　　　　　　　　　　　　D. 一个数据库
5. 下列关于 Access 2010 的叙述，正确的是(　　)。
　　A. 数据库中的数据全部存储在表中
　　B. Access 数据库是一个对象关系数据库
　　C. Access 2010 中可以自定义功能区和状态栏
　　D. 在 Access 2010 导航窗格中可以打开表和数据库文件
6. 下列关于 Access 2010 的叙述，正确的是(　　)。
　　A. 状态栏位于 Access 窗口左侧，可查看视图模式、属性提示和进度信息
　　B. 数据库中的表、窗体和报表 3 种对象可存储数据
　　C. 数据库压缩是将数据库文件中多余的没有使用的空间交还给系统
　　D. 数据库中两表之间的关系可以定义为多对多关系

7. 下列关于 Access 2010 的叙述，错误的是(　　)。

　　A. 为防止非法用户进入数据库，可以给数据库设置密码

　　B. 可以通过数据库文件格式的转换来防止用户对表中数据的修改

　　C. 可以将另一个 Access 数据库中的各个对象导入当前数据库

　　D. 可以将 SharePoint 列表、XML 文件导入当前数据库

8. 下列关于 Access 2010 安全性的叙述，正确的是(　　)。

　　A. 解密 Access 数据库就是破解数据库的密码

　　B. 若忘记为 Access 数据库设置的密码，可以在信任中心找回

　　C. 将数据库编译为.accde 格式文件可以防止 VBA 代码、窗体和报表被修改

　　D. 压缩和修复数据库有助于防止并校正数据库文件的问题

2.8.2　填空题

1. Microsoft Office 2010 包括_____、_____、_____等多个应用程序。

2. 本章 SQL 的英文全称是_____，其中文含义是_____。

3. 本章 ODBC 的英文全称是_____，VBA 的英文全称是_____。

4. Access 是一个安全体系结构，其核心是_____。

5. 为 Access 数据库加密或撤消 Access 数据库密码时，必须以_____方式打开数据库。

2.8.3　简答题

1. 一台计算机要安装多版本 Access，需要注意哪些问题？

2. 如何自定义快速访问工具栏？

3. 导航窗格中可以显示哪些信息？

4. 在 Backstage 视图中，如何设置快速访问 5 个最近的数据库？

5. 请简述"信任中心"对话框的主要功能。

6. 请简述 Access 2010 数据库的安全性措施。

第3章 数据库和表

学习目标

1. 掌握创建和管理数据库。
2. 了解数据库的基本操作。
3. 掌握建立表结构方法。
4. 能向表中熟练输入各类数据。
5. 掌握建立表对象之间的关联。
6. 熟练掌握表的基本操作。
7. 了解数据表格式的设置。

学习方法

数据库是数据库对象的容器。数据库正是利用它的六大数据库对象进行工作的。表作为其六大数据库对象之一，是数据库中存储数据的唯一对象。本章介绍了数据库和表的创建和管理，建议学习者在理解基本概念的基础上，注意细节，依据本章的思维导图理清知识脉络，多上机操作实践：数据库的创建，打开和关闭数据库，表结构的建立和修改，字段属性的设置，输入数据与编辑表的内容，以及数据的筛选和表关系的建立与维护。这些都是 Access 中最基本也是最重要的操作。

学习指南

本章的重点是 3.2.2 节、3.2.6 节、3.3 节、3.4 节和 3.5 节，难点是 3.4 节。

思维导图

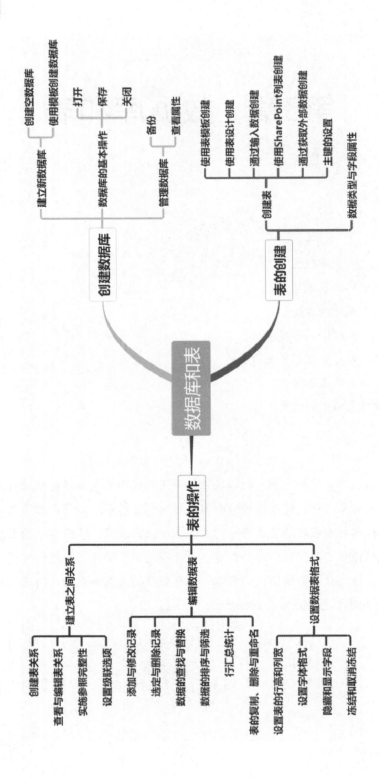

3.1　创建数据库

首先应该明确数据库各个对象之间的关系。Access 2010 数据库有六大数据库对象，分别为表、查询、窗体、报表、宏和模块。这六个数据库对象相互联系，构成一个完整的数据库系统。

数据库是存放各个对象的容器。因此在创建数据库系统之前，应最先做的就是创建一个数据库。

3.1.1　建立新数据库

在 Access 2010 中，可以用多种方法建立数据库，既可以使用数据库模板，也可以直接建立一个空数据库。建立数据库以后，就可以在里面添加表、查询、窗体等数据库对象。

下面将分别介绍创建数据库的几种方法。

1. 创建一个空白数据库

空数据库是指没有任何对象的数据库，建好之后，再根据实际需要向空数据库中添加表、查询、窗体、宏等对象，这样能够灵活地创建更加符合实际需要的数据库系统。

【例 3-1】在 D 盘根目录下创建"教务管理"空数据库。

操作步骤：

(1) 启动 Access 2010 程序，并进入 Backstage 视图，然后在左侧导航窗格中单击"新建"命令，接着在中间窗格"可用模板"区域中单击"空数据库"按钮，如图 3-1 所示。Access 为新数据库提供默认文件名 Database1.accdb，并且保存在"C:\Users\yy\Documents\"文件夹下。

(2) 在右侧窗格中的"文件名"文本框中输入新建文件的名称"教务管理"。改变新建数据库文件的位置，可以在图 3-1 中单击"文件名"文本框右侧的文件夹图标，弹出"文件新建数据库"对话框，拖动左侧导航窗格的垂直滚动条，单击"本地磁盘(D:)"，即选择文件的存放位置为 D 盘根目录。可以在"文件名(N)："文本框中更改文件名称和类型，再单击"确定"按钮即可，如图 3-2 所示。Access 为文件名自动添加.accdb 扩展名。

图 3-1　创建空数据库

图 3-2　"文件新建数据库"对话框

(3) 返回图 3-1 窗口，单击右侧下方的"创建"图标按钮。这时在 D 盘根目录下新建一个名为"教务管理"的空白数据库，并在数据库中自动创建一个数据表，如图 3-3 所示。

图 3-3　空白数据库

提示：运用这种方法，Access 2010 大大提高了建立数据库的简易程度。运用这种方法建立的数据库，可以更加有针对性地设计自己所需要的数据库系统，相对于被动地用模板而言，增强了使用者的主动性。

2. 利用模板创建数据库

Access 模板是预先设计好的数据库，它包含特定数据库应用系统所需的所有表、窗体和报表。使用模板创建数据库就是利用 Access 提供的本机模板或联机模板，快速地建立一个数据库。

下面介绍使用样本模板创建数据库。Access 2010 提供了 12 个样本模板：一组是传统数据库模板(事件、教职员、营销项目、罗斯文、销售渠道、学生、任务)；另一组是 Web 数据库模板(资产、慈善捐赠、联系人、问题、项目)。使用数据库模板，用户只需要进行一些简单操作，就可以创建一个包含了表、查询等数据库对象的数据库系统。

【例 3-2】利用 Access 2010 中的模板，创建一个"学生"数据库。

操作步骤：

(1) 启动 Access 2010，在"可用模板"区域单击"样本模板"选项，从列出的 12 个模板中选择需要的模板，这里选择"学生"选项。

(2) 在屏幕右下方弹出的"文件名"中显示"学生.accdb"，更改位置存放于 D:\，然后单击"创建"按钮，完成数据库的创建，如图 3-4 所示。

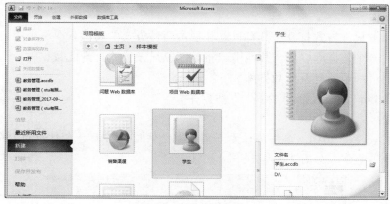

图 3-4 学生数据库

(3) 这样就利用模板创建了"学生"数据库。单击"新建"按钮,弹出图 3-5 所示的对话框,即可输入新的学生信息。

图 3-5 输入新的学生信息

可见,通过数据库模板可以创建专业的数据库系统,但是这些系统有时不太符合用户需求,因此最简便的方法就是先利用模板生成一个数据库,然后再进行修改,使其符合要求。

3.1.2 数据库的基本操作

数据库的打开、关闭与保存是数据库最基本的操作,对于学习数据库是必不可少的。

1. 打开数据库

在创建了数据库后,以后用到数据库时就需要打开已创建的数据库,这是数据库操作中最基本、最简单的操作。Access 2010 提供了以打开、以只读方式打开、以独占方式打开和以独占只读方式打开这 4 种打开数据库的方式。

- 打开:即以共享模式打开数据库,允许在同一时间能够有多位用户同时读取与写入数据库。
- 以只读方式打开:只能查看而无法编辑、更新数据库。
- 以独占方式打开:当有一个用户读取和写入数据库期间,其他用户都无法使用该数据库。

● 以独占只读方式打开：具有只读和独占两种方式的属性。在一个用户以此模式打开某一个数据库以后，其他用户将只能以只读模式打开此数据库，而并非限制其他用户都不能打开此数据库。

【例 3-3】以只读方式打开"学生"数据库。

操作步骤：

(1) 启动 Access 2010，单击屏幕左上角的"文件"选项卡，在打开的 Backstage 视图中选择"打开"命令，如图 3-6 所示。

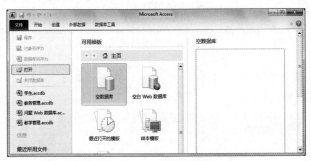

图 3-6　Backstage 视图

(2) 在弹出的"打开"对话框，在左侧导航窗格内选择打开文件所在的路径，在列表中选中要打开的文件"学生"数据库，单击"打开(O)"按钮右侧的黑色下拉箭头，从弹出的下拉菜单中选择"以只读方式打开(R)"命令，如图 3-7 所示。

图 3-7　打开数据库

提示："以只读方式打开"数据库后，系统将自动弹出提示栏，提醒用户不能更改链接表中的数据，如果需要更改设计，则需要保存数据库副本。

另外，要以独占只读打开数据库，先决条件是该数据库目前必须尚未被其他用户以非只读方式打开，否则，若尝试以独占只读方式去打开它时，Access 会以单纯的只读方式来打开它。

Access 中自动记忆了最近打开过的数据库。对于最近使用过的文件，只需要单击"文件"选项卡，并在打开的 Backstage 视图中选择"最近所用文件"命令，然后在右侧窗格中直接单击要打开的数据库名称即可。另外，用户还可以使用组合键打开数据库，按 Ctrl+O 组合键，打开"打开"对话框，然后选择数据库所在的路径，找到数据库文件，单击"打开"按钮即可。

2. 保存数据库

创建数据库，并为数据库添加了表等数据库对象后，就需要将数据库保存。另外，用户在处理数据库时，记得随时保存，以免出现错误导致大量数据丢失。

单击屏幕左上角的"文件"选项卡，在打开的 Backstage 视图中选择"保存"命令，即可保存输入的信息，如图 3-8 所示。

图 3-8　保存信息

若选择"数据库另存为"命令，可更改数据库的保存位置、文件名和文件类型，如图 3-9 所示。弹出"另存为"对话框，选择文件的存放位置，然后在"文件名(N):"文本框中输入文件名称，单击"保存(S)"按钮即可，如图 3-10 所示。

图 3-9　另存数据库

图 3-10　另存文件的位置

还可以通过单击快速访问工具栏中的"保存"按钮或是按下 Ctrl+S 组合键来保存数据库文件。

3. 关闭数据库

在完成了数据库的保存后，当不再需要使用数据库时，就可以关闭数据库，释放内存空间。常用的关闭方法如下：

(1) 单击"文件"选项卡，在打开的 Backstage 视图中选择"关闭数据库"命令，即可关闭数据库。

(2) 退出 Access，关闭数据库。退出 Access 的 3 种常用方法：双击 Access 窗口左上角控制菜单按钮；单击 Access 窗口右上角的"关闭"按钮；按 Alt+F4 组合键。

3.1.3　管理数据库

在数据库的使用过程中，随着使用次数越来越多，难免会产生大量的垃圾数据，使数据库变得异常庞大，如何去除这些无效数据呢？为了数据的安全，备份数据库是最简单的方法，在 Access 中数据库又是如何备份的呢？还有打开一个数据库以后，如何查看这个数据库的各种信息呢？

　　所有的问题都可以在数据库的管理菜单下解决，下面就介绍基本的数据库管理方法。

1. 备份数据库

对数据库进行备份是最常用的安全措施。

【例 3-4】备份"教务管理"数据库。

操作步骤：

(1) 在 Access 2010 程序中打开"教务管理"数据库，然后单击"文件"选项卡，并在打开的 Backstage 视图中选择"保存并发布"命令，选择"备份数据库"选项，如图 3-11 所示。

图 3-11　数据库备份

(2) 系统将弹出"另存为"对话框，默认的备份文件名为"数据库名+备份日期"，如图 3-12 所示。

图 3-12　数据库备份存储

(3) 单击"保存(S)"按钮，即可完成数据库的备份。

数据库的备份功能类似于文件的"另存为"功能，其实利用 Windows 的"复制"功能或者 Access 的"另存为"功能都可以完成数据库的备份工作。

经常性的备份数据库，可以有效地保护数据库的安全性，避免在电脑软硬件出现重大错误时将数据全部丢失。

2. 查看数据库属性

对于一个新打开的数据库，可以通过查看数据库属性，来了解数据库的相关信息。下面以查看"教务管理"数据库的属性为例进行介绍，具体操作步骤如下。

(1) 启动 Access 2010，打开"教务管理"数据库文件。

(2) 单击"文件"选项卡，在打开的 Backstage 视图中选择"信息"命令，再单击右侧"查看和编辑数据库属性"选项，在弹出的数据库属性对话框的"常规"选项卡中显示了文件类型、存储位置与大小等信息，如图 3-13 所示。单击选择各个选项卡来查看数据库的相关内容。需特别注意的是：为了便于以后的管理，建议尽可能地填写"摘要"选项卡的信息。这样即使是下一个人进行数据库维护，也能清楚数据库的内容。

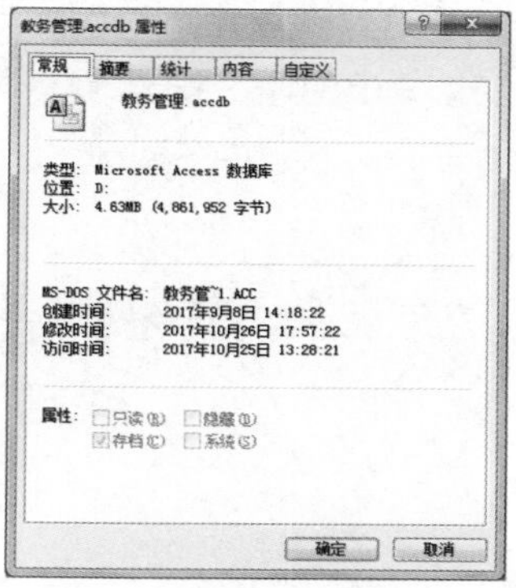

图 3-13　数据库属性

3. 压缩、修复数据库

在使用过程中，数据库的体积会越来越大。压缩数据库可以重新整理磁盘，清除"碎片"，移除数据库中的临时对象，大大减小数据库的体积，从而提高系统的打开和运行速度。而在对数据库进行操作时，若发生意外事故，导致数据库中的数据遭到破坏，则可通过修复功能对其进行修复。

压缩和修复数据库的方法是：打开数据库，单击"数据库工具"选项卡，在"工具"命令组中单击"压缩和修复数据库"按钮。

3.2　创建表

表是 Access 中存储数据的地方，是数据库的核心和基础，是整个数据库系统的数据源，也是数据库中其他对象的基础。

建立数据表的方式有多种，下面介绍五种方法的操作步骤。

(1) 通过"表"模板，运用 Access 2010 内置的表模板来建立。

(2) 通过"表设计"建立，在表的"设计视图"中设计表，用户需要设置每个字段的各种属性。

(3) 和 Excel 表一样，直接在数据表中输入数据。Access 2010 会自动识别存储在该数据表中的数据类型，并据此设置表的字段属性。

(4) 通过"SharePoint 列表"，在 SharePoint 网站建立一个列表，再在本地建立一个新表，并将其连接到 SharePoint 列表中。

(5) 通过从外部数据导入建立表。

3.2.1　使用表模板创建数据表

对于一些常用的应用，如联系人、资产等信息，运用表模板会比手动方式更加方便和快捷。

【例 3-5】运用表模板创建一个关于"联系人"的数据库"示例表"。
操作步骤：

(1) 启动 Access 2010，新建一个空数据库，命名为"示例表"。

(2) 切换到"创建"选项卡，单击"模板"组中的"应用程序部件"按钮，然后在弹出的列表中选择"联系人"选项，如图 3-14 所示。

这样就创建了一个"联系人"表。此时单击左侧导航栏的"联系人"表，即建立一个数据表，如图 3-15 所示，接着可以在表的"数据表视图"中完成数据记录的创建、删除等操作。

图 3-14　表模板创建

图 3-15　"联系人"表

提示：除了标准的选项卡外，Access 2010 中还包含一些上下文选项卡。每当选择一个对象(如数据库表)时，将会在功能区中提供用于处理该对象的特殊工具。因为这个选项卡是针对当前使用命令的，是为方便后续继续完成命令而出现的，起到一个上下传承的作用，所以叫做上下文选项卡。如图 3-15 所示的"表格工具"。

3.2.2　使用表设计创建数据表

Access 2010 提供了查看数据表的四种视图方式：一是"设计视图"，用于创建和修改表的结构；二是"数据表视图"，用于浏览、编辑和修改表记录；三是"数据透视表视图"，用于按照不同的方式组织和分析数据；四是"数据透视图视图"，用于以图形的形式显示数据。其中，前两种视图是表的最基本也是最常用的视图。使用表模板中提供的模板类型是非常有限的，而且运用模板创建的数据表也不一定完全符合要求，必须进行适当的修改，在更多的情况下，必须自己创建一个新表。这都需要用到"表设计器"，它是一种可视化工具，用于设计和编辑数据库中的表。

使用表的"设计视图"来创建表主要是设置表的各种字段的属性。而它创建的仅仅是表的结构，表结构主要包括字段名、数据类型、字段属性等，各种数据记录还需要在"数据表视图"中输入。通常都是使用"设计视图"来创建表。

　　字段是通过在表设计视图的字段输入区输入字段名和字段数据类型而建立的。在实际应用中，不同的字段名需要设置该字段不同的数据类型。字段的命名规则：长度为 1~64 个字符，在 Access 中一个汉字当作一个字符；可以包含字母、数字、汉字、空格和其他字符，不能包含小数点"."、感叹号"！"、方括号"[]"等；字段不能用空格字符开头，也不能包含控制字符(ASCII 值从 0~31 的字符)；字段名尽量不要与 Access 内置函数或者属性名称相同。同时，为避免在 VBA 代码中构造查询或引用表时引起错误，字段名尽量不使用空格字符，可使用下画线代替。字段的命名规则也适用于对 Access 的数据库对象(如窗体、报表等)和控件(如按钮、文本框等)的命名规则，只是控件名称的长度最多可达 255 个字符。

　　【例 3-6】在"教务管理"数据库中，运用"表设计器"创建一个名为 Stu 的表。表结构如表 3-1 所示。

表 3-1　Stu 表结构

字段名	数据类型	字段大小
学号	文本	8
姓名	文本	4
性别	文本	1
是否团员	是/否	
出生日期	日期/时间	
生源地	文本	3
专业编号	文本	3
照片	OLE 对象	

操作步骤：

(1) 启动 Access 2010，打开数据库"教务管理"。

(2) 切换到"创建"选项卡，单击"表格"组中的"表设计"按钮，进入表的设计视图。

(3) 在"字段名称"栏中输入字段的名称"学号""姓名""性别"等内容；在"数据类型"下拉列表框中选择相应字段的数据类型，见表 3-1 所示；在"说明"栏中的输入为选择性的，也可以不输入，如图 3-16 所示。

(4) 单击"保存"按钮，弹出"另存为"对话框，然后在"表名称(N)"文本框中输入 Stu，再单击"确定"按钮，如图 3-17 所示。

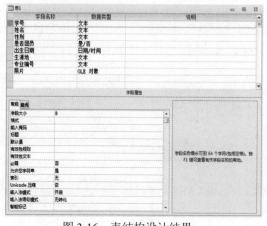

图 3-16　表结构设计结果　　　　　图 3-17　表名称对话框

(5) 这时将弹出图 3-18 所示的对话框，提示尚未定义主键，单击"否(N)"按钮，暂时不设定主键。

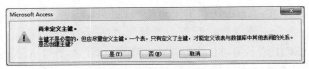

图 3-18　主键定义对话框

(6) 在"表格工具"的"设计"选项卡中单击"视图"按钮，切换到"数据表视图"，这样就完成了利用表的"设计视图"创建表的操作。完成的数据表如图 3-19 所示。

图 3-19　Stu 数据表视图

3.2.3　通过输入数据创建表

通过直接输入数据创建表是指在空白数据表中添加字段名和数据，同时 Access 会根据输入的记录自动指定字段类型。

【例 3-7】在"教务管理"数据库中，运用直接输入数据创建一个名为 Major 的表。结构如表 3-2 所示。

表 3-2　Major 表结构

字段名	数据类型	字段大小
专业编号	文本	3
专业名称	文本	8
学院代号	文本	2

操作步骤：

(1) 打开"教务管理"数据库，切换到"创建"选项卡，单击"表格"组中的"表"按钮，自动生成名为"表 1"的新表，并在"数据表视图"中打开。

(2) 选中"ID"字段列，单击"表格工具"的"字段"选项卡，在"属性"组中单击"名称和标题"按钮，如图 3-20 所示。

(3) 打开"输入字段属性"对话框，在"名称"文本框中的输入"专业编号"，单击"确定"按钮，如图 3-21 所示。

图 3-20　表格工具选项卡

(4) 在"单击以添加"下面的单元格中,输入"知识产权",Access 自动为新字段命名为"字段 1",如图 3-22 所示。重复步骤(3)的操作,把"字段 1"修改为"专业名称"。也可以双击"字段 1"进行修改。

图 3-21 "输入字段属性"对话框　　　　图 3-22 修改字段名称

(5) 重复步骤(3)、(4)的操作,完成"学院代号"字段设置。选择相应的字段列,单击"表格工具"的"字段"选项卡,在"格式"组和"属性"组中,如表 3-2 所示,分别对"数据类型"和"字段大小"进行设置,如图 3-23 所示。

(6) 直接在单元格中输入多条专业信息记录,使得数据表如图 3-24 所示。

图 3-23 "字段"设置　　　　图 3-24 Major 数据表视图

(7) 单击"保存"按钮,在打开的"另存为"对话框中,输入数据表的名称 Major,然后单击"确定"按钮即可。

3.2.4 使用 SharePoint 列表创建表

可以在数据库中创建从 SharePoint 列表导入或链接到 SharePoint 列表的表。还可以使用内置模板创建新的 SharePoint 列表。下面以创建一个"联系人"表为例进行介绍。

操作步骤:

(1) 启动 Access 2010,打开建立的"示例表"数据库。

(2) 在"创建"选项卡的"表格"组中,单击"SharePoint 列表",从弹出的下拉列表框中选择"联系人(C)"选项,如图 3-25 所示。

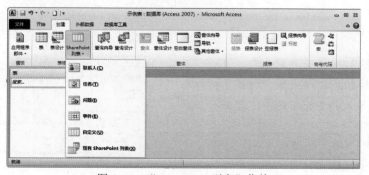

图 3-25 "SharePoint 列表"菜单

(3) 弹出"创建新列表"对话框,输入要创建列表的 SharePoint 网站的 URL,并在"指

定新列表的名称"和"说明(<u>D</u>)"文本框中分
别输入新列表的名称和说明,最后单击"确定"
按钮,即可打开创建的表,如图 3-26 所示。

3.2.5　通过获取外部数据创建表

在 Access 中,数据的导入是将其他文件格
式转化成 Access 的数据和数据库对象。Access
可以导入和链接的数据源有:Microsoft Access,
Microsoft Excel,Text 文本,HTML 文件等。导
入的数据一旦操作完毕就与外部数据无关,如同

图 3-26　"创建新列表"对话框

整个数据"拷贝"过来。导入过程较慢,但操作较快。链接的数据只在当前数据库形成一个
链接表对象,只是去"使用"它,其内容随着数据源的变化而变化,比较适合在网络上"资
源共享"的环境中应用。链接过程快,但以后的操作较慢。

【例 3-8】将"数据源.xlsx"文件中的 Grade 表导入"教务管理"数据库表中。结构如
表 3-3 所示。

表 3-3　Grade 表结构

字段名	数据类型	字段大小
学号	文本	8
课程编号	文本	5
平时成绩	数字	单精度型
期末成绩	数字	单精度型

操作步骤:

(1) 打开"教务管理"数据库,切换到"外部数据"选项卡,单击"导入并链接"组
中的"Excel"按钮。如图 3-27 所示。

图 3-27　"导入并链接"的菜单

(2) 打开图 3-28 所示的对话框,单击
"浏览(<u>R</u>)..."按钮,在弹出的"打开"对
话框内选择需导入的 Excel 文件"数据
源.xlsx"。

(3) 在打开"导入数据表向导"对话
框 1 中,选中 Grade 工作表,单击"下一
步(<u>N</u>)"按钮,如图 3-29 所示。

(4) 在打开"导入数据表向导"对话框

图 3-28　"获取外部数据-Excel 电子表格"对话框 1

2 中，选中"第一行包含列标题(I)"复选框，然后单击"下一步(N)"按钮，如图 3-30 所示。

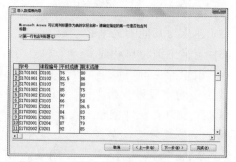

图 3-29　"导入数据表向导"对话框 1　　　　图 3-30　"导入数据表向导"对话框 2

　　(5) 在打开"导入数据表向导"对话框 3 中，选中相应的字段列，按照表 3-3 所示，可设置其字段选项值，然后单击"下一步(N)"按钮，如图 3-31 所示。

　　(6) 在打开"导入数据表向导"对话框 4 中，选中"不要主键(O)"，然后单击"下一步(N)"按钮，如图 3-32 所示。

图 3-31　"导入数据表向导"对话框 3　　　　图 3-32　"导入数据表向导"对话框 4

　　(7) 在打开"导入数据表向导"对话框 5 中"导入到表(I):"的文本框内，输入 Grade，然后单击"完成(F)"按钮，如图 3-33 所示。

　　(8) 在打开"获取外部数据-Excel 电子表格"对话框 2 中，不勾选"保存导入步骤(V)"，直接单击"关闭(C)"按钮即可完成，如图 3-34 所示。

图 3-33　"导入数据表向导"对话框 5　图 3-34　"获取外部数据-Excel 电子表格"对话框 2

　　提示：使用"导入表"方法创建的表，所有字段的宽度都为默认值。

3.2.6　主键的设置

　　主键是表中的一个字段或字段集，它为 Access 2010 中的每一条记录提供了一个唯一的标识符。它是为提高 Access 在查询、窗体和报表中的快速查找能力而设计的。其作用如下：

(1) 主键唯一标识每条记录，因此作为主键的字段不允许有重复值和 NULL 值。

(2) 建立与其他的关系必须定义主键，主键对应关系表的外键，两者必须一致。

(3) 定义主键将自动建立一个索引，可以提高表的查询速度。

(4) 设置的主键可以是单个字段，若不能保证任何单子段都包含的唯一值时，可以将两个或更多的字段设置为主键。

说明：NULL 值即空值，表示值未知。空值不同于空白或零值。没有两个相等的空值。比较两个空值或将空值与任何其他值相比均返回未知，这是因为每个空值均为未知。

【例 3-9】根据《学习指导》附录 A 中表 A-6 的 Grade 表结构，设置 Grade 表的主键。

操作步骤：

(1) 双击打开建立的“教务管理”数据库。

(2) 右键单击 Grade 表，在弹出的快捷菜单中选择“设计视图”命令。

(3) 在“设计视图”中选择要作为主键的一个字段，或者多个字段。要选择一个字段，单击该字段的行选择器。要选择多个字段，按住 Shift 键(连续选择)或 Ctrl 键(不连续选择)，然后选择每个字段的行选择器。本例中选择“学号”和“课程编号”两个字段的行选择器。

(4) 在“表格工具”的“设计”选项卡中，单击“工具”组的“主键”按钮，如图 3-35 所示，或者在选定行内单击鼠标右键，在弹出的快捷菜单中选择“主键”命令，为数据表定义主键。

这样就完成了为 Grade 表定义主键的操作。如果数据表的各个字段中没有适合做主键的字段，可以使用 Access 自动创建的主键，并且为它指定“自动编号”的数据类型。

图 3-35　设置主键

如果要更改设置的主键，可以删除现有的主键，再重新指定新的主键。删除主键的操作步骤和创建主键步骤相同，在“设计视图”中选择作为主键的字段，然后单击“主键”按钮，选定字段的左边不再显示钥匙标记，即已删除主键。

提示：删除的主键必须没有参与任何“表关系”，如果要删除的主键和某个表建立表关系，Access 会警告必须先删除该关系。

3.3　数据类型与字段属性

创建表时，由于用户需求变化和数据变化等各种原因，表的结构设计可能需要调整。为使表结构更加合理，内容更加有效，对表的类型与属性进行设定和维护。

3.3.1　数据类型

表是由字段组成，字段的信息则由数据类型表示。必须为表的每个字段分配一种字段数据类型。Access 2010 中提供的数据类型有 12 种。每个类型都有特定的用途，下面将分别进行详细介绍。

"文本"：最常用，作为默认数据类型。用于文字或文字和数字的组合，如住址；或是不需要计算的数字，如电话号码和邮编等。该类型最多可以存储 255 个字符。

"备注"：用于较长的文本或数字，如备忘录、简历等。最多可存储 65,535 个字符。不能作为键字段或索引字段。

"数字"：用于需要进行算术计算的数值数据，如年龄、数量等。用户可以使用"字段大小"属性来设置包含的值的大小。可以将字段大小设置为 1、2、4、8 或 16 个字节。

"日期/时间"：用于日期和时间格式的字段。如出生日期、参加工作日期等。默认 8 个字节。

"货币"：带 4 位小数的一种特殊固定格式，用于货币值并在计算时禁止四舍五入，如工资、金额等。系统自动将货币字段的数据精确到小数点前 15 位及小数点后 4 位。默认 8 个字节。

"自动编号"：由系统自动为新记录指定唯一顺序号或随机编号。不随记录删除变化。默认 4 个字节。

"是/否"：即布尔类型，用于字段只包含两个可能值中的一个。如：Yes/No、True/False、On/Off。字段大小 1 位。

"OLE 对象"：用于存储来自于 Office 或各种应用程序的图像、文档、图形和其他对象。不能作为键字段或索引字段。OLE 对象必须在窗体或报表中用控件来显示。不能对OLE 对象型字段进行排序、索引和分组。该类型最大可以存储 1GB。

"超链接"：用于存储网页文档地址。可以是 UNC 路径或 URL 网址，如电子邮件、网页等。数据类型三部分中的每部分最多含 2048 个字符。

"附件"：任何受支持的文件类型，与 OLE 对象的替代字段相比，有着更大的灵活性，Access 2010 创建的 .accdb 格式的文件是一种新的类型，与电子邮件的附件类似，它可以将图像、电子表格文件、文档、图表等各种文件附加到数据库记录中。不能作为键字段或索引字段。

"计算"：计算的结果。计算时必须引用同一张表中的其他字段。可以使用表达式生成器创建计算。

"查阅向导"：显示从表或查询中检索到的一组值，或显示创建字段时指定的一组值。查阅向导是一个特殊字段，是字段的一个属性。可以使用"列表框"或"组合框"选择另一个表或数据列表中的值。字段大小与用于执行查阅的主键字段大小相同，通常为 4 个字节。

提示：想要进一步了解如何决定表中字段的数据类型，单击表设计窗口中的"数据类型"列，然后按 F1 键，打开帮助的 DataType 属性来查看。

3.3.2 字段属性

在表的设计视图中，除了要在视图的上方窗格中定义字段名称、数据类型等基本属性以外，通常还需要在视图的下方窗格中设置字段的其他属性，以进一步完善表的设计，保证数据使用的安全和方便。

在 Access 表中，一个字段通常有多个属性项。根据字段的数据类型不同，字段属性区也随之显示不同的属性设置，系统为各种数据类型的各项属性设定了默认值。如图 3-36 所示。

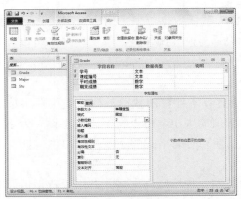

图 3-36 字段常规属性

字段属性说明情况，如表 3-4 所示。

表 3-4 字段属性说明

字段属性	说明
字段大小	规定文本型字段所允许填充的最大字符数，或数字型数据的类型和大小
格式	可以设置数据显示和打印的格式
小数位数	设置数字和货币数据的小数位数，默认值是"自动"
标题	设置在数据表视图及窗体中显示字段时所用的标题
默认值	设置字段的默认值，提高输入数据的速度。"自动编号"和"OLE"对象类型无默认值设置
输入掩码	用特殊字符掩盖实际输入字符，通常用于加密字段
有效性规则	字段值的限制范围
有效性文本	当输入数据不符合有效性规则时显示的提示信息
必需	设置字段中是否必须有值，若设置为"是"，则字段不能为空
允许空字符串	是否允许长度为 0 的字符串存储在该字段中
索引	决定是否建立索引属性。有 3 个选项："无""有(无重复)"和"有(有重复)"

1. 设置字段大小

设置"字段大小"属性，可以控制字段使用的空间大小，只适用"文本""数字"和"自动编号"类型的字段，其他类型的字段大小都是固定的。

【例 3-10】"教务管理"数据库中，设置 Stu 表的"生源地"字段大小为 5。

操作步骤:

(1) 双击打开"教务管理"数据库，右键单击 Stu 表，在弹出的快捷菜单中选择"设计视图"命令。

(2) 单击"生源地"字段的"字段名称"列，在"字段属性"区中的"字段大小"文本框内输入 5，如图 3-37 所示。

提示：如果文本字段中已经包含数据，减少

图 3-37 设置"字段大小"

字段大小可能会截断数据，造成数据丢失。

2. 设置格式属性

格式属性重新定义字段数据的显示和打印格式，只影响数据的显示而不影响输入和存储。

(1) 文本型和备注型的格式

对于文本型和备注型字段，可以使用以下符号创建自定义格式。自定义格式为：<格式符号>;<字符串>。示例：在"生源地"字段中设置格式：@;"请输入生源地"，当生源地字段没有输入数据时显示：请输入生源地。

"@"：要求是文本字符(字符或空格，不足规定长度时自动在数据前补空格，右对齐)。示例：设置格式为@@-@@，输入数据为 ABCD，显示数据为 AB-CD。

"&"：不要求是文本字符。示例：设置格式为(&&)&&，输入数据为 1234，显示数据为(12)34。

"<"：把所有英文字符变为小写。示例：设置格式为<，输入数据为 Abcd，显示数据为 abcd。

">"：把所有英文字符变为大写。示例：设置格式为>，输入数据为 Abcd，显示数据为 ABCD。

"!"：把数据向左对齐。

"-"：把数据向右对齐。

(2) 数字类型格式

Access 2010 中数据的数字类型有以下几种。

"常规数字"：(默认值)以输入的方式显示数据。

"货币"：使用千位分隔符；应用 Windows 区域设置中指定的货币符号和格式。示例：￥3,456.79。

"欧元"：对数值数据应用欧元符号(€)，但对其他数据使用 Windows 区域设置中指定的货币格式。示例：€ 3,456.79。

"固定"：用于显示数字，使用两个小数位，但不使用千位数分隔符。如果字段中的值包含两个以上的小数位，则 Access 会对该数字进行四舍五入。示例：3456.79。

"标准"：用于显示数字，使用千位分隔符和两个小数位。如果字段中的值包含两个以上的小数位，则 Access 会将该数字四舍五入为两个小数位。示例：3,456.79。

"百分比"：用于以百分比的形式显示数字，使用两个小数位和一个尾随百分号。如果基础值包含四个以上的小数位，则 Access 会对该值进行四舍五入。示例：12.30%。

"科学计数"：使用科学(指数)记数法来显示数字。示例：3.46E+03。

(3) 日期和时间类型格式

Access 2010 中提供了以下几种日期和时间类型的数据。

"常规日期"：(默认值)如果数值只是一个日期，则不显示时间；如果数值只是一个时间，则不显示日期。该设置是"短日期"与"长时间"设置的组合。示例：2017-03-15 16:20:30。

"长日期"：显示长格式的日期。具体取决于用户所在区域的日期和时间设置，示例：2017 年 03 月 15 日 星期三。

"中日期"：显示中等格式的日期，示例：17-03-15。

"短日期"：显示短格式的日期。具体取决于用户所在区域的日期和时间设置，示例：

2017-03-15。

"长时间"：该格式会随着所在区域的日期和时间设置的变化而变化。示例：16:20:30。

"中时间"：显示的时间带"上午"或"下午"字样。示例：下午 4:20。

"短时间"：该格式会随着所在区域的日期和时间设置的变化而变化。示例：16:20。

(4) 是/否类型格式

Access 2010 中提供了以下几种是/否类型的数据。

"是/否"：(默认值)用于将 0 显示为"否(No)"，并将任何非零值显示为"是(Yes)"。

"真/假"：用于将 0 显示为"假(False)"，并将任何非零值显示为"真(True)"。

"开/关"：用于将 0 显示为"关(Off)"，并将任何非零值显示为"开(On)"。

默认显示控件为"复选框"，更改操作：在"字段属性"区域中单击"查阅"选项卡，单击"显示控件"文本框右侧向下箭头可以选择"复选框""文本框"或"组合框"。

【例 3-11】"教务管理"数据库中，设置 Stu 表的"出生日期"字段为"短日期"。

操作步骤：

(1) 双击打开"教务管理"数据库，右键单击 Stu 表，在弹出的快捷菜单中选择"设计视图"命令。

(2) 单击"出生日期"字段的"数据类型"列，在"字段属性"区中单击"格式"文本框，在右侧单击黑色向下箭头，单击选择"短日期"，如图 3-38 所示。

3. 标题

标题属性用来指定在"数据表视图"中该字段名标题按钮上显示的名称。如果不输入任何文字，默认情况下将字段名作为该字段的标题。

4. 默认值

默认值是新记录在数据表中自动显示的值。为某字段指定一个默认值，当用户增加新的记录时，Access 会自动为该字段赋予这个默认值。默认值只是初始值，可以在输入时改变设置，其作用是减少输入时的重复操作。

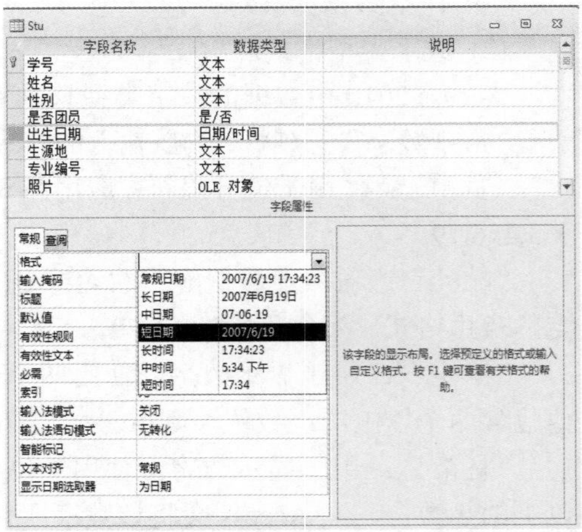

图 3-38　设置"格式"属性

5. 设置数据的有效性规则

"有效性规则"用于对字段所接受的值加以限制，是一个逻辑表达式，用该逻辑表达式对记录数据进行检查。有效性规则可以是自动的，如检查数值字段的文本或日期值是否合法。有效性规则也可以是用户自定义的。

"有效性文本"往往是一句有完整语句的提示句子，当数据记录违反该字段"有效性规则"时便弹出提示窗口。其内容可以直接在"有效性文本"文本框内输入，或光标定位于该文本框时按 Shift+F2 组合键，在弹出的"缩放"对话框中输入。

【例 3-12】"教务管理"数据库中，设置 Stu 表的"性别"字段只能输入"男"或"女"。

操作步骤：

(1) 打开"教务管理"数据库，右键单击 Stu 表，在弹出的快捷菜单中选择"设计视图"

命令。

(2) 选择"性别"字段，在"字段属性"区中的"有效性规则"文本框内输入："男" or "女"(注意输入的引号为英文半角符号)。

(3) 在"字段属性"区中的"有效性文本"文本框内输入：性别只能输入男或者女！(提示信息无需加引号)。如图 3-39 所示，保存当前设置。

(4) 在"开始"选项卡"视图"组中，选择"数据表视图"命令，或者双击左侧窗格中的 Stu 表，测试有效性规则的效果。在任意行"性别"字段文本框内输入非"男"或"女"的字，再在其他数据上单击，将弹出提示对话框，如图 3-40 所示。最后单击"确定"按钮。

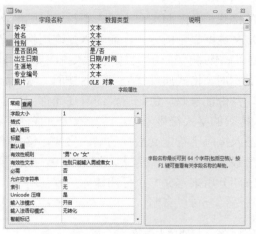

图 3-39 设置"有效性规则"属性

图 3-40 报错提示对话框

提示：有效性规则的设置也可以由"表达式生成器"生成。具体方法：在"设计视图"中，单击"有效性规则"文本框右侧的"表达式生成器"按钮，弹出对话框，如图 3-41 所示。输入相应规则，单击"确定"按钮即可。

可见设置有效性规则的方法是很简单的，关键是要熟悉规则的各种表达式，常用的规则表达式如下。

- Is Not NULL：不能为空值。
- <>0：要求输入值非零。
- >=0：输入值不得小于零。
- 50 or 100：输入值为 50 或者 100 中的一个。
- Between 50 And 100：输入值必须介于 50 与 100 之间，它等于 ">=50 And <=100"。

图 3-41 表达式生成器

- <#01/01/2017#：输入 2017 年之前的日期。
- >= #01/01/2017# And <#01/01/2018#：必须输入 2017 年的日期。
- Year(Date( ))-Year([出生日期])：用当前系统日期函数和取年份函数计算年龄。

- "男" or "女" 或者 In ("男","女")：性别只能输入男或女。

虽然有效性规则中的表达式不使用任何特殊语法，但是在创建表达式时，还是得牢记下列规则。(注意输入的符号为英文半角符号。)

- 将表字段的名称用方括号括起来，如[年龄]= Year(Date( ))-Year([出生日期])。
- 将日期用 "#" 号括起来，如<#01/01/2017#。
- 将字符串值用双引号括起来，如"张三"或"李四"。
- 用逗号分隔项目，并将列表放在圆括号内，如 In ("北京","巴黎","莫斯科")。

6. 设置输入掩码

输入掩码是用户为输入的数据定义的格式，并限制不允许输入不符合规则的文字和符号。它和格式属性的区别是：格式属性定义数据显示的方式，而输入掩码属性定义数据的输入方式，并可对数据输入做更多的控制以确保输入正确的数据。输入掩码属性用于文本、日期/时间、数字和货币型字段。在显示数据时，格式属性优先于输入掩码。Access 不仅提供了预定义输入掩码模板，如邮政编码、身份证号码、密码等，而且还允许用户自定义输入掩码。自定义输入掩码格式为：<输入掩码的格式符号>;<0、1 或空白>;<任何字符>。其中第一部分是指定输入掩码的本身，即输入掩码字符定义数据的输入格式，输入掩码字符串使用的占位符如表 3-5 所示。第二部分设置数据的存储方式，如果为 0，则按显示的格式存放；如果为 1，则只存放数据。第三部分用来定义一个标明输入位置的符号，默认情况下使用下画线。第一部分是必需的，后两部分可以省略。

表 3-5　用于创建输入掩码的占位符

占位符	功能描述
空串	无输入掩码
0	必须输入数字(0～9)，不允许使用加号+和减号一。 例如，掩码：(00)0-000，示例：(12)3-234
9	可选择输入数字或空格，不允许使用加号+和减号一。 例如，掩码：(99)9-999，示例：(12)3-234，( )3-234
#	可选择输入数字或空格，允许使用加号+和减号一，空白会转换为空格。 例如，掩码：####，示例：+123，9 9-
L	必须输入英文字母，大小写均可。 例如，掩码：LLLL，示例：aaaa，AaBb
?	可选择输入英文字母或空格，大小写均可。 例如，掩码：????，示例：a a，Aa
A	必须输入英文字母或数字，字母大小写均可。 例如，掩码：(00)AA-A，示例：(12)3B-a
a	可选择输入英文字母、数字或空格。字母大小写均可。 例如，掩码：aaaa，示例：5a5a，A 3
&	必须输入任意字符或空格。 例如，掩码：&&&&，示例：!5a%
C	可选择输入任意字符或空格。 例如，掩码：CCCC，示例：!5a%

(续表)

占位符	功能描述
<	使其后所有字符转换为小写。 例如，掩码：LL<LL，示例：输入 AAAA，显示 AAaa
>	使其后所有字符转换为大写。 例如，掩码：LL>LL，示例：输入 aaaa，显示 aaAA
\(反斜杠)	将下一个字符显示为原义字符。也可以通过在左右放置双引号的方式将其显示为原义字符。 例如，掩码：\A，示例：A
!	使输入掩码从右到左显示，而不是从左到右显示。可以在输入掩码中的任何地方包括感叹号
密码	文本框中输入的任何字符都按字面字符保存，但显示为星号*
. , : ; - /	小数点占位符及千位、日期与时间的分隔符。(实际使用的字符将根据 Windows "控制面板"中"区域设置属性"对话框中的设置而定)

【例 3-13】 "教务管理"数据库中，为 Stu 表的"专业编号"字段设置"输入掩码"属性。

操作步骤：

(1) 双击打开"教务管理"数据库，右键单击 Stu 表，在弹出的快捷菜单中选择"设计视图"命令。

(2) 选中"专业编号"字段，单击"字段属性"区中的"输入掩码"文本框，输入"\M00"，如图 3-42 所示。

(3) 单击左上角"保存(Ctrl+S)"工具栏按钮，完成输入掩码的创建。

双击 Stu 表，进入"数据表视图"，当输入数据时，显示效果如图 3-43 所示，输入的数字将替代下画线。

图 3-42　"输入掩码向导"对话框 1

若输入数值不符合输入掩码格式，保存表时会弹出提示对话框，如图 3-44 所示。可见，在用户输入数据时，记录是按照一定格式输入的。

图 3-43　"输入掩码"设置后的数据

图 3-44　不符格式的提示对话框

提示：输入掩码设置也可以由预定义输入掩码模板生成。具体方法：在"设计视图"中，选中字段，单击"字段属性"区中的"输入掩码"文本框右方的省略号按钮，弹出"输入掩码向导"对话框，如图 3-45 所示。选择一种"输入掩码"预设格式，按向导提示信息完成即可。

7. 必填字段

如果该属性设为"是"，则对于每一个记录，用户必须在该字段中输入一个值。

8. 允许空字符串

空字符串是指长度为 0 的字符串。如果该属性设为"是"，并且必填字段属性也设为"是"，则该字段必须包含至少一个字符。注意，空引号("")和不填(NULL)是不同的。该属性只适用于文本、备注和超链接类型。"允许空字符串"属性值是一个逻辑值，默认值为"否"。

图 3-45　"输入掩码向导"对话框

9. 设置索引

索引的作用就如同书的目录一样，通过它可以快速地查找到自己所需要的章节。创建索引可以加快对记录进行查找和排序的速度，除此之外还对建立表的关系和验证数据的唯一性有作用。

(1) 在表的"设计视图"中通过字段属性设置字段。索引可以取三个值："无""有(有重复)"和"有(无重复)"。

(2) 还可以在"索引设计器"中设置字段。步骤如下：单击"视图"按钮进入表的"设计视图"，在"表格工具"的"设计"选项卡下单击"显示/隐藏"组中的"索引"按钮，系统将弹出"索引设计器"，如图 3-46 所示。

图 3-46　设置索引

它还可以设置更多的"索引属性"，如上图 3-46 中的"主索引""唯一索引""忽略空值"等，但应该注意的是，"备注""OLE 对象""附件""计算"和"超链接"等数据类型的字段不能创建索引。

"主索引"：选择"是"，则该字段将被设置为主键。

"唯一索引"：选择"是"，则该字段中的值是唯一的。

"忽略空值"：选择"是"，则该索引将排除值为空的记录。

说明：可以根据一个字段或多个字段来创建索引。对于 Access 数据库中的字段，如果符合以下所有条件，推荐对该字段设置索引。

● 字段的数据类型为文本型、数字型、货币型或日期/时间型。

● 常用于查询字段。

● 常用于排序字段。

索引可帮助加快搜索和选择查询的速度，但在添加或更新数据时，索引会降低性能。

如果在包含一个或更多个索引字段的表中输入数据，则每次添加或更改记录时，Access 都必须更新索引。如果目标表包含索引，则通过使用追加查询或通过追加导入的记录来添加记录也可能会比平时慢。

3.4　建立表之间的关系

　　表关系是数据库中非常重要的一部分，甚至可以说，表关系就是 Access 作为关系型数据库的根本。

　　Access 是关系型数据库系统，设计 Access 的目的之一就是消除数据冗余(重复数据)。它将各种记录信息按照不同的主题，安排在不同的数据表中，通过在建立了关系的表中设置公共字段，实现各个数据表中数据的引用。图 3-47 所示为"教务管理"数据库中所有表之间的关系。

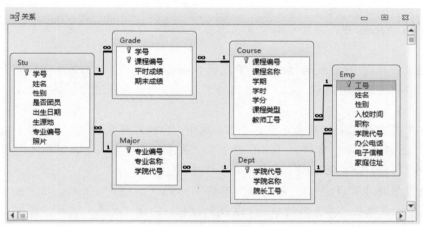

图 3-47　"关系"对话框

　　在关系型数据库中，两个表之间的匹配关系可以分为一对一、一对多和多对多三种。一对一这种关系并不常见，因为多数与此方式相关的信息都可以存储在一个表中。在 Access 中，多对多关系可通过两个一对多关系实现。

3.4.1　创建表关系

　　关系表征了事物之间的内在联系。在同一数据库中，不同表之间的关联是通过主表的主键字段和子表的外键字段来确定的，即公共字段。它们的字段名称不一定相同，但字段的类型和"字段大小"属性一致，就可以正确地创建实施参照完整性的关系。

　　【例 3-14】"教务管理"数据库中，建立各表之间的关系，如图 3-47 所示。

　　操作步骤：

　　(1) 双击打开"教务管理"数据库，单击"数据库工具"选项卡或者"表格工具"的"设计"选项卡下的"关系"按钮，进入"关系"窗口。

　　(2) 单击"设计"选项卡下的"显示表"按钮，或者在"关系"视图内单击鼠标右键，在弹出的快捷菜单中选择"显示表"命令，弹出"显示表"对话框，显示数据库中所有表的列表，如图 3-48 所示。

(3) 选择 Course、Dept、Emp、Grade、Major 和 Stu 六张表，单击"添加(A)"按钮，所有表到"关系"窗口中，根据《学习指导》附录 A 中表 A-1 至表 A-6，在表的"设计视图"中，设置每张表的"主键"及公共字段的"字段大小"属性。如图 3-49 所示。

图 3-48　"显示表"对话框　　　　　　　　　　图 3-49　关系窗口

提示： 在 Access 中，用户可以设置以下三种主键：自动编号主键、单字段主键和多字段主键。

(4) 用鼠标拖动 Emp 表的"工号"字段到 Course 表的"教师工号"字段处，松开鼠标后，弹出"编辑关系"对话框，在该对话框的下方显示两个表的"关系类型"为"一对多"，如图 3-50 所示。

(5) 如果要在两张表间建立参照完整性，选中"实施参照完整性"复选框，再单击"创建"按钮，返回"关系"窗口，可以看到，在"关系"窗口中两个表字段之间出现了一条关系连接线，如图 3-51 所示。

(6) 重复操作步骤(4)、(5)，完成如图 3-47 所示的"一对多"关系，在"关系工具"的"设计"选项卡，单击"关系"组中的"关闭"按钮，关闭"关系"窗口。在弹出的提示对话框中，单击"是"按钮，保存数据库中各表的关系。

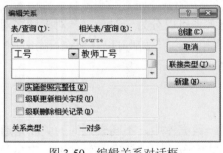

图 3-50　编辑关系对话框　　　　　　　　图 3-51　"一对多"关系

(7) 在左侧导航窗格中，双击 Emp 表，切换到 Emp 表的"数据表视图"，可以看到，在数据表的左侧多出了"+"标记。这表明存在一对多的关系，且该表为主表。单击该"+"展开按钮，即以"子表"的形式显示出该教师讲授的课程情况，Course 表为子表，如图 3-52 所示。单击"-"收缩按钮，就可以关闭子数据表。多层主/子表可以逐层展开，最多可以展开 7 层子表。

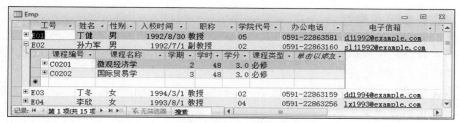

图 3-52 主/子表

3.4.2 查看与编辑表关系

有时要对创建的表关系进行查看、修改、隐藏、打印等操作，有时还必须维护表数据的完整性，这就要涉及表关系的修改等。

对表关系的一系列操作都可以通过"关系工具"的"设计"选项卡下的"工具"和"关系"组中的功能按钮来实现，如图 3-53 所示。

图 3-53 关系工具菜单

"编辑关系"：对表关系进行修改，单击该按钮，弹出"编辑关系"对话框，在该对话框中，可以进行实施参照完整性、设置联接类型、新建关系等操作。如图 3-50 所示。

"清除布局"：单击该按钮，弹出清除确认对话框，单击"是"按钮，系统将清除窗口中的布局。

"关系报告"：单击该按钮，Access 将自动生成各种表关系的报表，并进入"打印预览"视图，在这里可以进行关系打印、页面布局等操作。

"显示表"：单击该按钮，窗口显示"显示表"对话框，具体用法在上面已经介绍过。

"隐藏表"：选中一个表，然后单击该按钮，则在"关系"窗口中隐藏该表。

"直接关系"：单击该按钮，可以显示与窗口中的表有直接关系的表，隐藏无直接关系的表。

"所有关系"：单击该按钮，显示该数据库中的所有表关系。

"关闭"：单击该按钮，退出"关系"窗口，如果窗口中的布局没有保存，则会弹出提示对话框，询问是否保存。

对表关系进行编辑，主要是在"编辑关系"对话框中进行的。表关系的设置也主要包括实施参照完整性、级联选项等方面。

要删除表关系，必须在"关系"窗口中删除关系线。先选中两个表之间的关系线(关系线显示得较粗)，然后按下 Delete 键，即可删除表关系。

说明： 删除表关系时，如果选中了"实施参照完整性"复选框，则同时会删除对该表的参照完整性设置，Access 将不再自动禁止在原来表关系的"多"端建立孤立记录。

如果表关系中涉及的任何一个表处于打开状态，或正在被其他程序使用，用户将无法删除该关系。必须先将这些打开或使用着的表关闭，才能删除关系。

修改表关系是在"编辑关系"对话框中完成的。选中两个表之间的关系线(关系线显示得较粗)，然后单击"设计"选项卡下的"编辑关系"按钮，或者直接双击连接线，将弹出"编辑关系"对话框，即可在该对话框中进行相应的修改。

3.4.3　实施参照完整性

参照完整性是在数据库中规范表之间关系的一些规则，它的作用是保证数据库中表关系的完整性和拒绝能使表的关系变得无效的数据修改。

数据表设置"实施参照完整性"以后，在数据库中编辑数据记录时就会受到以下限制。

- 不可以在"多"端的表中输入主表中没有的记录。
- 当"多"端的表中含有和主表相匹配的数据记录时，不可以从主表中删除这个记录。
- 当"多"端的表中含有和主表相匹配的数据记录时，不可以在主表中更改主表中的主键值。

对数据库设置了参照完整性以后，就会对中间表的数据输入和主表的数据修改进行非常严格的限制，所以可以利用这个特点进行设置，以保证数据的参照完整性。

3.4.4　设置级联选项

数据库操作有时需要更改表关系一端的值，在这种情况下，需要在 Access 的一次操作中自动更新所有受影响的行。这样，便可进行完整更新，以使数据库不会处于不一致的状态(即更新某些行，而不更新其他行)。

在 Access 中，可以通过选中"级联更新相关字段"复选框来避免这一问题。如果实施了参照完整性并选中"级联更新相关字段"复选框，当更新主键时，Access 将自动更新参照主键的所有字段。

数据库操作也可能需要删除某一行及其相关字段。因此，Access 也支持设置"级联删除相关记录"复选框。如果实施了参照完整性并选中"级联删除相关记录"复选框，则当删除包含主键的记录时，Access 会自动删除参照该主键的所有记录。

说明：如果主键选中"级联更新相关字段"复选框将没有意义，因为用户无法更改"自动编号"字段中的值。

3.5　编辑数据表

数据表存储着大量的数据信息，使用数据库进行数据管理，在很大程度上是对数据表中的数据进行管理。因此数据表的重要性是不言而喻的。下面章节将着重介绍数据表的一些操作方法。

3.5.1　向表中添加与修改记录

表是数据库中存储数据的唯一对象，对数据库添加数据，就是向表中添加记录。使用数据库时，向数据库输入数据和修改数据，是操作数据库必不可少的操作。

增加新记录有三种方法：

(1) 直接将光标定位在表的最后一行。

(2) 单击"记录指示器"上最右侧的"新(空白)记录"按钮。如图 3-54 所示。

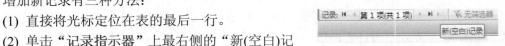

图 3-54　记录指示器

　　(3) 在"数据"选项卡的"记录"组中,单击"新记录"按钮。

　　【例 3-15】向 Stu 表中添加一条学号为 S1707003 的学生记录,并为其"照片"字段插入图片。

　　操作步骤:

　　(1) 打开"教务管理"数据库,然后从导航窗格中双击 Stu 表,打开其"数据表视图"。

　　(2) 使光标定位在最后一条记录的"学号"单元格中,输入要添加的记录"S1707003"。表会自动添加一条空记录。该记录在选择器上显示为星号"*",表示是一条新记录。

　　(3) 使光标定位在此记录的"照片"字段单元格中,单击鼠标右键,从弹出的快捷菜单中选择"插入对象",如图 3-55 所示。

　　(4) 在对话框中选择"由文件创建"选项,如图 3-56 所示,按"浏览(B)…"按钮后,打开"浏览"对话框窗口,在选定的目录中选择需要的照片,按"确定"按钮,如图 3-57 所示。返回图 3-56 页面,按"确定"按钮完成。

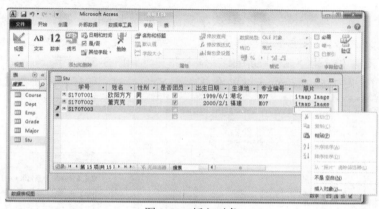

图 3-55　插入对象

图 3-56　选择"由文件创建"选项

图 3-57　"浏览"窗口

　　(5) 双击添加记录"照片"字段,系统可运行相应应用程序打开插入的图片。

　　说明:Access 数据库将"OLE 对象"字段数据类型指定为"二进制"或"长二进制"类型。添加一个 OLE 对象,如 Windows 画图或 Word 文档的位图,Access 将为二进制图形数据添加一个特殊的标题(用于识别源程序)。其他应用程序不会在 Access 创建的 OLE 对象字段中读取数据,如 SQL Server 的 Varbinary 和 Image 字段。

3.5.2　选定与删除记录

操作数据库时，选定与删除表中的记录也是必不可少的操作。

选定记录的方法有三种：

(1) 拖动鼠标选择记录。

(2) 用"记录指示器"选择记录，如图 3-54 所示。

(3) 单击"开始"选项卡"查找"组中的"转至"按钮➡️ ▾。

删除记录的方法有三种：

(1) 右键单击选定记录，在弹出的快捷菜单中选择"删除记录"命令。

(2) 选定记录，按键盘上的 Delete 键。

(3) 选定记录，单击"开始"选项卡"记录"组中的"删除"按钮✕ ▾。

【例 3-16】删除 Stu 表中学号为 S1707003 的学生记录。

操作步骤：

(1) 打开"教务管理"数据库，然后从导航窗格中双击 Stu 表，打开其"数据表视图"。

(2) 单击表最左侧的灰色区域，即选定行，此时光标变成向右的黑色箭头。单击右键，在弹出的快捷菜单中选择"删除记录(R)"命令即可，如图 3-58 所示。

(3) 在弹出的图 3-59 所示对话框中单击"是(Y)"按钮，即可删除该条记录。

图 3-58　删除记录　　　　　图 3-59　确认"删除记录"对话框

提示：记录一旦被删除就不能再恢复，所以执行此操作时慎重。

3.5.3　数据的查找与替换

为了查找海量数据中的特定数据，就必须使用"查找"和"替换"功能。数据的查找和替换是利用"查找和替换"对话框进行的，如图 3-60 所示。

在 Access 中，用户可以通过以下两种方法打开"查找和替换"对话框。

(1) 单击"开始"选项卡"查找"组中的"查找"按钮。

(2) 按下 Ctrl+F 组合键。

启动"查找和替换"对话框后，即可设定查找和替换的"查找范围"、"匹配"字段、"搜索"方向和是否"区分大小写"等条件。

"查找内容"：接受用户输入的查找内容。用户需要在"查找内容"框中输入要查询的内容，该对话框自动记录以前曾经搜索过的内容，用户可以在下拉列表框中查看以前的搜索记录。

"查找范围"：在该下拉列表框中设置查找的范围，是整个数据表，还是仅仅一个字段列中的值。默认值是当前光标所在的字段列。

"匹配"：设置输入内容的匹配方式，可以选择"字段任何部分""整个字段""字段开头" 3 个选项。

"搜索"：控制搜索方向，是指从光标当前位置"向上""向下"还是"全部"搜索。

"区分大小写"：选中该复选框，将对输入的查找内容区分大小写。在搜索时，小写字母和大写字母是按不同的内容进行查找的。

在输入查找内容以后，单击"查找下一个(F)"按钮，系统将对数据表进行搜索，查找"查找内容(N)"框中的内容。

切换到"替换"选项卡，"替换"界面和"查找"界面有一些区别，如图 3-61 所示。

"查找内容"等下拉列表框和"查找"选项卡中的一样，具有相同的作用。用户可以看到，在"替换"选项卡中多了"替换为(P)"下拉列表框和"替换(R)""全部替换(A)"按钮。

当对数据信息进行替换时，首先在"查找内容(N)"框中输入要查找的内容，然后在"替换为(P)"框中输入想要替换的内容。

图 3-60 "查找和替换"对话框

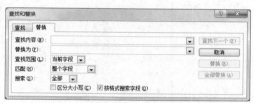

图 3-61 "替换"界面

与查找不同的是，用户可以手动替换数据操作，先单击"查找下一个(F)"按钮，进行搜索，用户决定该搜索结果处的字符是否需要替换。如果需要替换，单击"替换(R)"按钮；否则，单击"查找下一个(F)"按钮，检索下一个字符串。

用户也可以单击"全部替换(A)"按钮，自动完成所有匹配数据的替换，不会询问任何问题。如果没有相匹配的字符，则 Access 会弹出图 3-62 所示的提示框。

提示：若替换错误，可以使用组合键 Ctrl+Z 撤消。

图 3-62 提示信息框

3.5.4 数据的排序与筛选

排序和筛选是两种比较常用的数据处理方法，通过对数据的排序和筛选，可以为用户提供很大的方便。

1. 数据排序

数据排序是最常用到的操作之一，也是最简单的数据分析方法。可以按照文本、数值或日期值进行数据的排序。对数据库的排序主要有两种方法：一种是利用工具栏的简单排序；另一种是利用窗口的高级排序。各种排序和筛选操作都在"开始"选项卡的"排序和筛选"组中进行，如图 3-63 所示。

图 3-63 "排序和筛选"组

【例 3-17】在 Stu 表中按"姓名"字段降序排列。

操作步骤：

(1) 打开"教务管理"数据库，然后从导航窗格中双击 Stu 表，打开其"数据表视图"。

(2) 将光标定位到"姓名"列中，单击"开始"选项卡的"排序和筛选"组中"降序"按钮，或在此列的任何位置右键单击鼠标，在弹出快捷菜单中单击"降序"按钮，对数据进行排序，如图 3-64 所示。

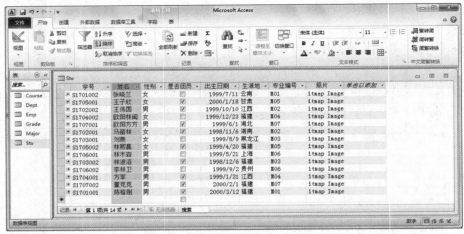

图 3-64　单字段简单排序

简单排序存在两个问题，即当记录中有大量的重复记录或者需要同时对多个列进行排序时，简单排序就无法满足需要。对数据进行高级排序可以很简单地解决这类问题，它可以将多列数据按指定的优先级进行排序。也就是说，数据先按第一个排序准则进行排序，当有相同的数据出现时，再按第二个排序准则排序，以此类推。

【例 3-18】在 Stu 表中按第一排序为"性别"降序，第二排序为"专业编号"升序。

操作步骤：

(1) 打开"教务管理"数据库，然后从导航窗格中双击 Stu 表，打开其"数据表视图"。

(2) 单击"开始"选项卡的"排序和筛选"组中"高级"按钮，如图 3-65 所示。

图 3-65　"高级"排序菜单

(3) 在弹出的菜单中选择"高级筛选/排序(S)"命令，系统将进入排序筛选窗口。如图 3-66 所示，可以看到上面例 3-17 建立的简单查询在该窗口中的设置。

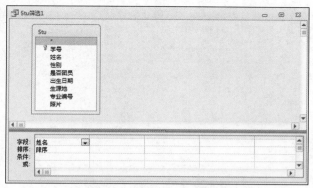

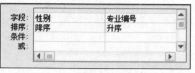

图 3-66　"高级筛选/排序"窗口　　　　　　　　图 3-67　设置排序方式

(4) 在查询设计网格的"字段"行中，选择"性别"字段，"排序"行中选择"降序"；在另一列中选择"专业编号"字段和"升序"排序方式，如图 3-67 所示。

(5) 这样就完成了一个高级排序的创建。保存该排序查询为"性别排序"，如图 3-68 所示，关闭查询的"设计视图"。

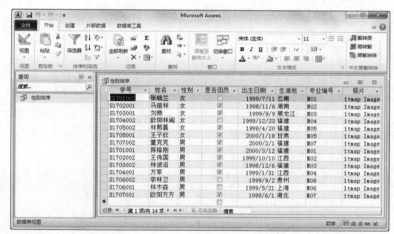

图 3-68　保存排序查询　　　　　　　　　　　　图 3-69　多个字段排序数据

(6) 双击打开左边导航窗格中的"性别排序"查询，即可实现对数据表的排序，如图 3-69 所示。

这里使用的"高级筛选/排序"操作，其实就是一个典型的选择查询。"高级筛选/排序"就是利用创建的查询来实现排序的。

2. 筛选数据

在 Access 中，可以利用数据的筛选功能，过滤掉数据表中不关心的信息，而返回想看的数据记录，从而提高工作效率。

建立筛选的方法有多种，下面就以 Stu 表为例，介绍两种筛选的用法。

方法 1：通过鼠标右键建立筛选。

在表的"数据表视图"中，用户可以在相应类型的记录中单击鼠标右键，在弹出的快捷菜单中选中相应命令，建立简单的筛选。如图 3-70 所示。

图 3-70　鼠标右键建立筛选

方法 2：通过字段列下拉菜单建立筛选。

用户也可以在"数据表视图"中，通过单击字段旁的小箭头，在弹出的下拉菜单中选择相应的筛选操作。

【例 3-19】在 Stu 表中筛选生源地为"福建"的学生信息。

操作步骤：

(1) 打开"教务管理"数据库，然后从导航窗格中双击 Stu 表，打开其"数据表视图"。

(2) 单击"生源地"字段列中的小箭头，弹出筛选操作菜单。在菜单中也可以看到"文本筛选器"命令，可以通过这些命令，建立各种筛选。

(3) 筛选操作菜单显示了该列中不同的字符串，各个字符串前面有复选框，通过选择不同的复选框，可以设定不同的筛选条件。在本例中单击"(全选)"复选框，清空，再选中"福建"复选框，如图 3-71 所示。

图 3-71　下拉菜单建立筛选

(4) 单击"确定"按钮，即可建立筛选，筛选结果如图 3-72 所示。

图 3-72　生源地筛选结果

单击"排序和筛选"组中"筛选器"按钮，也可以弹出字段列的下拉菜单，该菜单和单击字段名右侧小箭头出现的菜单是一样的。

3.5.5　行汇总统计

对数据表中的行进行汇总统计是一项经常性而又有用的数据库操作。汇总行与 Excel 表中的"汇总"行非常相似。可以从下拉列表中选择 COUNT 函数或其他的常用聚合函数(例如 SUM、AVERAGE、MIN 或 MAX)来显示汇总行。聚合函数对一组值执行计算并返回单一的值。

【例 3-20】在"教务管理"数据库中，统计 Grade 表的"期末成绩"的平均分。

操作步骤:

(1) 打开"教务管理"数据库，然后从导航窗格中双击 Grade 表，打开其"数据表视图"。

(2) 在"开始"选项卡的"记录"组中，单击"合计"按钮 Σ，在 Grade 表的最下部，自动添加一个空汇总行，如图 3-73 所示。

(3) 单击"期末成绩"列的汇总行的单元格，出现一个下拉箭头，单击下拉箭头，在打开的"汇总的函数"列表框中，如图 3-74 所示，选择"平均值"。

学号	课程编号	平时成绩	期末成绩	单击以添加
S1701001	C0101	76.00		
S1701002	C0101	85.00	75.00	
S1701001	C0102	82.50	86.00	
S1701002	C0102	90.00	93.00	
S1701001	C0103	75.00	80.00	
S1701002	C0103	66.00	58.00	
S1702001	C0201	77.00	86.50	
汇总				

图 3-73　汇总行

图 3-74　"汇总的函数"列表框

(4) 计算平均分的结果显示在单元格中，如图 3-75 所示。

学号	课程编号	平时成绩	期末成绩	单击以添加
S1707001	C0702	85.00	77.50	
S1707002	C0702	87.50	90.00	
S1706001	C0703	72.00	68.50	
S1707001	C0703	89.00	93.00	
S1707002	C0703	75.00	78.00	
汇总			80.17	

图 3-75　汇总统计结果

若不需要显示汇总行，应对隐藏汇总行。方法是在数据表视图中打开表或查询，在"开始"选项卡的"记录"组中，单击"合计"按钮 Σ，Access 隐藏"汇总"行。当再显示该行时，系统会记住每列应用的函数，显示为以前的状态。

3.5.6　表的复制、删除与重命名

表是数据库的核心，它的修改将会影响整个数据库。不能修改已打开或正在使用的表，必须先将其关闭。

1. 表的复制

(1) 在导航窗格中单击"表"对象，选中准备复制的数据表，单击鼠标右键，弹出快捷菜单，选择"复制(C)"命令，或在"开始"选项卡中单击"复制"按钮，再或按 Ctrl+C

组合键。

(2) 在数据窗口空白处，单击鼠标右键，弹出快捷菜单，选择"粘贴(<u>V</u>)"命令，或在"开始"选项卡中单击"粘贴"按钮，再或按 Ctrl+V 组合键。

(3) 弹出"粘贴表方式"对话框，如图 3-76 所示。在"表名称(<u>N</u>):"文本框中输入表名，在"粘贴选项"中选择粘贴方式。

图 3-76　"粘贴表方式"对话框

- 仅结构(<u>S</u>)：只复制表结构，不包括记录。建立一个与原表具有相同字段名和属性的空表。
- 结构和数据(<u>D</u>)：同时复制表的结构和记录。新表就是原表的一份完整的副本。
- 将数据追加到已有的表(<u>A</u>)：将选定表中的所有记录添加到另一个表结构相同表的最后。

(4) 单击"确定"按钮，完成当前数据库的表复制。

此外，还可以用 Ctrl+鼠标拖曳的方式复制表，默认是同时复制表的结构和记录。

2．表的删除

在导航窗格中单击"表"对象，选中准备删除的数据表，单击鼠标右键，弹出快捷菜单，选择"删除(<u>L</u>)"命令，或在"开始"选项卡中单击"删除"按钮，再或按 Delete 键。

3．表的重命名

在导航窗格中单击"表"对象，选中准备重命名的数据表，单击鼠标右键，弹出快捷菜单，选择"重命名(<u>M</u>)"命令，或者按 F2 键，在原表处直接命名。更名后，Access 会自动更改该表在其他对象中的引用名。

3.6　设置数据表格式

在数据表视图中，可以自行对表的格式进行设置，如调整行宽、列高，设置字体的格式，字段列的隐藏和冻结等，操作与 Excel 表相同。

3.6.1　设置表的行高和列宽

【例 3-21】设置 Stu 表中"姓名"字段行高为 16，列宽为 20。

操作步骤：

(1) 打开"教务管理"数据库，然后从导航窗格中双击 Stu 表，打开其"数据表视图"。

(2) 右键单击表左侧的行选项区域，在弹出的下拉菜单中选择"行高(<u>R</u>)…"命令，如图 3-77 所示。

(3) 弹出"行高"对话框，在文本框中输入要设置的行高数值 16，再单击"确定"按钮，如图 3-78 所示。

图 3-77 "行高"命令

图 3-78 "行高"对话框

(4) 在"姓名"字段名上单击右键,在弹出的快捷菜单中选择"字段宽度(F)"命令,如图 3-79 所示。

图 3-79 "字段宽度"命令

(5) 在弹出的"列宽"对话框中输入 20 的列宽,单击"确定"按钮即可,结果如图 3-80 所示,"姓名"这一列的列宽变宽。

图 3-80 行列变化结果

3.6.2 设置字体格式

Access 2010 提供了数据表字体的文本格式设置功能,可使用户选择所需要字体的格式。

在数据库的"开始"选项卡的"文本格式"组中,有字体的格式、大小、颜色及对齐方式等功能按钮,如图 3-81 所示。Access 中设置字体的方法与 Word 完全相同。

图 3-81 "文本格式"命令

3.6.3　隐藏和显示字段

隐藏列是使数据中的某一列数据不显示，需要时再把它显示出来，这样做的目的是便于查看表中的主要数据。

1. 隐藏列

【例 3-22】将 Stu 表中"学号"字段列隐藏起来。

操作步骤：

(1) 打开"教务管理"数据库，然后从导航窗格中双击 Stu 表，打开其"数据表视图"。

(2) 右键单击"学号"字段列，字段列颜色变成灰色，在打开的快捷菜单中单击"隐藏字段(F)"命令，如图 3-82 所示。

图 3-82　"隐藏字段"命令

(3) "学号"字段即被隐藏，结果如图 3-83 所示。

图 3-83　"隐藏字段"结果

2. 取消隐藏列

如果希望把隐藏的列重新显示，操作步骤如下：

(1) 右键单击任意字段列，在弹出的图 3-82 所示快捷菜单中，单击"取消隐藏字段(U)"命令。

(2) 弹出"取消隐藏列"对话框，勾选已经隐藏的列。如"学号"复选框打钩，单击"关闭"按钮，被隐藏的"学号"字段立即显示出来。

3.6.4　冻结和取消冻结

Access 2010 还提供了字段的冻结功能。当冻结某个(或多个)字段列后，无论怎样利用水平滚动条显示字段，这些被冻结的列总是可见的，并且它们总是显示在窗口的最左边。

通常冻结列是把表中重要的或主要信息的字段冻结起来。

【例3-23】冻结"教务管理"数据库中 Emp 表的"工号"和"姓名"字段。

操作步骤:

(1) 打开"教务管理"数据库,然后从导航窗格中双击 Emp 表,打开其"数据表视图"。

(2) 按住 Shift 键的同时单击"工号"和"姓名"字段列标题,字段列颜色变成灰色,单击右键,在弹出的图3-82所示快捷菜单中,单击"冻结字段(Z)"命令。"工号"和"姓名"字段出现在最左边,即被冻结,不能被拖动,结果如图3-84所示。

图 3-84　冻结后的 Emp 表

在任意字段列标题上单击右键,在弹出的图3-82所示快捷菜单中,单击"取消冻结所有字段(A)"命令,字段被取消冻结后即可拖动。

3.7　本章小结

本章介绍 Access 数据库的基本知识,包括使用模板创建数据库、创建空数据库,打开、关闭数据库等管理数据库的基本方法。数据表是数据库的基础对象,因此创建数据库的过程首先要创建数据表。本章介绍多种创建 Access 数据表的方法,并能根据需要设置表字段的数据类型、字段属性。

主键是数据表中记录的唯一标识,对多个数据表同时进行操作时,需要通过主键建立关系,多数据表才能进行互相访问。要求掌握对数据表的结构进行编辑、修改和格式的设置;对数据表的记录进行编辑和修改;数据表之间创建关系。

3.8　思考与练习

3.8.1　选择题

1. 在数据表的设计视图中,数据类型不包括(　　)类型。

　　A. 文本　　　　　　　B. 逻辑　　　　　　　　C. 数字　　　　　　D. 备注

2. 图书表中有一个"图书封面"字段,用于存储图书封面的图像信息,该字段的类型应设置为(　　)。

    A. 备注　　　　　　　B. OLE 对象　　　　　C. 文本　　　　　D. 查阅向导

3. 值为"True/False"的数据类型是(　　)。

    A. 备注　　　　　　　B. 是/否　　　　　　　C. 文本　　　　　D. 数字

4. 当文本型字段取值超过 255 个字符时，应改用(　　)数据类型。

    A. 备注　　　　　　　B. OLE 对象　　　　　C. 数字　　　　　D. 自动编号

5. 下面(　　)不是压缩和修复数据库的作用。

    A. 减小数据库占用空间　　　　　　　　B. 提高数据库打开速度

    C. 美化数据库　　　　　　　　　　　　D. 提高运行效率

6. 若要控制数据表中"学号"字段只能输入数字，则应设置(　　)。

    A. 显示格式　　　　　B. 输入掩码　　　　　C. 默认值　　　　D. 记录有效性

7. 能够用"输入掩码向导"创建输入掩码的字段类型有(　　)。

    A. 文本和日期/时间　　　　　　　　　　B. 数字和文本

    C. 货币和数字　　　　　　　　　　　　D. 数字和日期/时间

8. 若文本型字段的输入掩码设置为"###-###"，则正确的输入数据是(　　)。

    A. 010-ABC　　　　　B. 077-123　　　　　C. a b-123　　　D. ###-###

9. 以下关于主键的叙述中，错误的是(　　)。

    A. 作为主键的字段中不允许出现重复值和空值

    B. 数据库中每张表都必须具有一个主关键字

    C. 使用自动编号是创建主键最简单的方法

    D. 不能确定任何一个字段的值是唯一时，可将两个以上的字段组合成为主键

10. 以下是关于 Access 数据库中数据表的描述，正确的是(　　)。

    A. 数据表相互之间存在联系，但用独立的文件名保存

    B. 数据表相互之间存在联系，是用表名表示相互间的联系

    C. 数据表相互之间不存在联系，完全独立

    D. 数据表既相对独立，又相互联系

3.8.2　填空题

1. 日期型字段的格式有常规日期、_____、_____和_____等。

2. 新建数据表时，一般首先要创建表的_____，再输入_____。

3. 把外部数据转换为 Access 数据库中的表的操作称为_____。

4. 在数据表视图中，_____某字段后，无论用户怎么水平滚动窗口，该字段总是可见的，并且总是显示在窗口的最左边。

5. 将文本型字符串"4""6""12"按升序排序，则排序的结果为_____。

3.8.3　简答题

1. 数据库与数据表的关系是什么？

2. 格式和输入掩码属性有什么区别？

3. 字段的"有效性规则"和"有效性文本"属性有何作用？

4. 查阅向导型数据和文本型数据录入时有什么区别？

5. 描述对数据表多列排序的方法。

第4章　查询

1. 理解查询的基本概念。
2. 掌握使用查询向导创建查询的方法。
3. 熟练掌握使用设计视图创建查询的方法，掌握查询条件设置的技巧。
4. 掌握查询的计算方法，掌握参数查询设计方法。
5. 掌握各种操作查询的设计方法。
6. 理解简单的 SQL 命令。

学习方法

本章主要的学习内容是有关查询的知识以及创建查询的方法。依据思维导图的知识脉络，全面理解本章的知识点，对重点内容要理解并掌握。宜采用理论学习和上机练习相结合的方法，对于本章的例题和实验案例，在理解的基础上勤上机练习。结合本章的知识点和例题案例，通过比较分析，掌握各种查询的特点。

学习指南

本章的重点是 4.2 节、4.4 节、4.5 节、4.6 节、4.7 节和 4.8 节，难点是 4.5 节和 4.8 节。

思维导图

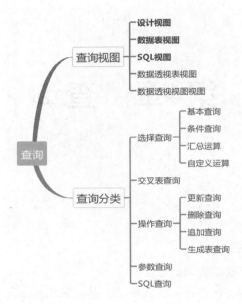

4.1　查询的基本概念

　　数据库中往往存放大量的数据，如果用户想要从中获取满足要求的信息，需要通过查询来实现。查询(Query)是 Access 数据库中最重要和最常见的应用，是 Access 数据库中的一个重要对象。查询不仅可以从一个或多个表中检索出符合条件的数据，还能修改、删除、添加数据，并对数据进行计算等。

　　所谓查询就是根据给定的条件从数据库的一个或多个数据源中筛选出符合条件的记录，构成一个动态的数据记录集合，供使用者查看、更改和分析使用。查询是一个独立的、功能强大的、具有计算功能和条件检索功能的数据库对象。查询的结果以二维表的形式显示，是动态数据集合，每执行一次查询操作都会显示数据源中最新的数据。查询实际上就是将分散的数据按一定的条件重新组织起来，形成一个动态的数据记录集合，而这个记录集在数据库中并没有真正的存在，只是在查询运行时从查询数据源中提取并创建，数据库中只是保存查询的操作。当关闭查询时，动态数据记录集合会自动消失。

4.1.1　查询的功能

　　查询主要有以下几方面的功能：

　　(1) 选择字段

　　选择字段是指选择数据表中的部分字段进行查询，而不必包括数据表中的所有字段。

　　(2) 选择记录

　　选择记录是指根据指定的条件查找所需记录，只有符合条件的记录才能在查询的结果中显示出来。

(3) 完成编辑记录功能

编辑记录包括添加记录、修改记录和删除记录等。在 Access 数据库中，可以使用查询对表中记录进行添加、修改和删除等操作。

(4) 完成计算功能

查询不仅可以找到满足条件的记录，而且可以在建立查询的过程中进行各种统计计算。

(5) 通过查询建立新表

利用查询得到的结果可以建立一个新的数据表。

(6) 通过查询为窗体或报表提供数据

用户可以建立一个条件查询，将该查询的结果作为窗体或报表的数据源。当用户每次打开窗体或打印报表时，该查询就会检索出最新的数据。

4.1.2　查询的类型

根据对数据源的操作方式以及查询结果，Access 查询分为 5 种类型，分别是选择查询、交叉表查询、参数查询、操作查询和 SQL 查询。

(1) 选择查询

选择查询是最常见的查询类型，主要用于浏览、检索和统计数据库中的数据。它根据指定的条件，可以从一个或多个数据源中提取数据并显示结果，还可以使用选择查询对记录进行分组，并对记录进行总计、计数、平均及其相关计算。

利用选择查询可以方便地查看一个或多个表中的部分数据。查询的结果是一个数据记录的动态集，可以对动态集中的数据记录进行修改、删除，也可以增加新记录，对动态集所做的修改会自动写入与动态集相关联的表中。

(2) 交叉表查询

交叉表查询利用行列交叉的方式，对数据源的数据进行计算和重构，即对字段进行分类汇总，汇总结果显示在行与列交叉的单元格中，这些汇总包括指定字段的和值、平均值、最大值、最小值等。交叉表查询将这些数据分组，一组列在数据表的左侧，一组列在数据表的上部。

(3) 参数查询

参数查询是一种交互式的查询，通过人机交互输入的参数，查找相应的数据。在执行参数查询时，会弹出对话框，提示用户输入相关的参数信息，然后按照这些参数信息进行查询。例如，可以设计一个参数查询，在对话框中提示用户输入日期，然后检索该日期的所有记录。

(4) 操作查询

操作查询是在操作中更改记录的查询，操作查询又可分为四种类型：删除查询、更新查询、追加查询和生成表查询。

① 删除查询：可以从一个或多个表中删除一组记录。

② 追加查询：可将一组记录添加到一个或多个表的尾部。

③ 更新查询：可根据指定条件对一个或多个表中的记录进行更改。

④ 生成表查询：利用一个或多个表中的全部或部分数据创建新表。

(5) SQL 查询

SQL(Structured Query Language，结构化查询语言)是标准的关系型数据库语言。SQL查询是指用户使用 SQL 语句创建的查询。

4.1.3　查询视图

如图 4-1 所示，查询共有 5 种视图，分别是设计视图、数据表视图、SQL 视图、数据透视表视图和数据透视图视图。

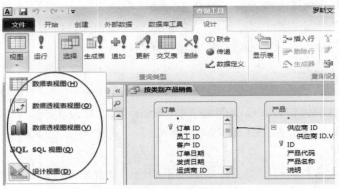

图 4-1　查询视图

(1) 设计视图

设计视图就是查询设计器，通过该视图可以创建各种类型查询。

(2) 数据表视图

数据表视图是查询的数据浏览器，用于浏览查询的结果。数据表视图可被看成虚拟表，它并不代表任何的物理数据，只是用来查看数据的视窗而已。

(3) SQL 视图

SQL 是一种用于数据库的结构化查询语言，许多数据库管理系统都支持该语言。SQL查询是指用户通过使用 SQL 语句创建的查询。SQL 视图是用于查看和编辑 SQL 语句的窗口。

(4) 数据透视表视图和数据透视图视图

在数据透视表视图和数据透视图视图中，可以根据需要生成数据透视表和数据透视图，从而对数据进行分析，得到直观的分析结果。

4.2　使用向导创建查询

Access 提供了 4 种向导方式创建简单的选择查询，分别是"简单查询向导""交叉表查询向导""查找重复项查询向导"和"查找不匹配项查询向导"，以帮助用户从一个或多个表中查询出有关信息。

4.2.1　使用"简单查询向导"

使用"简单查询向导"创建查询比较简单，用户可以在向导提示下选择表和表中字段，但不能设置查询条件。

【例 4-1】使用“简单查询向导”建立“Stu 查询”，查询“教务管理”数据库中 Stu 表的学号、姓名、性别、出生日期、生源地的信息。

操作步骤：

(1) 在“创建”选项卡“查询”组中单击“查询向导”按钮，如图 4-2 所示。

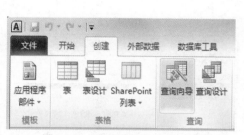

图 4-2　“查询向导”按钮

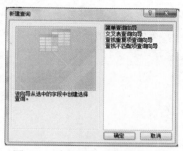

图 4-3　选择“简单查询向导”

(2) 选择“简单查询向导”，如图 4-3 所示。

(3) 选择字段：学号、姓名、性别、出生日期、生源地，如图 4-4 所示。

(4) 输入查询名称：Stu 查询，如图 4-5 所示。

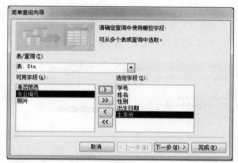

图 4-4　选择字段

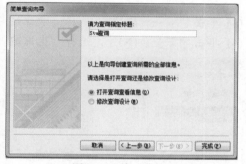

图 4-5　输入查询名称

(5) 查询结果，如图 4-6 所示。

4.2.2　使用“交叉表查询向导”

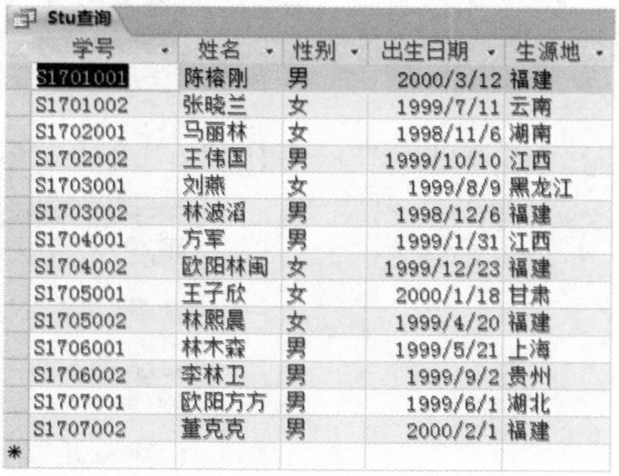

Stu查询

学号	姓名	性别	出生日期	生源地
S1701001	陈榕刚	男	2000/3/12	福建
S1701002	张晓兰	女	1999/7/11	云南
S1702001	马丽林	女	1998/11/6	湖南
S1702002	王伟国	男	1999/10/10	江西
S1703001	刘燕	女	1999/8/9	黑龙江
S1703002	林波滔	男	1998/12/6	福建
S1704001	方军	男	1999/1/31	江西
S1704002	欧阳林闽	女	1999/12/23	福建
S1705001	王子欣	女	2000/1/18	甘肃
S1705002	林熙晨	女	1999/4/20	福建
S1706001	林木森	男	1999/5/21	上海
S1706002	李林卫	男	1999/9/2	贵州
S1707001	欧阳方方	男	1999/6/1	湖北
S1707002	董克克	男	2000/2/1	福建

图 4-6　查询结果

交叉表查询是一种从水平和垂直两个方向对数据表进行分组统计的查询方法。交叉表类似于 Excel 电子表格，它按“行、列”形式分组安排数据：一组作为行标题显示在表的左部，另一组作为列标题显示在表的顶部，而行与列的交叉点的单元格则显示数值。交叉表的数据源可以是基本表也可以是查询。使用的字段必须属于同一个表或同一个查询。如果使用的字段不在同一个表或同一个查询中，可以建立一个查询，把相关的数据放在同一个查询中。

建立交叉表查询至少要指定 3 个字段，一个字段用来作行标题，一个字段用来作列标题，一个字段放在行与列交叉位置作为统计项(统计项只能有 1 个)。

【例 4-2】在"教务管理"数据库中，使用"交叉表查询向导"建立交叉表查询，统计各专业的学生生源分布情况。数据源为 Stu 表，选择"专业编号"字段作为行标题，选择"生源地"作为列标题，"学号"作为计数统计项。

操作步骤：

(1) 选择交叉表查询向导，如图 4-7 所示。

(2) 选择数据源为 Stu 表，如图 4-8 所示。

 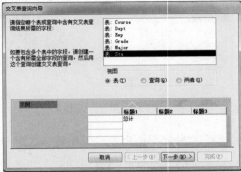

图 4-7　选择交叉表查询向导　　　　　　　图 4-8　数据源：Stu 表

(3) 单击"下一步(N)"，选择"专业编号"字段作为行标题，如图 4-9 所示。

(4) 单击"下一步(N)"，选择"生源地"字段作为列标题，如图 4-10 所示。

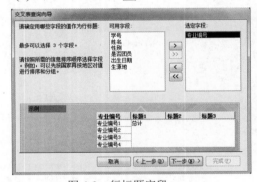 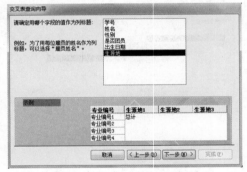

图 4-9　行标题字段　　　　　　　　　　图 4-10　列标题字段

(5) 单击"下一步(N)"，选择"学号"作为计数统计项，如图 4-11 所示。

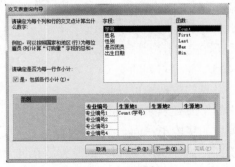

图 4-11　统计项

(6) 执行查询命令，显示并保存查询结果。

4.2.3　其他向导查询

1. 查找重复项查询向导

根据"查找重复项查询向导"创建的查询结果，可以确定在表中是否有重复的记录，或确定记录在表中是否共享相同的值。

【例 4-3】在 Stu 表中，利用"查找重复项查询向导"查找"生源地"字段中的重复值，选择"姓名"为另外的查询字段。

操作步骤：

(1) 选择"查找重复项查询向导"，如图 4-12 所示。

(2) 选择数据源为 Stu 表。

(3) 选择"生源地"为重复值字段，如图 4-13 所示。

(4) 选择"姓名"为另外的查询字段，如图 4-14 所示。

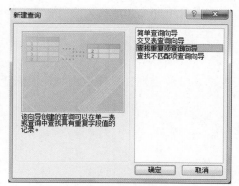

图 4-12　重复项查询向导　　　　　　图 4-13　重复值字段

(5) 执行查询命令，显示并保存查询结果。

2. 查找不匹配项查询向导

"查找不匹配项查询向导"的作用是供用户在一个表中找出另一个表中所没有的相关记录。在具有一对多关系的两个数据表中，对于"一"方的表中的每一条记录，在"多"方的表中可能有一条或多条甚至没有记录与之对应。使用不匹配项查询向导，就可以查找出那些在"多"方没有对应记录的"一"方数据表的记录。

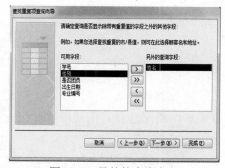

图 4-14　另外的查询字段

4.3　使用"查询设计视图"创建查询

1. 查询设计视图的界面

Access 的"查询向导"在灵活性和功能性方面都有局限，所以大多数的查询操作是使用 Access 的查询设计视图来实现的。

Access 的查询设计视图如图 4-15 所示，被分为上下两个部分。上部为数据源显示区，用于显示查询所涉及的数据源，可以是表，也可以是查询。下部为查询设计区，由行和列组成，每一列都对应着查询的一个字段，每一行都表明字段的属性设置及要求，具体属性的说明如下。

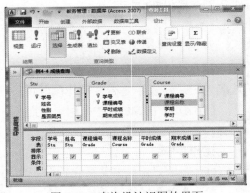

图 4-15　查询设计视图的界面

(1) 字段：查询结果中所显示的字段。

(2) 表：查询的数据源，即查询结果中字段的来源。

(3) 排序：查询结果中相应字段的排序方式。

(4) 显示：当相应字段的复选框被选中时，则在结构中显示，否则不显示。

(5) 条件：用来指定该字段的查询条件。同一行中的多个条件之间是逻辑"与"的关系。

(6) 或：用来提供多个查询条件，多个条件之间是逻辑"或"的关系。

2．创建查询操作的基本步骤

使用查询设计视图可以完成选择查询、交叉表查询、参数查询、操作查询等，根据查询操作的要求不同，可按以下步骤进行。

(1) 向查询添加表。

(2) 向查询添加字段。

(3) 设置排序准则。

(4) 设置查询条件。

(5) 查看查询结果。

(6) 保存查询。

4.4　选择查询

选择查询是最常见的查询类型，它是从一个或多个有关系的表中将满足要求的记录提取出来。使用选择查询还可以对记录进行分组，并且可对记录进行总计、计数以及求平均值等其他类型的计算。

4.4.1　不带条件的选择查询

不带条件的选择查询是从表中选取若干或全部字段的所有记录，而不包含任何条件的查询。

【例 4-4】建立一个名为"例 4-4 成绩查询"的查询，该查询显示"学号""姓名""课程编号""课程名称""平时成绩"和"期末成绩"字段。

操作步骤：

(1) 向查询添加 Stu 表、Grade 表和 Course 表，如图 4-16 所示。

(2) 向查询添加字段："学号""姓名""课程编号""课程名称""平时成绩"和"期

末成绩"，如图 4-17 所示。

(3) 执行查询命令，显示查询结果。

(4) 保存"例 4-4 成绩查询"。

图 4-16　向查询添加表

图 4-17　向查询添加字段

4.4.2　条件表达式

Access 查询设计区中的"条件"行和"或"行，是用来设置查询条件的。Access 在运行查询操作时，会从指定表中筛选出符合条件的记录并对其进行显示。

查询条件表达式是运算符、常量、字段值、函数、字段名和属性等的任意组合，能够计算出一个结果。运算符是构成查询条件的基本元索，在 Access 的条件表达式中，可以使用加(+)、减(−)、乘(*)、除(/)等算术运算符，等于(＝)、不等于(＜＞)、小于(＜)、小于或等于(＜＝)、大于(＞)、大于或等于(＞＝)等关系运算符，也可以使用逻辑运算符和特殊运算符。如表 4-1、表 4-2、表 4-3 和表 4-4 所示。

表 4-1　算术运算符

运算符	功能	表达式举例	说明
^	一个数的乘方	3^2	3 的 2 次方，结果为 9
*	两个数相乘	3*2	3 和 2 相乘，结果为 6
/	两个数相除	5/2	5 除以 2，结果为 2.5
\	两个数整除(不四舍五入)	5\2	5 除以 2，取整数 2
Mod	两个数取余	5 Mod 2	5 除以 2，余数为 1
+	两个数相加	3+2	3 和 2 相加，结果为 5
−	两个数相减	3−2	3 减去 2，结果为 1

表 4-2　关系运算符

运算符	功能	表达式举例	说明
<	小于	[期末成绩]<100	期末成绩小于 100
<=	小于或等于	[期末成绩]<=100	期末成绩小于或等于 100
>	大于	[出生日期]>#1999-01-01#	出生日期在 1999 年 1 月 1 日之后(不包括 1999 年 1 月 1 日)
>=	大于或等于	[期末成绩]>=60	期末成绩大于或等于 60

(续表)

运算符	功能	表达式举例	说明
=	等于	[姓名]="刘莉雅"	姓名等于"刘莉雅"
<>	不等于	[姓名]<>"刘莉雅"	姓名不等于"刘莉雅"
Between And	介于两值间	[期末成绩]Between 60 And 70	期末成绩介于 60 与 70 之间，包含 60 和 70
In	在一组值中	[生源地] In("福建","江西","湖南")	生源地是"福建""江西""湖南"三个中的一个
Is Null	字段为空	[性别] Is Null	性别字段为空
Like	匹配模式	[姓名] Like　"陈*" [姓名] Like　"陈?"	姓陈的所有人。 姓陈的且姓名只有两个字的所有人

表 4-3　逻辑运算符

运算符	功能	表达式举例	说明
Not	逻辑非	Not　Like　"陈*"	不是以"陈"开头的字符串
And	逻辑与	[期末成绩]>=60 And[期末成绩]<=70	期末成绩介于 60 与 70 之间，包含 60 和 70
Or	逻辑或	[期末成绩]<60 Or[期末成绩]>=90	期末成绩小于 60 或期末成绩大于等于 90
Eqv	逻辑相等	A　Eqv　B 1<2　Eqv　2>1	A 与 B 同值，结果为真，否则为假 1<2　Eqv　2>1 结果为假
Xor	逻辑异或	A　Xor　B 1<2　Xor　2>1	A 与 B 同值，结果为假，否则为真 1<2　Xor　2>1 结果为真

表 4-4　通配符

通配符	功能	表达式举例	说明
*	表示任意多个字符或汉字	[姓名] Like　"陈*"	姓名由任意多个字符组成，首字符为"陈"
?	表示任意一个字符或汉字	[姓名] Like　"陈?"	姓名由两个字符组成，首字符为"陈"

4.4.3　带条件的选择查询

【例 4-5】建立一个查询，查询学生为"陈榕刚"的有关信息，该查询显示字段有："学号""姓名""课程编号""课程名称""平时成绩"和"期末成绩"字段。

操作步骤：

(1) 指定数据源：Stu 表、Grade 表和 Course 表。

(2) 定义查询字段："学号""姓名""课程编号""课程名称""平时成绩"和"期末成绩"。

(3) 设定条件：在"姓名"列的条件栏上，输入："陈榕刚"，如图 4-18 所示。

(4) 执行查询命令，显示并保存查询结果。

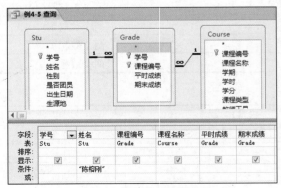

图 4-18　带条件的选择查询

4.4.4　在查询中使用计算

仅使用系统提供的查询只能完成一些比较容易的数据检索，并不能完全满足用户对于一些更复杂的数据的查询和计算。在创建查询时，有些实际需要的内容在数据源的字段中并不存在，但可以通过在查询中增加计算来完成。在 Access 查询中，有两种类型的计算：汇总计算和自定义计算。

1. 汇总计算

汇总计算使用系统提供的汇总函数对查询中的记录组或全部记录进行分类汇总计算。单击工具栏上的"汇总"按钮，Access 查询设计区多了一行"总计"，如图 4-19 所示。在"总计"行单元格的下拉列表中有 12 个选项，其选项的名称和含义见表 4-5。

图 4-19　"汇总"按钮和"总计"行

表 4-5　汇总计算

名称	功能
分组(Group By)	对记录按字段值分组
合计	计算指定字段值的和
平均值	计算指定字段值的平均值
最大值	计算指定字段的最大值
最小值	计算指定字段的最小值
计数	计算一组记录中记录的个数
标准差(StDev)	计算一组记录中某字段值的标准偏差
变量	计算一组记录中某字段值的标准方差
第一条记录(First)	返回一组记录中某字段的第一个值
最后一条记录(Last)	返回一组记录中某字段的最后一个值
表达式(Expression)	创建一个由表达式产生的计算字段
条件(Where)	指定分组条件以便选择记录

【例 4-6】根据 Course 表和 Grade 表，按照"课程名称"分组，统计选修各门课程的人数，并计算每门课程的期末成绩的平均分、最高分、最低分。

操作步骤:

(1) 选择数据源: Course 表和 Grade 表。

(2) 指定字段: 课程名称、学号、期末成绩、期末成绩、期末成绩。

(3) 单击工具栏上的"汇总"按钮, 在查询设计区添加"总计"行, 并设置如下, 课程名称"总计"行: Group By; 学号"总计"行: 计数; 第1个期末成绩"总计"行: 平均值; 第2个期末成绩"总计"行: 最大值; 第3个期末成绩"总计"行: 最小值。如图4-20所示。

(4) 修改字段名, "学号"改为"人数:学号"; 第1个"期末成绩"改为"平均分:期末成绩"; 第2个"期末成绩"改为"最高分:期末成绩"; 第3个"期末成绩"改为"最低分:期末成绩"。如图4-21所示。

(5) 执行查询, 显示并保存查询结果。

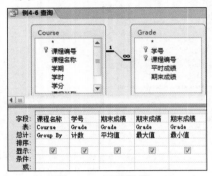 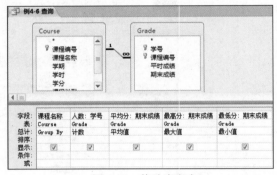

图 4-20 汇总计算   图 4-21 修改字段名

2. 自定义计算

Access 查询的自定义计算用于对查询结果中的一个或多个字段进行数值、日期等计算。

【例 4-7】根据 Stu 表、Course 表和 Grade 表, 计算综合成绩(平时成绩和期末成绩各占 50%), 列出姓名、课程名称、平时成绩、期末成绩和综合成绩。

操作步骤:

(1) 指定数据源: Stu 表、Course 表和 Grade 表。

(2) 选择查询字段: 姓名、课程名称、平时成绩、期末成绩, 在"期末成绩"右边空白列的字段栏输入"综合成绩:[平时成绩]*.5+[期末成绩]*.5"。如图4-22所示。

(3) 执行查询, 显示并保存查询结果。

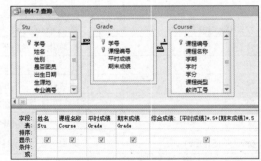

图 4-22 自定义计算

4.5 交叉表查询

交叉表查询主要用来汇总和重构数据库中的数据, 使得数据组织结构更加紧凑, 数据显示更有可观性。交叉表实际上是将记录水平分组和垂直分组，一组列在数据表的左侧，一组列在数据表的上部，在水平分组与垂直分组的交叉位置显示计算结果。

【例 4-8】在"教务管理"数据库中，使用交叉表查询学生的各门成绩。以"姓名"字段为"行标题"，以"课程名称"为"列标题"，以"期末成绩"字段为"值"。

操作步骤：

(1) 指定数据源：Stu 表、Course 表和 Grade 表。

(2) 单击工具栏上的"交叉表"按钮，Access 查询设计区多了两行："总计"行和"交叉表"行。

(3) "姓名"字段的"总计"行：Group By，"交叉表"行：行标题。"课程名称"字段的"总计"行：Group By，"交叉表"行：列标题。"期末成绩"字段的"总计"行：First，"交叉表"行：值。如图 4-23 所示。

(4) 执行查询，显示并保存查询结果。如图 4-24 所示。

图 4-23　交叉表查询　　　　　　　　图 4-24　交叉表查询结果

4.6　参数查询

参数查询是一种动态查询，可以在每次运行查询时输入不同的条件值，系统根据给定的参数值确定查询结果，而参数值在创建查询时不要定义。这种查询完全由用户控制，在一定程度上可以适应应用的变化需要，提高查询效率。创建参数查询方法：在 Access 查询设计区的"条件"行中输入参数表达式(方括号括起来)。

【例 4-9】在"教务管理"数据库中，创建参数查询，根据用户输入的课程名称进行期末成绩查询，要求显示所有不及格的学生姓名、课程名称、期末成绩。

操作步骤：

(1) 指定数据源：Stu 表、Course 表和 Grade 表。

(2) 在"课程名称"的"条件"栏上输入"[请输入课程名称:]"，在"期末成绩"的"条件"栏上输入"<60"，如图 4-25 所示。

(3) 执行查询，屏幕显示对话框，如图 4-26 所示，输入"结构力学"，单击"确定"按钮。

(4) 显示并保存查询结果。

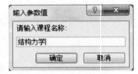

图 4-25　　参数查询　　　　　　　　图 4-26　　输入参数值

4.7　操作查询

选择查询、交叉表查询和参数查询都是按照用户的需求，根据一定的条件从已有的数据源中选择满足特定条件的数据形成一个动态集，将已有的数据源再组织或增加新的统计结果，这种查询方式不改变数据源中原有的数据。与上述不同，操作查询用于对数据库进行复杂的数据管理操作，可根据需要在数据库中增加一个新的表以及对数据库中的数据进行增加、删除和修改等操作。Access 的操作查询包括以下几种：

(1) 追加查询，将数据源中符合条件的记录追加到另一个表的尾部。

(2) 更新查询，对一个或多个表中满足条件的记录进行修改。

(3) 删除查询，对一个或多个表中满足条件的一组记录进行删除操作。

(4) 生成表查询，利用从一个或多个表中提取的数据来创建新表。

4.7.1　追加查询

追加查询是将数据源中符合条件的记录追加到另一个表的尾部。数据源可以是表或查询，追加的去向是另一个表。

【例 4-10】先复制 Stu 表的表结构，备份空表"Stu 的副本"。然后创建追加查询，将 Stu 表中"生源地"是福建的学生的数据追加到表"Stu 的副本"。

操作步骤：

(1) 复制 Stu 表的表结构，备份空表"Stu 的副本"。

(2) 向查询添加 Stu 表。

(3) 选择 Stu 表所有的字段，在"生源地"的条件栏中输入：生源地="福建"。

(4) 单击工具栏上的"追加"按钮，在图 4-27 所示对话框中选择"Stu 的副本"表。

(5) 执行查询。

(6) 查询结果：查看"Stu 的副本"表的内容。

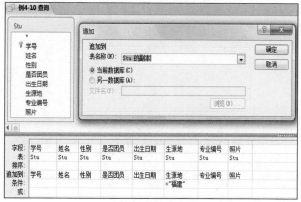

图 4-27 追加查询

4.7.2 更新查询

在数据表视图中可以对记录进行修改，但当需要修改符合一定条件的批量记录时，使用更新查询是更有效的方法，它能对一个或多个表中满足条件的记录进行批量修改。如果在表间关系中设置了级联更新，那么运行更新查询也能引起多个表的变化。

【例 4-11】创建更新查询，将表"Stu 的副本"生源地字段值为"福建"的记录，更改为"福建省"。

操作步骤：

(1) 向查询添加"Stu 的副本"表。

(2) 点击工具栏上的"更新"按钮。

(3) 选择"生源地"字段，设置条件为：like"福建"，更新到："福建省"，如图 4-28 所示。

(4) 执行查询。

(5) 查询结果：查看"Stu 的副本"表的内容。

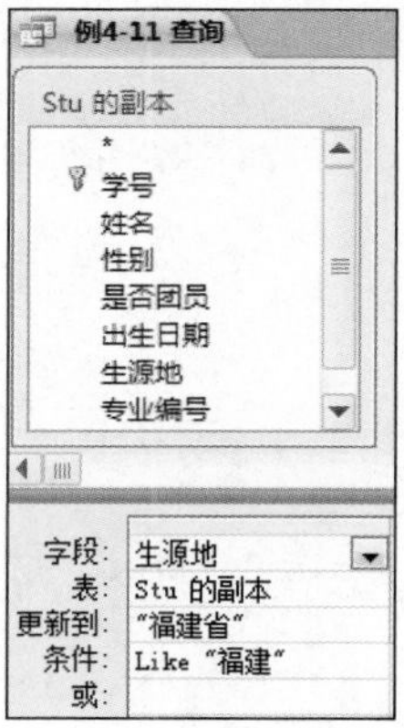

图 4-28 更新查询

4.7.3 删除查询

删除查询能将数据表中符合条件的记录成批地删除。使用删除查询，可以将符合条件的记录或记录集进行删除，从而保证表中数据的有效性和有用性。利用删除查询删除表中数据可有效地减少操作失误，同时还可提高数据删除的效率。

删除查询可以从单个表中删除记录，也可以从多个相互关联的表中删除记录。删除查询删除的是整条记录，如果要从多个表中删除相关记录必须满足以下条件：已经定义了表间的相互关系；在"关系"对话框中已选中"实施参照完整性"复选框；同时在"关系"对话框中已选中"级联删除相关记录"复选框。

【例 4-12】创建删除查询，删除表"Stu 的副本"中性别为"女"的记录。

操作步骤：

(1) 向查询添加"Stu 的副本"表。

(2) 点击工具栏上的"删除"按钮。

(3) 选择"性别"字段，设置条件为：like"女"。如图 4-29 所示。

(4) 执行查询。

(5) 查询结果：查看"Stu 的副本"表的内容。

4.7.4 生成表查询

生成表查询是利用从一个或多个表中提取的数据来创建新表的一种查询，它能将查询结果保存成新的数据表，使得查询结果由动态数据集合转化为静态的数据表。

【例 4-13】创建生成表查询，新表命名为"成绩"，表中字段有"姓名""课程名称""平时成绩""期末成绩"。

图 4-29　删除查询

操作步骤：

(1) 向查询添加 Stu 表、Grade 表、Course 表。

(2) 选择字段：姓名、课程名称、平时成绩、期末成绩。

(3) 点击工具栏上的"生成表"按钮，出现"生成表"对话框，在"表名称(N)"栏输入"成绩"。如图 4-30 所示。

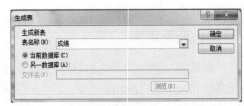

图 4-30　生成表对话框

(4) 执行查询。

(5) 查询结果：查看"成绩"表的内容。

4.8　SQL 查询

4.8.1　SQL 概述

SQL(Structured Query Language，结构化查询语言)是关系型数据库系统的标准语言。目前大多数的关系数据库管理系统，如 SQL Server、MySQL、Microsoft Access、Oracle 等都使用 SQL 语言。常见的 SQL 命令见表 4-6。SQL 语言的功能包括数据定义、数据查询、数据操纵和数据控制 4 个部分。主要特点如下：

- SQL 类似于英语自然语言，简单易学。
- SQL 是一种非过程语言。
- SQL 是一种面向集合的语言。
- SQL 既可独立使用，又可嵌入到宿主语言中使用。
- SQL 具有查询、操纵、定义和控制一体化功能。

表 4-6　常见的 SQL 命令

命令	描述
CREATE	创建一个新的表，一个表的视图，或者数据库中的其他对象
ALTER	修改一个现有的数据库中的对象，如一个表
DROP	删除整个表，或者表的视图，或数据库中的其他对象

（续表）

命令	描述
INSERT	创建一个记录
UPDATE	修改记录
DELETE	删除记录
GRANT	给一个用户分配权限
REVOKE	收回用户授予的权限
SELECT	从一个或多个表中检索某些记录

4.8.2　Select 语句格式

Select 语句基本的语法结构如下：

SELECT [ALL /DISTINCT]　<目标列表表达式>[,< 目标列表达式>]…
FROM <表名或视图名>[,< 表名或视图名>]…
[WHERE <条件表达式>]
[GROUP BY <列名 1>[HAVING< 条件表达式>]]
[ORDER BY< 列名 2> [ASC/ DESC]]

其中：方括号([ ])内的内容是可选的，尖括号(< >)内的内容是必须出现的。

(1) SELECT 子句：用于指定要查询的字段数据，只有指定的字段才能在查询中出现。如果希望检索到表中的所有字段信息，那么可以使用星号(*)来代替列出的所有字段的名称，而列出的字段顺序与表定义的字段顺序相同。

(2) ALL 返回 SQL 语句中符合条件的全部记录；DISTINCT 则省略选择字段中包含重复数据的记录。

(3) FROM 子句：用于指出要查询的数据来自哪个或哪些表(也可以是视图)，可以对单个表或多个表进行查询。

(4) WHERE 子句：用于给出查询的条件，只有与这些选择条件匹配的记录才能出现在查询结果中。在 WHERE 后可以跟条件表达式，还可以使用 IN、BETWEEN、LIKE 表示字段的取值范围。

(5) HAVING 将显示那些经 GROUP BY 子句分组并满足 HAVING 子句中条件的记录。

(6) ORDER BY 子句：ASC 表示升序，DESC 表示降序，默认为 ASC 升序排序。

4.8.3　Select 语句示例

1. 单表查询

(1) 查询指定列

【例 4-14】在 Stu 表中查询所有学生的学号、姓名。

Select 学号,姓名
From Stu;

(2) 查询所有列

【例 4-15】在 Stu 表中查询所有学生的记录。

```
Select *
From Stu;
```

(3) 查询满足条件的记录(WHERE 子句)

【例 4-16】在 Stu 表中查询生源地是福建的所有学生的学号、姓名。

```
Select 学号,姓名
From Stu
Where 生源地="福建";
```

【例 4-17】在 Emp 表中查询职称是教授或副教授的所有教师的记录。

```
Select *
From Emp
Where 职称="教授" Or 职称="副教授";
```

【例 4-18】在 Stu 表中查询年龄 18 岁以上(含 18 岁)的所有学生的记录。

```
Select *
From Stu
Where year(date( ))-year(出生日期)>=18;
```

(4) 查询结果排序

【例 4-19】在 Grade 表中查询选修课程编号为 "C0101" 的学生的记录,查询结果按期末成绩降序排列。

```
Select *
From Grade
Where 课程编号="C0101"
Order by 期末成绩  Desc;
```

2. 多表查询

Access 数据库往往包含多个表,可以通过表和表之间的联系查询所需的信息。多表查询的数据来自多个表,表和表之间必须有适当的连接条件,一般是在 WHERE 子句中指明连接的条件。

【例 4-20】利用 Stu、Course、Grade 表中查询期末成绩在 60 与 90 分之间(含 60 与 90 分)的学生的姓名、课程名称、期末成绩。

```
Select Stu.姓名,Course.课程名称,Grade.期末成绩
From Grade, Stu, Course
Where  期末成绩>=60 And  期末成绩<=90
And    Stu.学号= Grade.学号
And    Course.课程编号= Grade.课程编号;
```

4.8.4　SQL 数据更新命令

1. 添加记录

功能:将新记录数据添加到指定<表名>中。

格式：

```
INSERT   INTO <表名>[(<属性列 1>[, <属性列 2>.....)]
           VALUES(<常量 1>[,<常量 2>].......)
```

【例 4-21】将一个新学生记录(学号：S1801001；姓名：李四；性别：男；是否团员：TRUE；出生日期：2000-01-01；生源地：福建；专业编号：M01；插入到 Stu 表中，SQL代码如下：

```
INSERT       INTO      Stu ( 学号, 姓名, 性别, 是否团员, 出生日期, 生源地, 专业编号 )
VALUES ("S1801001", "李四", "男", TRUE, #2000-01-01#, "福建", "M01");
```

2. 修改记录数据

功能：对表中一行或多行中的某些列值进行修改。
格式：

```
UPDATE<表名>
SET<列名>=<表达式>[,<列名>=<表达式>].....
[WHERE<条件>];
```

【例 4-22】将 Stu 表中学号为 S1801001 的学生的性别改为"女"，SQL 代码如下：

```
UPDATE   Stu
SET 性别= "女"
WHERE  学号="S1801001";
```

3. 删除记录数据

功能：删除指定<表名>中满足<条件>的所有记录数据。
格式：

```
DELETE
FROM <表名>
[WHERE <条件>];
```

【例 4-23】将 Stu 表中学号为 S1801001 的学生的所有信息删除掉，SQL 代码如下：

```
DELETE
FROM   Stu
WHERE   学号="S1801001";
```

4.9 本章小结

查询是 Access 数据库的一个重要对象，是以数据表(或查询)作为数据源，对数据进行一系列检索、加工的操作。查询可以根据条件从一个或几个数据表(或查询)中检索数据，并同时对数据执行统计、分类和计算，还可以根据用户的要求对数据进行排序。查询的操作结果是动态的。

Access 为查询提供 5 种视图，分别是设计视图、数据表视图、SQL 视图、数据透视表视图和数据透视图视图。

Access 查询也有 5 种类型，分别是选择查询、交叉表查询、参数查询、操作查询和 SQL 查询。

Access 查询可以基于查询向导来完成，也可以通过查询设计器来完成，还可以在 SQL 视图中直接输入 SQL 语句建立。

通过本章的学习，应理解查询对象的概念、功能和分类；掌握使用查询向导创建各种查询的方法和步骤；掌握在设计视图中创建查询的方法，并能熟练设置查询的条件；掌握计算查询的创建方法；理解参数查询的意义并掌握参数查询的创建方法；掌握操作查询的创建以及查看查询结果的方法；理解并掌握使用 SQL 语言创建查询的方法；能根据实际情况创建各种查询。

4.10　思考与练习

4.10.1　选择题

1. Access 支持的查询类型有(　　)。
   A. 选择查询、交叉表查询、参数查询、SQL 查询和操作查询
   B. 基本查询、选择查询、参数查询、SQL 查询和操作查询
   C. 多表查询、单表查询、交叉表查询、参数查询和操作查询
   D. 选择查询、统计查询、参数查询、SQL 查询和操作查询
2. 如果在数据库中已有同名的表，要通过查询覆盖原来的表，应该使用的查询类型是(　　)。
   A. 生成表　　　　　B. 追加　　　　　　C. 删除　　　　　D. 更新
3. 使用向导创建交叉表查询的数据源是(　　)。
   A. 数据库文件　　B. 表　　　　　　C. 查询　　　　D. 表或查询
4. 在学生表中建立查询，"姓名"字段的查询条件设置为"Is Null"，运行该查询后，显示的记录是(　　)。
   A. 姓名字段不为空的记录　　　　　B. 姓名字段为空的记录
   C. 姓名字段中不包含空格的记录　　D. 姓名字段中包括空格的记录
5. 每个查询都有 5 种视图，其中用来显示查询结果的视图是(　　)。
   A. 设计视图　　B. 数据表视图　　C. SQL 视图　　D. 窗体视图
6. 要对一个或多个表中的一组记录进行全局性的更改，可以使用(　　)。
   A. 更新查询　　B. 删除查询　　C. 追加查询　　D. 生成表查询
7. 在 SQL 查询中 GROUP　BY 的含义是(　　)。
   A. 选择行条件　　　　　　　　　B. 对查询进行分组

C. 对查询进行排序　　　　　　　　　　　　D. 选择列字段

8. 关于查询和表之间的关系，下面说法中正确的是(　　)。

A. 查询的结果是建立了一个新表

B. 查询的记录集存在于用户保存的地方

C. 查询中所存储的只是在数据库中筛选数据的准则

D. 每次运行查询时，Access 便从相关的地方调出查询形成的记录集，这是物理上就已经存在的

9. 如果想显示姓名字段中包含"李"字的所有记录，在条件行输入(　　)。

A. 李　　　　　　　　B. Like 李　　　　　　C. Like"李*"　　　　D. Like"*李*"

10. "学生表"中有"学号""姓名""性别"和"入学成绩"等字段，执行 SQL 命令"Select Avg(入学成绩) From 学生表 Group by 性别"的结果是(　　)。

A. 按性别顺序计算并显示所有学生的平均入学成绩

B. 计算并显示所有学生的平均入学成绩

C. 按性别分组计算并显示不同性别学生的平均入学成绩

D. 计算并显示所有学生的性别和平均入学成绩

4.10.2　填空题

1. 在 Access 2010 中，_____查询的运行一定会导致数据表中数据发生变化。

2. 操作查询可以分为删除查询、更新查询、_____ 和追加查询。

3. 在交叉表查询中，只能有一个_____和值，但可以有一个或多个_____。

4. 在 Grade 表中，查找成绩在 75 与 85 之间(含 75 和 85)的记录时，条件为_____。

5. 在创建查询时，有些实际需要的内容在数据源的字段中并不存在，但可以通过在查询中增加_____来完成。

6. 如果要在某数据表中查找某文本型字段，内容以"S"开头号、以"L"结尾的所有记录，则应该使用的查询条件是_____。

7. 交叉表查询将表中的_____进行分组，一组列在数据表的左侧，一组列在数据表的上部。

8. 若要将 2012 年以前入学的学生信息全部改为离校，则适合使用_____查询。

9. 利用对话框提示用户输入参数的查询过程称为_____。

10. 查询建好后，要通过_____来获得查询结果。

4.10.3　简答题

1. 什么是查询？查询有哪些类型？

2. 什么是选择查询？什么是操作查询？

3. 选择查询和操作查询有何区别？

4. 查询有哪些视图方式？各有何特点？

第5章 窗体

学习目标

1. 了解窗体的功能、类型、视图和构成。
2. 掌握不同的创建窗体的方法。
3. 掌握窗体中常用控件的功能和用法。
4. 能熟练地在设计视图中对窗体及窗体上的控件进行设计和修饰。
5. 熟悉切换面板和导航窗体的设计，能够设置启动窗体。

学习方法

　　本章介绍的"窗体"是 Access 数据库中一个非常重要的对象。要学好窗体，首先要了解窗体的类型、视图和构成，还要掌握窗体以及窗体上的控件各自的常用属性和事件，掌握常用控件的功能和用法，并参照实验案例举一反三，多动手操作。

学习指南

　　本章的重点是 5.2.2 节、5.2.5 节、5.3.3 节和 5.3.6 节，难点是 5.3.3 节和 5.3.6 节。

思维导图

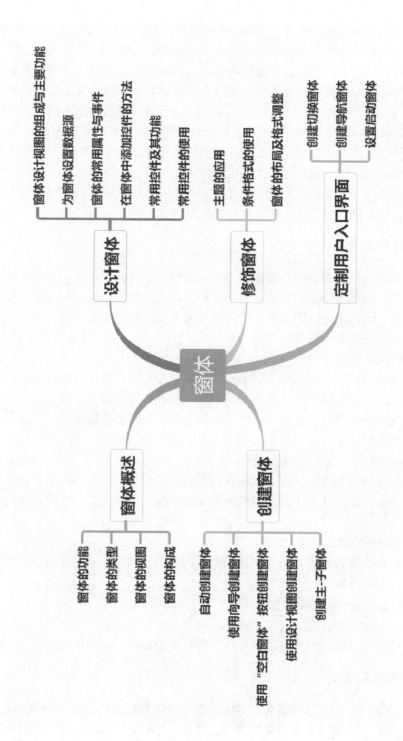

5.1 窗体概述

窗体(Form)又叫表单，可用于为数据库应用程序创建用户界面，是用户和 Access 应用程序间的接口。每个窗体必须有唯一的名字，建立窗体时默认的窗体名为窗体 1、窗体 2 等。在程序设计阶段，用户通过往窗体内添加、编辑控件进行程序界面的可视化设计；在程序运行阶段，用户通过窗体上的控件来输入信息、观察结果以及控制程序的运行。

窗体自身并不存储数据，它可以有数据源，也可以没有数据源。窗体的数据源可以是表、查询或 SQL 语句。"绑定"窗体是直接连接到数据源(如表或查询)的窗体，并可用于输入、编辑或显示来自该数据源的数据。另外，也可以创建"非绑定"窗体，该窗体没有直接链接到数据源，但仍然包含操作应用程序所需的命令按钮、标签或其他控件。

窗体本身是一个对象，它有自己的属性、事件和方法，以便控制窗体的外观和行为。窗体又是其他对象的容器，几乎所有的控件都是设置在窗体上的。

5.1.1 窗体的功能

用户通过窗体可以方便地从数据库中查询数据，向数据库输入、修改或删除数据。窗体还可以作为控制驱动界面，将用户创建的数据库有关对象合理组织起来，形成一个功能完整、风格统一的数据库应用系统，达到控制应用程序流程的效果。

具体来说，窗体有以下几种功能。

(1) 显示和编辑数据

窗体最基本的应用是用来显示和编辑数据库中的数据。用户可以用不同的风格显示数据库中的数据，而且可以通过窗体添加、删除、修改和查询数据，甚至可以利用窗体所结合的 VBA 代码进行更复杂的操作。使用窗体来显示并浏览数据比使用表和查询显示数据更加灵活直观。

(2) 控制应用程序的流程

通过向窗体添加命令按钮，并和宏或 VBA 代码相结合，每当单击命令按钮时即可执行所设定的相应操作，从而达到控制程序流程的目的。切换面板和导航窗体是这一功能的典型应用。

(3) 接受数据的输入

用户可以将窗体设计为数据库中数据输入的接口。例如，通过窗体接受用户的数据输入，用于向表中添加数据。

(4) 交互信息显示和打印数据

窗体可以显示一些提示、说明、错误、警告或解释等信息，帮助用户进行操作，实现系统与用户的交互功能。利用窗体也可以打印指定的数据，实现报表的部分功能。

5.1.2 窗体的类型

Access 窗体的分类方法有多种，通常是根据窗体功能或根据数据的显示方式来分类。按窗体功能可将其分为如下 4 种类型：数据操作窗体、控制窗体、信息显示窗体和交互信息窗体。

(1) 数据操作窗体：主要用于对表或查询进行显示、浏览、输入、修改等操作，如图 5-1 所示。

(2) 控制窗体：主要用于操作和控制程序的运行，它通过命令按钮、选项组、列表框和组合框等控件对象来响应用户的操作，如图 5-2 所示。

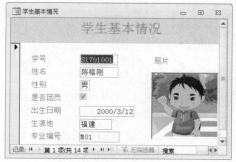
图 5-1　数据操作窗体

图 5-2　控制窗体

(3) 信息显示窗体：主要用于以数值或图表的形式显示信息，如图 5-3 所示。

(4) 交互信息窗体：可以是用户自定义的，也可以是系统自动产生的。主要用于接受用户输入，显示各种警告、提示信息等，如图 5-4 所示。

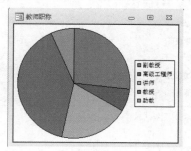
图 5-3　信息显示窗体

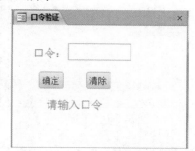
图 5-4　交互信息窗体

按数据的显示方式可将窗体分为如下 6 种类型：纵栏式窗体、表格式窗体、数据表窗体、主/子窗体、数据透视表窗体和数据透视图窗体。

(1) 纵栏式窗体：每个页面只显示一条记录，字段以列的形式排列，每列的左边显示字段名，右边显示字段内容。可以通过窗体底部的记录导航按钮查看下一条或上一条记录。如图 5-1 所示。

(2) 表格式窗体：一个页面可以同时显示多条记录，避免了因为记录内容太少而造成窗体空间浪费的情况。在窗体页眉处包含窗体标签及字段名称标签。如图 5-5 所示。

(3) 数据表窗体：从外观上看，数据表窗体与数据表视图、查询结果显示界面都相同，可以在一个窗口内显示多条记录。如图 5-6 所示。

(4) 主/子窗体：当两张表之间具有一对多关系时，可以用主/子窗体来显示相关联的数据。主窗体只能显示为纵栏式布局，子窗体可以为数据表窗体或表格式窗体。如图 5-7 所示，Stu 表作为主窗体的数据，Course 表和 Grade 表作为子窗体的数据，用来显示每个学生所学课程的成绩。

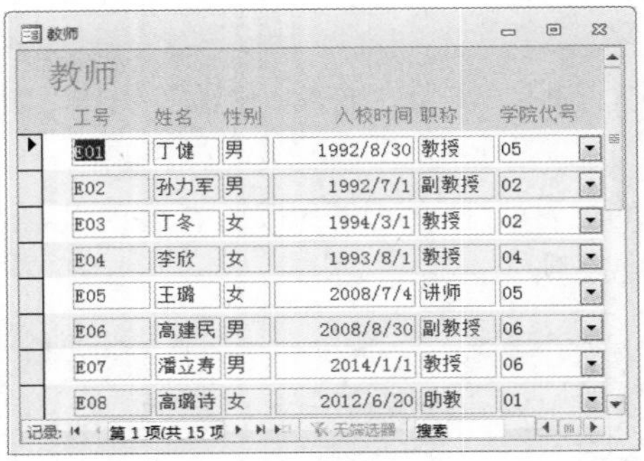

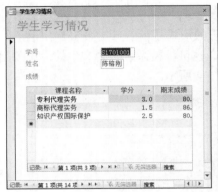

图 5-5　表格式窗体

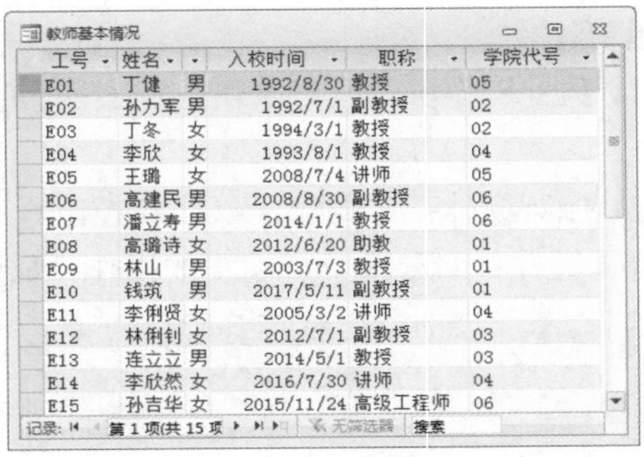

图 5-6　数据表窗体

在子窗体中可以创建二级子窗体，即子窗体内又可以含有子窗体。当用户在主窗体内编辑数据或添加记录时，Access 会自动保存相关修改到子窗体对应的表中。

(5) 数据透视表窗体：在 Access 中以 Excel 分析表的方式显示和分析数据，如图 5-8 所示。

图 5-7　主/子窗　　　　　　　　　图 5-8　数据透视表窗体

(6) 数据透视图窗体：在 Access 中以图表的方式显示和分析数据，如图 5-9 所示。

5.1.3　窗体的视图

在 Access 2010 数据库中，窗体有 6 种视图：设计视图、窗体视图、布局视图、数据表视图、数据透视表视图和数据透视图视图。它们可以通过工具栏按钮进行切换。

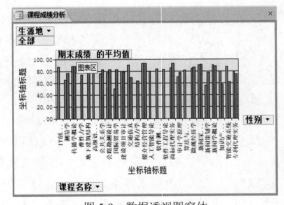

图 5-9　数据透视图窗体

1. 设计视图

设计视图是用来创建、修改和美化窗体的。在设计视图中可以完成各种个性化窗体的设计工作，如设置窗体的高度、宽度等属性，添加或删除控件，编辑控件，调整字体、大小和颜色，设置数据来源等。图 5-10 所示为图 5-1 的"数据操作窗体"的设计视图。

2．窗体视图

窗体视图是窗体设计的最终结果，是窗体运行时的视图。在窗体视图中，通常每次只可查看一条记录。在窗体视图窗口的左下角有导航按钮，用户可利用这些按钮在记录间进行快速切换。图 5-10 所示的"设计视图"切换到"窗体视图"即如图 5-1 所示。

3．布局视图

这是 Access 2010 新增加的一种视图，主要用于调整和修改窗体设计。窗体的布局视图界面与窗体视图界面几乎一样，区别仅在于布局视图中各控件的位置可以移动，如图 5-11 所示。在布局视图中，可在修改窗体的同时看到数据。

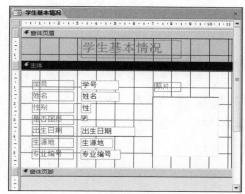

图 5-10　窗体的设计视图

图 5-11　窗体的布局视图

4．数据表视图

窗体的数据表视图与表和查询中的数据表视图没有区别，它以表格形式显示表、窗体、查询中的数据，主要是为了方便用户同时查看多条记录，也可以编辑字段、添加和删除数据、查找数据等。并不是所有窗体都有数据表视图，只有数据源来自表和查询的窗体才会有数据表视图，如图 5-6 所示。

5．数据透视表视图和数据透视图视图

数据透视表视图和数据透视图视图分别以数据透视表形式和图形方式来汇总与分析数据表中的数据，且可以动态地更改窗体的版面。它们实质上是嵌套在 Access 中的 Excel 对象，可以通过拖动字段和项，或者通过显示或隐藏字段下拉列表中的项，来查看和分析数据。对"学生成绩"查询，按生源地、性别和课程名称统计成绩的数据透视表视图和数据透视图视图如图 5-8 和图 5-9 所示。

5.1.4　窗体的构成

窗体通常由窗体页眉、窗体页脚、页面页眉、页面页脚和主体 5 部分构成，每一部分称为窗体的"节"，如图 5-12 所示。所有窗体必有主体节，其他节可以通过设置确定有无。

(1) 窗体页眉：位于窗体的顶部位置，一般用于显示窗体的标题、徽标和使用说明等不随记录改变的信息。在"窗体视图"中，窗体页眉显示在窗体的顶部；打印窗体时，窗体页眉打印输出到文档的开始处。窗体页眉不会出现在"数据表视图"中。

(2)页面页眉：显示在打印的窗体每一页的顶部，用于显示页码、日期和列标题等用户要在每一打印页上方显示的信息。

(3) 主体：是窗体的主要部分，通常用于显示窗体数据源中的记录数据。

(4) 页面页脚：显示在打印的窗体每一页的底部，用于显示页码、日期、页面摘要和本页汇总等用户要在每一打印页下方显示的信息。

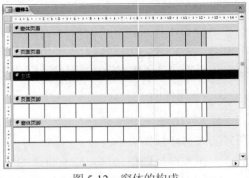

图 5-12　窗体的构成

(5) 窗体页脚：位于窗体的底部位置，作用与窗体页眉基本相同，一般用于显示对记录的操作说明、放置命令按钮等。

说明：

(1) 默认情况下，窗体设计视图只显示主体节，若要添加其他节，可右击节中空白的地方，在弹出的快捷菜单中选择"页面页眉/页脚"或"窗体页眉/页脚"。

(2) 在窗体的设计视图中，窗体的每个节最多出现一次。

(3) 页面页眉和页面页脚只显示在打印的窗体上。在打印窗体中，页面页眉和页面页脚将每页重复一次。由于窗体设计主要应用于系统与用户的交互接口，所以通常在窗体设计时很少考虑页面页眉和页面页脚的设计。

5.2　创建窗体

在 Access 2010 的"创建"选项卡上的"窗体"选项组中，提供了多种创建窗体的功能按钮。其中包括"窗体""窗体设计"和"空白窗体" 3 个主要按钮，还有"窗体向导""导航"和"其他窗体" 3 个辅助按钮，如图 5-13 所示。

图 5-13　创建窗体的主要按钮

各按钮的功能如下。

"窗体"：这是一种快速创建窗体的工具，只需要单击一次鼠标便可以利用当前打开(或选定)的数据源(表或查询)自动创建窗体。

"窗体设计"：单击该按钮可以进入窗体的设计视图。

"空白窗体"：这是一种快捷的窗体构建方式，可以创建一个空白窗体，在这个窗体上能够直接从字段列表中添加绑定型控件。

"窗体向导"：这是一种辅助用户创建窗体的工具。通过提供的向导建立基于一个或多个数据源的不同布局的窗体。

"导航"：用于创建具有导航按钮的窗体，也称为导航窗体。导航窗体有 6 种不同的布局格式，但创建方式是相同的。

"其他窗体"：可以创建特定的窗体，包含"多个项目""数据表""分割窗体""模式对话框""数据透视图"和"数据透视表"选项。"多个项目"可利用当前打开(或选定)的数据源创建表格式窗体，可以显示多个记录；"数据表"可利用当前打开(或选定)的数据源创建数据表形式的窗体；"分割窗体"可以同时提供同一数据源的两种视图，即窗体视图和数据表视图，两种视图连接到同一个数据源，并且总是相互保持同步：如果在窗体的某个视图中选择了一个字段，则在窗体的另一个视图中会选择相同的字段；"模式对话框"用于创建带有命令按钮的对话框窗体，该窗体总是保持在系统的最上面，如果没有关闭该窗体，则不能进行其他操作(登录窗体属于这种窗体)；"数据透视图"用于创建数据透视图窗体，以图形的方式显示统计数据；"数据透视表"用于创建数据透视表窗体，以表格方式显示统计数据。

注意：一般可以用向导创建数据操作类的窗体，但这类窗体的版式设计是固定的，创建后还经常需要切换到设计视图进行调整和修改。控制窗体和交互信息窗体只能在"设计视图"下手工创建。

5.2.1　自动创建窗体

Access 2010 提供了多种方法自动创建窗体，它们的基本步骤都是先打开(或选定)一个表或查询，然后选用某种自动创建窗体的工具创建窗体。

1. 使用"窗体"按钮

使用"窗体"按钮创建窗体，其数据源来自于某张表或某个查询，窗体布局结构简单整齐。这种方法创建的窗体是纵栏式窗体。

【例 5-1】使用"窗体"按钮创建课程信息的纵栏式窗体。

操作步骤：

(1) 打开"教务管理"数据库，在"表"对象中选择 Course 表；

(2) 在"创建"选项卡的"窗体"组中单击"窗体"按钮，系统创建 Course 表对应的纵栏式窗体，如图 5-14 所示；

(3) 根据需要对布局进行调整后，单击快捷访问工具栏上的"保存"按钮，打开"另存为"对话框，将窗体命名为"例 5-1"，如图 5-15 所示，单击"确定"按钮，完成该窗体的创建。

图 5-14　创建的"纵栏式"窗体

图 5-15　保存窗体

2. 使用"多个项目"选项

"多个项目"是在一个窗体上显示多个记录的一种窗体布局形式，数据源为打开(或选定)的表或查询。

【例 5-2】使用"多个项目"命令按钮创建学生信息窗体。

操作步骤：

(1) 打开"教务管理"数据库，在"表"对象中选择 Stu 表。

(2) 在"创建"选项卡的"窗体"组中单击"其他窗体"按钮，在弹出的下拉列表中选择"多个项目"选项，系统自动生成 Stu 表对应的表格式窗体，如图 5-16 所示。

(3) 根据需要对布局进行调整后，单击快捷访问工具栏上的"保存"按钮，打开"另存为"对话框，将窗体命名为"例 5-2"，单击"确定"按钮，完成该窗体的创建。

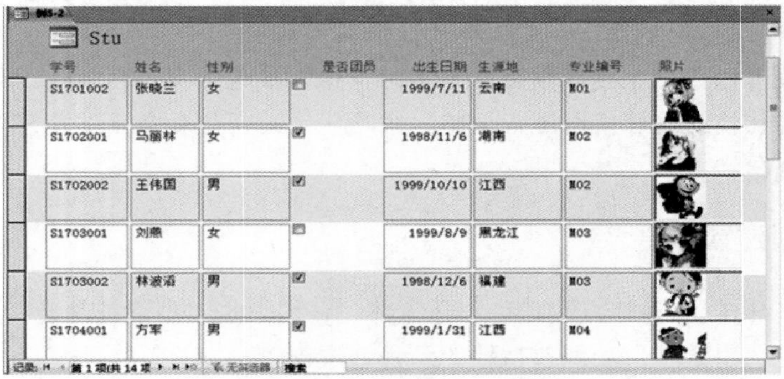

图 5-16   创建的"多个项目"窗体

3. 使用"分割窗体"选项

"分割窗体"是一种具有两种布局形式的窗体。窗体上方是单一记录纵栏式布局方式，下方是多个记录的数据表布局方式。这种分割窗体为浏览记录提供了方便，既可以宏观上浏览多条记录，又可以微观上明细地浏览一条记录。

这种窗体特别适合于数据表中记录很多，又需要浏览某一条记录明细的情况。

【例 5-3】使用"分割窗体"命令按钮创建课程信息窗体。

操作步骤：

(1) 打开"教务管理"数据库，在"表"对象中选择 Course 表。

(2) 在"创建"选项卡的"窗体"组中单击"其他窗体"按钮，在弹出的下拉列表中选择"分割窗体"选项，系统自动生成如图 5-17 所示的窗体。

(3) 单击快捷访问工具栏上的"保存"按钮，打开"另存为"对话框，将窗体命名为"例 5-3"，单

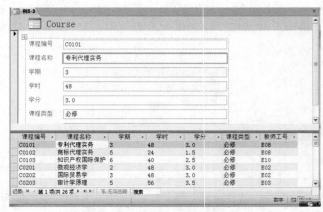

图 5-17   创建的"分割窗体"

击"确定"按钮，完成该窗体的创建。可以看到，单击窗体下方表中的记录，上方同步显示该条记录。

4. 使用"模式对话框"选项

"模式对话框"窗体是一种交互信息窗体，带有"确定"和"取消"两个按钮。这类窗体的特点是其运行方式是独占的，在退出该窗体之前不能打开或操作其他数据库对象。

【例5-4】创建一个图5-18所示的模式对话框窗体。

操作步骤：

(1) 在"创建"选项卡上的"窗体"组中单击"其他窗体"按钮。

(2) 在弹出的下拉列表中选择"模式对话框"选项，系统自动生成模式对话框窗体。

图 5-18　创建的"模式对话框"窗体

5.2.2　使用向导创建窗体

使用"窗体"按钮、"其他窗体"按钮等工具创建窗体虽然方便快捷，但是在内容和形式上都受到很大限制，不能满足用户自主选择显示内容和显示方式的要求。而使用"窗体向导"创建窗体可以在创建过程中选择数据源和字段、设置窗体布局等，所创建的窗体可以是纵栏式、表格式或数据表式，其创建的过程基本相同。

1. 用向导创建基于单个数据源的窗体

【例5-5】使用窗体向导创建 Course 表的表格式窗体，窗体内显示表的所有字段。

操作步骤：

(1) 在"创建"选项卡上的"窗体"组中单击"窗体向导"按钮，打开"窗体向导"对话框。

(2) 在"表/查询"下拉列表框中选择 Course 表，单击 >> 按钮选择所有字段，设置结果如图5-19所示。单击"下一步(N)"按钮，进入"窗体向导"对话框的下一界面。

(3) 在界面右侧选择"表格"单选按钮，设置结果如图5-20所示。单击"下一步(N)"按钮，进入"窗体向导"对话框的下一界面。

图 5-19　确定窗体上的字段

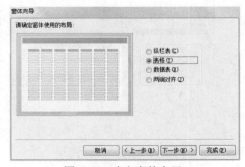

图 5-20　确定窗体布局

(4) 可指定窗体标题为"课程"，设置结果如图5-21所示。单击"完成(F)"按钮，这时可以看到新建的窗体，如图5-22所示。

图 5-21　指定窗体标题　　　　　　图 5-22　使用向导创建的窗体

使用窗体向导创建窗体后，系统会自动为窗体命名。如果对此名称不满意，则可在关闭窗体后修改窗体名称。

2. 用向导创建基于多个数据源的窗体，所建窗体为主/子窗体

【例 5-6】使用窗体向导创建"学生学习情况"窗体，显示所有学生的学号、姓名、课程名称、学分和期末成绩，窗体标题为"学生学习情况"。

操作步骤：

(1) 在"创建"选项卡上的"窗体"组中单击"窗体向导"按钮，打开"窗体向导"对话框。

(2) 在"表/查询"下拉列表框中选择 Stu 表，将"学号""姓名"字段添加到"选定字段"列表中。使用相同方法将 Course 表中的"课程名称"字段、"学分"字段和 Grade 表中的"期末成绩"字段添加到"选定字段"列表中，选择结果如图 5-23 所示。单击"下一步(N)"按钮，进入"窗体向导"对话框的下一界面。

(3) 在"请确定查看数据的方式"列表框中选择"通过 Stu"选项，系统会自动选择下方的"带有子窗体的窗体"单选按钮，如图 5-24 所示。单击"下一步(N)"按钮，进入"窗体向导"对话框的下一界面。

图 5-23　确定窗体上的字段　　　　　图 5-24　确定查看数据的方式

(4) 选中右侧的"数据表"单选按钮，如图 5-25 所示。单击"下一步(N)"按钮，进入"窗体向导"对话框的下一界面。

(5) 确定窗体标题为"学生学习情况"，子窗体名称为"成绩子窗体"，如图 5-26 所示。单击"完成(F)"按钮，即可看到图 5-27 所示的主/子窗体。

图 5-25　确定子窗体的布局

图 5-26　指定窗体和子窗体标题

在此例中，数据来源于 3 张表，且这 3 张表之间存在主从关系，因此选择不同的查看数据方式会产生不同结构的窗体。例如，第(3)步选择了"通过 Stu"表查看数据，因此所建窗体中，主窗体显示学生表记录，子窗体显示课程及成绩表记录。如果选择"通过 Grade"表查看数据，则将创建为单一窗体，显示三个数据源连接后产生的所有记录。

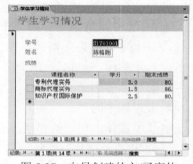
图 5-27　向导创建的主/子窗体

5.2.3　使用"空白窗体"按钮创建窗体

使用"空白窗体"方式构建窗体是 Access 2010 增加的新功能。如果计划仅将几个字段放在窗体中显示，使用此方式非常快捷方便。使用"空白窗体"按钮创建窗体是在布局视图中创建数据表窗体，窗体的数据源表会同时打开，用户可以根据需要将表中的字段拖到窗体上，从而完成创建窗体的工作。

【例 5-7】使用"空白窗体"按钮创建一个显示教师的工号、姓名、性别、入校时间和职称的窗体。

操作步骤：

(1) 在"创建"选项卡上的"窗体"组中单击"空白窗体"按钮，打开一个空白窗体，同时打开"字段列表"窗格。

(2) 单击"字段列表"窗格中的"显示所有表"链接，单击 Emp 表左侧的 ⊞ 图标，展开 Emp 表所包含的字段，如图 5-28 所示。

(3) 依次双击 Emp 表中的"工号""姓名""性别""入校时间"和"职称"字段，这些字段被添加到空白窗体中，且立即显示 Emp 表的第一条记录。同时，"字段列表"窗格的布局从一个窗格变为三个小窗格："可用于此视图的字段""相关表中的可用字段"和"其他表中的可用字段"，如图 5-29 所示。

(4) 关闭"字段列表"窗格，调整控件布局，保存该窗体，窗体名称为"例 5-7"。

图 5-28　空白窗体

5.2.4 使用设计视图创建窗体

利用自动创建窗体和窗体向导等工具可以创建多种窗体，但这些窗体只能满足用户一般的显示与功能要求，而且有些类型的窗体无法用向导创建。对于复杂的、功能多的窗体，则需要在设计视图下进行创建。

窗体设计视图的使用详见 5.3 节。

5.2.5 创建主/子窗体

图 5-29 添加了字段后的窗体

主/子窗体是指一个窗体中可以包含另一个窗体，基本窗体称为主窗体，窗体中的窗体称为子窗体。子窗体还可以包含子窗体，即主/子窗体间呈树形结构。主/子窗体通常用于一对多关系中的主/子两个数据源，主窗体显示主数据源当前记录，子窗体显示与之对应的子数据源中的记录。在主窗体中显示的数据是一对多关系中的"一"端，而"多"端数据则在子窗体中显示。在主窗体中修改当前记录会引起子窗体中记录的相应改变。

创建主/子窗体有两种方法。

方法 1：使用"窗体向导"同时创建主窗体和子窗体。

方法 2：先创建主窗体，然后利用"设计视图"添加子窗体。

例 5-6 已经介绍过用"窗体向导"创建主/子窗体的过程，这里只介绍第二种方法创建例 5-6 中的主/子窗体。

【例 5-8】在"教务管理"数据库中创建一个显示学生学习情况的主/子窗体，主窗体显示学生的学号和姓名，子窗体显示显示课程名称、学分和期末成绩。

分析：子窗体的数据源来自 Course 和 Grade 两张表，为了方便操作，先根据这两张表中的数据建立一个查询——"课程成绩"，包含"学号""课程名称""学分"和"期末成绩"四个字段。这样，主窗体的数据源为 Stu 表，子窗体的数据源为"课程成绩"。

操作步骤：

(1) 按照第 4 章介绍的方法建立"课程成绩"查询，包含学号、课程名称、学分和期末成绩四个字段。

(2) 使用向导创建一个"纵栏式"主窗体"学生学习情况 2"，数据源来自 Stu 表，显示"学号"和"姓名"两个字段，如图 5-30 所示。

(3) 把图 5-30 所示的"窗体视图"切换到"设计视图"，在窗体控件工具箱中单击"子窗体/子报表"按钮，然后在"姓名"下方拖放出一个矩形框，松开鼠标后即弹出图 5-31 所示"子窗体向导"对话框，选中"使用现有的表和查询"单选按钮。单击"下一步(N)"按钮，进入"子窗体向导"对话框的下一界面。

(4) 在"表/查询(T)"下拉列表框中选择"查询：课程成绩"，并选定所有字段，如图 5-32 所示。单击"下一步(N)"按钮，进入"子窗体向导"对话框的下一界面。

(5) 如图 5-33 所示，设置将主窗体用"学号"字段链接到子窗体后，单击"下一步(N)"按钮，进入"子窗体向导"对话框的下一界面。

图 5-30　学生学习情况 2 主窗体

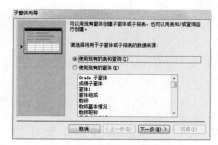

图 5-31　选择子窗体数据源

图 5-32　选择子窗体显示的字段

图 5-33　设置主/子窗体关联字段

(6) 指定子窗体的名称为"课程成绩信息"，单击"完成(F)"按钮，返回到图 5-34 所示的窗体"设计视图"，再切换到"窗体视图"就可以浏览学生成绩，如图 5-35 所示。

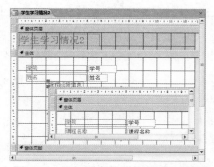

图 5-34　添加子窗体后的"设计视图"

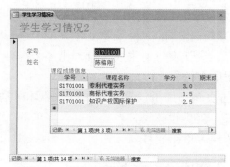

图 5-35　添加子窗体后的"窗体视图"

如果存在一对多关系的两张表都已经分别创建了窗体，也可以将"多"端窗体添加到"一"端窗体中，使其成为子窗体。

5.3　设计窗体

在 Access 数据库中，使用自动创建和向导创建的窗体，它们的所有控件都是系统根据选定的数据源自动加载到窗体中的，其格式、大小和位置都是系统按默认形式给定的，在实际应用中并不能很好地满足用户的需要，只是一个初步设计的窗体。而且有些类型的窗体只能在"设计视图"中创建。使用"设计视图"可以从无到有地创建一个界面友好、功能完善的窗体，也可以对用自动创建和向导创建的窗体进行再设计，使之更加美观、功能更加完善。在窗体的设计视图中，用户可以向窗体添加各种控件、设置窗体及控件的属性、定义窗体及控件的各种事件过程，从而设计出功能更强大、界面更友好的窗体。

使用"设计视图"设计窗体的步骤通常分为 3 步：首先创建一个空白窗体，或者在窗体"设计视图"中打开已创建的窗体；再向窗体添加相应的控件；最后对窗体和控件进行属性设置和编写程序代码。窗体设计的核心即控件对象的设计。

5.3.1　窗体设计视图的组成与主要功能

打开窗体设计视图后，在功能区中会出现"窗体设计工具"，由"设计""排列""格式"3 个选项卡组成。其中，"设计"选项卡提供了设计窗体时用到的主要工具，包括"视图""主题""控件""页眉/页脚"以及"工具"5 个组，如图 5-36 所示。

图 5-36　　"窗体设计工具"下的"设计"选项卡

5 个组的基本功能如下。

视图：直接单击该按钮可切换窗体视图和布局视图，单击其下方的下拉按钮，可选择进入其他视图。

主题：可设置整个系统的视觉外观，包括主题、颜色和字体三个按钮，单击每一个按钮，均可打开相应的下拉菜单，在菜单中选择选项进行相应的格式设置。

控件：设计窗体的主要工具，由多个控件组成。限于空间的大小，在控件组中不能一屏显示出所有控件。

页眉/页脚：用于设置窗体页眉/页脚和页面页眉/页脚。

工具：提供设置窗体及控件属性等的相关工具，包括添加现有字段、属性表、Tab 键次序等按钮。单击属性表按钮可以打开/关闭属性表窗格。

5.3.2　为窗体设置数据源

多数情况下，窗体都是基于某一个表或查询建立起来的，窗体内的控件通常显示的是表或查询中的字段值。当使用窗体对表或查询的数据进行操作时，需要指定窗体的数据源。窗体的数据源可以是表、查询或 SQL 语句。

添加窗体的数据源有两种方法。

方法 1：使用"字段列表"窗格添加数据源。进入窗体"设计视图"后，在窗体设计工具"设计"选项卡的"工具"组中，单击"添加现有字段"按钮，打开"字段列表"窗格，单击"显示使用表"按钮，将会在窗格中显示数据库中的所有表，单击"+"号可以展开所选定表的字段，如图 5-37 所示。将字段直接拖拽到窗体中，即可创建和字段相绑定的控件。

方法 2：使用"属性表"窗格添加数据源。进入窗体"设计视图"后，在窗体设计工具"设计"选项卡的"工具"组中，单击"属性表"按钮，或者右击窗体，在弹出的快捷菜单中选择"属性"命令，打开属性表窗格，如图 5-38 所示。切换到"数据"选项卡，选择"记录源"属性，在下拉列表框中选择需要的表或查询，或者直接输入 SQL 语句。如果需要创建新的数据源，则可以单击"记录源"属性右侧的生成器按钮，打开查询生成器，用与查询设计相同的方法，根据需要创建新的数据源。

图 5-37 "字段列表"窗格

图 5-38 "属性表"窗格

以上两种方法使用上有些区别：使用"字段列表"方式添加的数据源只能是表，而使用"属性表"设置的记录源则可以是表、查询或 SQL 语句。

5.3.3 窗体的常用属性与事件

窗体本身是一个对象，它有自己的属性、方法和事件，以便控制窗体的外观和行为。窗体又是其他对象的载体或容器，几乎所有的控件都是设置在窗体上的。

用户每新建一个窗体，Access 自动为该窗体设置了默认属性。设置窗体的属性可在"设计视图"的"属性表"窗格(见图 5-38)中手工设置，也可以在系统运行时由 VBA 代码动态设置。"属性表"窗格上方的下拉列表是当前窗体上所有对象的列表，可从中选择要设置属性的对象，也可以直接在窗体上选中对象，列表框将显示被选中对象的控件名称。窗格中包含 5 个选项卡，分别是"格式""数据""事件""其他"和"全部"，其中"格式"选项卡包含了窗体或控件的外观属性，"数据"选项卡包含了与数据源、数据操作相关的属性，"事件"选项卡包含了窗体或当前控件能够响应的事件，"其他"选项卡包含了名称、控件提示文本等其他属性，"全部"选项卡则是前面 4 个选项卡的综合。选项卡左侧是属性名称，右侧是属性值。

要设置某一属性，需先单击要设置属性对应的属性值框，然后在框中输入一个设置值或表达式。如果框中显示有下拉箭头，则也可以单击该箭头，从列表中选择一个值。如果框中显示有生成器按钮，则单击该按钮显示一个生成器或显示选择生成器的对话框，通过生成器设置属性值。窗体的基本属性如表 5-1 所示。

表 5-1 窗体的基本属性

属性名称	属性标识	功能
标题	Caption	决定窗体的标题栏上显示的文字信息
默认视图	DefaultView	决定窗体运行时的显示形式，需在"连续窗体""单一窗体"和"数据表"3 个选项中选取
自动居中	AutoCenter	决定窗体显示时是否自动居于桌面中间，需在"是""否"两个选项中选取

（续表）

属性名称	属性标识	功能
导航按钮	NavigationButtons	决定窗体显示时是否有导航条，需在"是""否"两个选项中选取
记录选择器	RecordSelectors	决定窗体显示时是否有记录选择器，需在"是""否"两个选项中选取
分隔线	DividingLines	决定窗体显示时是否显示窗体各节间的分隔线，需在"是""否"两个选项中选取
滚动条	ScrollBar	决定窗体显示时是否有滚动条，需在"两者均无""水平""垂直"和"两者都有"4 个选项中选取
最大化最小化按钮	MinMaxButtons	决定是否使用 Windows 标准的"最大化"和"最小化"按钮
自动调整	AutoResize	决定窗体显示时是否自动调整窗口大小以显示整条记录，需在"是""否"两个选项中选取
记录源	RecordSource	决定窗体的数据源

事件是一种系统特定的操作，它是能够被对象识别的动作。窗体作为对象，能够对事件做出响应。与窗体有关的常用事件有以下几种。

(1) 单击(Click)事件：单击窗体的空白区域时会触发 Click 事件。

(2) 打开(Open)事件：当窗体打开时发生 Open 事件。

(3) 关闭(Close)事件：当窗体关闭时发生 Close 事件。

(4) 加载(Load)事件：当打开窗体并且显示了它的记录时发生 Load 事件。

(5) 卸载(Unload)事件：当窗体关闭并且它的记录被卸载时发生 UnLoad 事件。

(6) 激活(Activate)事件：当窗体成为激活窗口时发生 Activate 事件。

(7) 停用(Deactivate)事件：当窗体不再是激活窗口时发生 DeActivate 事件。

(8) 调整大小(Resize)事件：当窗体第一次显示时或窗体大小发生变化时发生 Resize 事件。

(9) 成为当前(Current)事件：当窗体第一次打开，或焦点从一条记录移动到另一条记录时，或在重新查询窗体的数据源时发生 Current 事件。

(10) 计时器触发(Timer)事件：当窗体的计时器间隔(TimerInterval)属性所指定的时间间隔已到时发生 Timer 事件。

首次打开窗体时，事件将按如下顺序发生：Open→Load→Activate→Current。

关闭窗体时，事件将按如下顺序发生：Unload→Deactivate→Close。

为了使得对象在某一事件发生时能够做出所需要的反应，必须针对这一事件编写相应的代码来完成相应的功能。实际上，窗体和控件的事件都有很多。下面通过一个简单的例子来介绍一下事件的使用，为后面更复杂的编程做铺垫。

【例 5-9】创建一个用文本框来动态显示系统时间的窗体，如图 5-39 所示。

操作步骤：

(1) 在"创建"选项卡"窗体"组中，单击"窗体设计"按钮，创建一个空白窗体。

(2) 在"属性表"窗格中，选择"窗体"对象的"格式"选项卡，将窗体的"记录选择器"和"导航按钮"属性设置为"否"，"滚动条"属性设置为"两者均无"。

（3）在窗体空白处添加一个文本框 Text0，将文本框的"字号"设为 16、"文本对齐"设为"居中"、"大小"为"正好容纳"，将附加标签 Label1 的"标题"设为"当前时间"、"大小"为"正好容纳"。

（4）在"属性表"窗格中，选择"窗体"对象的"事件"选项卡，将窗体的"计时器间隔"属性值设为 1000，然后单击"计时器触发"事件右侧的生成器按钮，打开"选择生成器"对话框，在对话框中选中"代码生成器"，打开图 5-40 所示的代码编写窗口，并输入图中所示程序代码。

（5）返回 Access，保存窗体为"例 5-9"，切换到"窗体视图"模式，显示结果如图 5-39 所示。

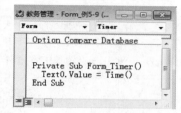

图 5-39　动态显示系统时间　　　　　图 5-40　窗体的 Timer 事件程序代码

　　提示：窗体的计时器间隔(TimerInterval)属性值以毫秒为单位。当窗体切换到"窗体视图"模式时，文本框显示的时间与系统时间是同步的，其中 Time( )为系统时间函数。

5.3.4　在窗体中添加控件的方法

在设计视图中设计窗体，需要用到各种控件。在窗体中添加控件的步骤如下：

（1）新建窗体或打开已有的窗体，切换到"设计视图"。

（2）在窗体设计工具"设计"选项卡的"控件"组中单击所需的控件。将光标移到窗体空白处单击，可以创建一个默认尺寸的控件；或者直接拖拽鼠标，在画出的矩形区域内创建一个控件。

（3）也可以打开"字段列表"窗口，将数据源字段列表中的字段直接拖拽到窗体中，创建和字段相绑定的控件。

（4）设置控件的属性。

5.3.5　常用控件及其功能

控件是窗体或报表中的对象，是窗体或报表的重要组成部分，可用于输入、编辑或显示数据。在窗体上添加的每一个对象都是控件。例如，对于窗体而言，文本框是一个用于输入和显示数据的常见控件；对于报表而言，文本框是一个用于显示数据的常见控件。

"控件"组集成了窗体设计中用到的控件，常用控件及其功能如表 5-2 所示。

表 5-2　常用控件名称与功能

控件	控件名称	功能
↖	选择对象	用于在窗体中选取控件、移动控件。默认状态下，该工具是启用的；选择其他工具时，该工具被暂停使用

(续表)

控件	控件名称	功能
ab|	文本框	用于显示、输入或编辑窗体的数据源字段，显示计算结果或接受用户输入
Aa	标签	用于显示固定的说明性文本。Access 会自动为创建的控件附加标签
xxxx	按钮	用于执行各种操作
	选项卡	用于创建一个多页的选项卡窗体或对话框
	超链接	用于在窗体中添加超链接
	Web 浏览器	用于在窗体中添加浏览器
	导航	用于在窗体中添加导航条
XYZ	选项组	用于显示一组可选值，但只能选择其中一个选项值
	分页符	用于在窗体中开始一个新屏幕，或在打印窗体中开始一个新页
	组合框	用于提供一个可编辑文本框和一系列控件的潜在值，用户既可以从列表中选择输入数据，也可以在文本框中输入新值
	图表	用于在窗体中添加图表
	直线	用于在窗体中画线，可突出或分割窗体、报表或数据访问页中的重要内容
	切换按钮	作为独立控件绑定到"是/否"字段，或作为非绑定控件用来接受用户输入数据，或与选项组配合使用
	列表框	用于显示一系列控件的潜在值，供用户选择输入数据
	矩形	用于在窗体中画矩形，可突出或分割窗体、报表或数据访问页中的重要内容
✓	复选框	作为独立控件绑定到"是/否"字段，或作为非绑定控件用来接受用户输入数据，或与选项组配合使用
	非绑定对象	用于在窗体中显示非绑定 OLE 对象，该对象不是来自表的数据，当在记录间移动时，该对象将保持不变
	附件	用于在窗体中添加附件
◉	选项按钮	作为独立控件绑定到"是/否"字段，或作为非绑定控件用来接受用户输入数据，或与选项组配合使用

（续表）

控件	控件名称	功能
	子窗体/子报表	用于在窗体或报表中加载另一个子窗体或报表，以显示来自多张表的数据
	绑定对象	用于在窗体中显示绑定 OLE 对象，该对象与表中的字段相关联，当在记录间移动时，将显示不同的数据
	图像	用于在窗体中显示静态图片，静态图片不是 OLE 对象，一旦将图片添加到窗体或报表中，就不能在 Access 内对其进行编辑
	控件向导	用于打开或关闭"控件向导"，使用控件向导可以为设置控件的相关属性提供方便
	ActiveX 控件	提供一个列表，用户可从中选择所需的 ActiveX 控件添加到当前窗体中

在 Access 中，按照控件与数据源的关系可将控件分为"绑定型""非绑定型"和"计算型" 3 种。

- 绑定型控件：其数据源是表或查询中的字段的控件称为绑定控件。使用绑定控件可以显示数据库中字段的值，值可以是文本、日期、数字、是/否值、图片或图形。
- 非绑定型控件：不具有数据源(如字段或表达式)的控件称为非绑定控件。可以使用非绑定控件显示信息、图片、线条或矩形。例如，显示窗体标题的标签就是非绑定控件。
- 计算型控件：其数据源是表达式(而非字段)的控件称为计算控件。通过定义表达式来指定要用作控件的数据源的值。表达式可以是运算符(如 = 和 +)、控件名称、字段名称、返回单个值的函数以及常数值的组合。表达式可以使用来自窗体或报表的基础表或查询中的字段的数据，也可以使用来自窗体或报表中的另一个控件的数据。

提示：通过添加计算字段可在表中执行计算，或通过在查询网格的"字段"行中输入表达式可在查询中执行计算。之后，只需将窗体和报表绑定到这些表或查询，即可在窗体或报表上显示计算，而无需创建计算控件。

每一个对象都有自己的属性，在"属性表"窗格可以看到所选对象的属性值。需要注意的是，不同的对象有许多相同的属性；但不是所有对象都具有表 5-3 提到的属性，例如，文本框就没有 Caption 属性。改变一个对象的属性，其外观也相应地发生变化。控件的常用属性如表 5-3 所示。

表 5-3　控件常用属性

属性名称	属性标识	功能
名称	Name	标识控件名，控件名称必须唯一
标题	Caption	设置控件的标题文本
前景色	Forecolor	定义控件的前景色(字体颜色)
背景色	Backcolor	定义控件的背景色
字体名称	Fontname	设置控件内文本的字体

(续表)

属性名称	属性标识	功能
字号	Fontsize	设置控件内文本的字号，与字体有关的属性还有 Fontbold-加粗、FontItalic-斜体、FontUnderline-下画线等
可用	Enabled	控制控件是否允许操作
可见性	Visible	控制控件是否可见
高度、宽度	Height，Width	指定控件的高度、宽度
左边距、上边距	Left，Top	决定控件的起点(距离直接容器的左边和上边的度量)
控件来源	Controlsource	确定控件的数据源，一般为表的字段名

说明：

(1) Access 中颜色是由红、绿和蓝 3 种基色组合而成，使用 RGB 函数进行设置，其形式为 RGB(x,y,z)，其中 x，y 和 z 的取值范围为 0 ~ 255 的整数。

(2) "控件来源"属性告诉系统如何检索或保存在窗体中要显示的数据。如果控件来源中包含一个字段名，那么在控件中显示的就是数据表中该字段值，对控件中的数据所进行的任何修改都将被保存在这个字段中；如果控件来源为空，则在控件中显示的数据将不会保存在数据表的任何字段中；如果控件来源为一个计算表达式，那么控件会显示计算结果。

5.3.6　常用控件的使用

为了在窗体和报表中正确地使用控件来实现预定的功能，必须正确了解各种控件的功能和特性。属性用于表示控件的状态，改变控件的属性值即可改变控件的状态。选中某一个控件，然后在"属性"窗口中设置它的属性值。下面结合实例介绍如何使用控件。

1. 标签(Label)

标签用于显示固定的说明性文本，不能显示字段或表达式的值，属于非绑定型控件。

标签有两种：独立标签和关联标签。独立标签是与其他控件没有联系的标签，用来添加纯说明性文字；关联标签是链接到其他控件(通常是文本框、组合框、列表框等)上的标签，这种两个相关联的控件称为复合控件。在默认情况下，将文本框、组合框等控件添加到窗体或报表中时，Access 都会自动在控件左侧加上关联标签。

提示：一行文字如果超过标签的宽度，则会自动换行，也可以通过调整标签的宽度来调整文字的布局。如果要强制换行，可以按 Ctrl + Enter 键。

标签最主要的属性是标题(Caption)。标签主要用来显示(输出)文本信息，但不能作为输入信息的界面，也就是说标签控件的内容只能通过 Caption 属性来设置或修改，不能直接在窗体上编辑。

因为标签仅起到在窗体上显示文字的作用，所以一般无须编写事件过程。

2. 文本框(Text)

文本框是一个文本编辑区域，用户可以在这个区域内输入、编辑和显示正文内容。默认状态下，文本框只能输入单行文本，最多可以输入 2048 个字符。

文本框可以是绑定型，也可以是非绑定型。绑定型文本框用来与某个字段绑定，可以显示、编辑该字段的内容；非绑定型文本框用来显示计算的结果或接受用户输入的数据(但该数据不保存)。

当用户在窗体上添加一个文本框时，Access 默认在文本框左侧加上关联标签——"自动标签"。

提示：如果不要关联标签，操作方法是：先在"控件"组中单击所需的控件，再在属性表中将"自动标签"属性项改为"否"，最后添加控件。

主要属性介绍如下。

(1) 控件来源(ControlSource)：用于设置与文本框绑定的字段。窗体运行时，文本框中显示出数据表中该字段的值。用户对文本框内数据所进行的任何修改都将被保存到该字段中。

(2) 默认值(DefaultValue)：用于设置非绑定型文本框或计算型文本框的初始值。

(3) 输入掩码(InputMask)：用于设置数据的输入格式，仅对文本型和日期型数据有效。

3. 命令按钮(Command)

在窗体中命令按钮的功能是被单击后执行各种操作。

主要属性介绍如下。

(1) 标题(Caption)：其属性值就是显示在按钮上的文字。在设置 Caption 属性时，如果在某个字母前加"&"符号，则标题中的该字母将带有下画线，并成为快捷键。窗体运行时，当用户按下 Alt+快捷键，便可激活该命令按钮，执行它的 Click 事件过程。

(2) 图片标题排列(PictureCaptionArrangement)：定义标题相对于图像的位置，有无图片标题(仅图片，无文字)、常规(排列方式取决于系统区域设置，对于从左向右阅读的语言，标题将显示在右侧)、顶部(文字在上，图片在下)、底部(图片在上，文字在下)、左边(文字在左，图片在右)、右边(图片在左，文字在右)等几种类型。

(3) 图片类型(PictureType)：定义图片是链接、嵌入还是共享。

(4) 图片(Picture)：设置要在按钮上显示的图片，通过在属性框中输入图片文件的路径和文件名，如位图文件(.bmp)或图标文件(.ico)，可以在命令按钮上同时显示图片和标题。

单击(Click)事件是命令按钮最常用的事件。通过使用命令按钮向导，可以快速创建用来执行多种任务(如关闭窗体、打开报表、查找记录或运行宏)的命令按钮。

下面通过一个例子来学习标签、文本框和命令按钮的使用方法。

【例 5-10】在"教务管理"数据库中创建一个显示学生年龄的窗体，如图 5-41 所示。

操作步骤：

(1) 在"创建"选项卡"窗体"组中，单击"窗体设计"按钮，创建一个空白窗体。

(2) 右键单击窗体空白处，在快捷菜单中选择"窗体页眉/页脚"命令，为窗体添加页眉和页脚。

(3) 在窗体的页眉处添加一个标签控件，输入"学生基本信息"作为标签的标题。在"标签"属性表窗口的"格式"选项卡中，把"字体名称"设为"隶书"、"字号"设为 28、"前景色"设为"突出显示"。然后将标签移到适当位置，大小调整至合适。将"窗体"的"记录源"属性设为 Stu、"导航按钮"属性设为"否"、"最大化最小化按钮"属性设为"无"、"分隔线"属性设为"是"。

(4) 打开"字段列表"对话框，依次双击 Stu 表的"学号""姓名"和"照片"字段，这些字段都被添加到窗体的主体节中。调整这些控件到适当位置后，关闭"字段列表"对话框。

(5) 在"控件"组中单击"文本框"按钮，在"姓名"的下方拖放出一个矩形，系统将创建一个文本框和对应的标签，点击这个标签，将其"标题"属性设为"年龄"，将文本框的"控件来源"属性设为"=year(date( ))-year([出生日期])"。

(6) 在"控件"组中单击"文本框"按钮，在"属性表"窗口中将"自动标签"属性改为"否"，然后在窗体页脚处拖放出一个矩形，添加一个文本框，将其"控件来源"属性设为"=date( )"，"格式"改为"长日期"、"特殊效果"改为"蚀刻"。

(7) 在"控件"组中单击"按钮"按钮，在窗体主体节的右侧适当位置拖放出一个矩形，系统将打开"命令按钮向导"对话框，在"类别"中选择"记录导航"，在"操作"中选择"转至前一项记录"。单击"下一步"按钮，进入"请确定在按钮上显示文本还是显示图片"向导，单击"文本"单选按钮，并将右侧文本框中的内容改为"上一条(&P)"。单击"下一步"按钮，进入"请指定按钮的名称"向导，直接单击"完成"按钮。

用同样的方法添加一个按钮："类别"为"记录导航"、"操作"为"转至下一项记录"、"显示文本"为"下一条(&N)"。

用同样的方法添加一个按钮："类别"为"窗体操作"、"操作"为"关闭窗体"、"显示文本"为"退出(&E)"。

(8) 调整控件布局和大小，此时的设计视图如图 5-42 所示。保存该窗体为"例 5-10"，生成的窗体如图 5-41 所示。

图 5-41　生成的显示学生年龄窗体

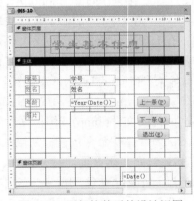
图 5-42　添加控件后的设计视图

4. 列表框(List)和组合框(Combo)

列表框和组合框在属性设置和使用上基本相同，都能在数据输入时为用户提供直接选择而不必输入，既保证了输入数据的正确性，又提高了输入速度。列表框由列表框和一个附加标签组成，可以包含一列或几列数据，用户只能从列表中选择值，不能输入数据。而组合框是组合了文本框和列表框特性的一种控件，既可以在数据列表中进行选择，也可以输入数据。组合框平时显示为一个带下拉箭头按钮的文本框，单击下拉箭头按钮，组合框将在列表框中列出可供用户选择的选项，当用户选定某项后，该项内容显示在文本框上。若选项中没有用户需要的数据，可直接在文本框中进行输入。列表框和组合框中的选项数据可以来自数据表或查询，也可以是用户提供的一组数据。

列表框和组合框有"绑定型"和"非绑定型"两种。若要保存选择的值，则创建绑定型；若要使用选择的值来决定其他控件内容，则创建非绑定型。

在窗体上添加列表框/组合框时，Access 默认会自动打开向导，帮助用户创建列表框/组合框。列表框/组合框的主要属性如表 5-4 所示。

表 5-4　列表框/组合框的主要属性

属性名称	属性标识	功能
控件来源	ControlSource	用于设置与列表框/组合框绑定的字段
默认值	DefaultValue	用于设置列表框/组合框的初始值
数据项个数	Listcount	可供用户选择的选项个数
选定项下标号	Listindex	选定项的下标号，无选定项则为-1
值	Value	选定项的值，只在运行状态有效
是否选定	selecked(n)	判断下标为 n 的数据项是否选定，选定为-1，未选定为 0
行来源类型	Rowsourcetype	可供选择的数据选项的数据源类型
行来源	Rowsource	可供选择的数据选项的数据源

注意： 列表框/组合框中选项的下标号是从 0 开始的。

列表框和组合框中的选项可以简单地通过"行来源"属性设置进行设计，也可以在程序中用 AddItem 方法来添加，用 RemoveItem 方法删除。它们的用法如下：

> 对象**.** Additem 数据项[, N]
>
> 对象**.** Removeitem N

其中，"数据项"必须是字符串或字符串表达式，是将要加入列表框或组合框中的选项；N 为数值，决定新增选项或被删除项目在列表框/组合框中的位置，对于第一个选项，N 为 0；若省略 N，则新增选项添加在最后。

【例 5-11】 在例 5-10 的基础上，为窗体添加一个显示"专业编号"的组合框，如图 5-43 所示。

操作步骤：

(1) 用"设计视图"打开例 5-10 的窗体，调整"主体"节的控件布局，使其能有添加控件的空间。

(2) 在"控件"组中单击"组合框"按钮，在窗体主体中的右侧拖放出一个矩形，松开鼠标后弹出"组合框向导"第一步，选中"使用组合框获取其他表或查询中的值"单选按钮。单击"下一步"按钮，进入"组合框向导"对话框的下一界面。

(3) 选择组合框的数据源为"表：Major"，单击"下一步"按钮，进入"组合框向导"对话框的下一界面。

(4) 将"专业编号"和"专业名称"字段添加到"选定字段"列表框中，单击"下一步"按钮，进入"组合框向导"对话框的下一界面。

(5) 将第一个排序关键字设置为"专业编号"，并指定以"升序"方式排序，单击"下一步"按钮，进入"组合框向导"对话框的下一界面。

(6) 指定组合框中列的宽度，并取消默认的"隐藏键列"选项，单击"下一步"按钮，进入"组合框向导"对话框的下一界面。

(7) 这一步要确定组合框中哪一列含有准备在数据库中存储或使用的数值，这里选择"专业编号"，单击"下一步"按钮，进入"组合框向导"对话框的下一界面。

(8) 这里选择"将该数值保存在这个字段中："，并选定"专业编号"字段作为保存值的字段，如图 5-44 所示。这样当用户在这个组合框中进行选择后，所做更改将被保存到 Stu 表的"专业编号"字段中。单击"下一步"按钮，进入"组合框向导"对话框的下一界面。

(9) 输入"专业编号"作为组合框的标签。单击"完成"按钮，系统会在窗体的主体节中创建一个包含关联标签的组合框，并将其绑定到"专业编号"字段。调整标签和组合框的位置与大小。

(10) 将窗体另存为"例 5-11"，切换到窗体视图，单击组合框的下拉按钮将显示出该组合框中包含的选项，如图 5-43 所示。

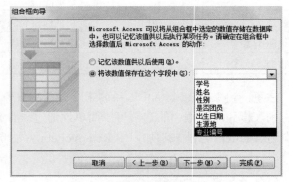

图 5-43　添加组合框后的窗体　　　　图 5-44　设置组合框绑定字段

本例中，使用"组合框向导"为窗体添加了一个组合框控件，也可以先添加控件后再通过"属性"窗口设置完成。

列表框控件的添加方法与组合框类似，请自行练习。

5. 选项组(Frame)

选项组是一种容器型控件，由一个选项组框架和一组"选项按钮"或"复选框"或"切换按钮"组成。选项组用来显示一组有限选项的集合，在选项组中每次只能选择一个选项。例如，在输入性别时可以使用一个选项组，内含两个单选按钮，一个表示男性，另一个表示女性。

如果选项组绑定到某个字段，则只是选项组框架本身绑定到此字段，而不是选项组框架内的选项按钮、复选框或切换按钮。选项组的"选项值"属性只能设置为数字而不能是文本。

添加选项组的方法：可以用"选项组向导"添加；也可以先添加"选项组"控件，然后在"选项组"控件上添加"选项按钮""复选框"或"切换按钮"等控件，最后通过"属性"窗口设置相关属性完成。

【例 5-12】创建一个用选项组来设置文本框字号的窗体，如图 5-45 所示。

操作步骤：

(1) 在"创建"选项卡"窗体"组中，单击"窗体设计"按钮，创建一个空白窗体。

(2) 在"属性表"窗格中，选择"窗体"对象的"格式"选项卡，将窗体的"记录选择器"和"导航按钮"属性设置为"否"，"滚动条"属性设置为"两者均无"。

（3）在窗体空白处添加一个不带标签的文本框 Text0，将文本框的"文本对齐"设为"居中"、"默认值"为"Access 数据库"。

（4）在"控件"组中单击"选项组"按钮，在文本框 Text0 下方拖放出一个矩形，松开鼠标后弹出"选项组向导"第一步，为每个选项指定标签，如图 5-46 所示。单击"下一步"按钮，进入"选项组向导"对话框的下一界面。

（5）这一步要确定选项组的默认选项，这里选择"否，不需要默认选项"。单击"下一步"按钮，进入"选项组向导"对话框的下一界面。

（6）这一步要为每个选项赋值，如图 5-47 所示。单击"下一步"按钮，进入"选项组向导"对话框的下一界面。

图 5-45　用选项组设置文本框字号

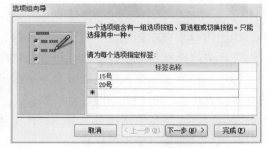

图 5-46　为每个选项指定标签

（7）这一步确定选项组中使用的控件类型为"选项按钮"、选项组样式为"蚀刻"，单击"下一步"按钮，进入"选项组向导"对话框的下一界面。

（8）输入选项组标题为"字体大小"，单击"完成"按钮，系统会在文本框下方创建一个选项组 Frame1。调整文本框与选项组的位置与大小。

（9）在"属性表"窗格中，选择 Frame1 对象的"事件"选项卡，单击"单击"事件右侧的生成器按钮，打开"选择生成器"对话框，在对话框中选中"代码生成器"，打开图 5-48 所示的代码编写窗口，并输入图 5-48 中所示程序代码。

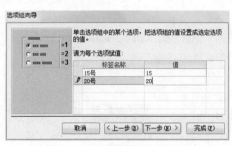

图 5-47　为每个选项赋值

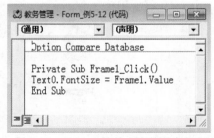

图 5-48　Frame1 的单击事件程序代码

（10）返回 Access，将窗体保存为"例 5-12"，切换到窗体视图，单击选项组中的单选按钮即可改变文本框中文字的大小，如图 5-45 所示。

6. 图像(Image)

Access 中可以使用图像控件或 OLE 对象控件来显示图片。

图像控件主要用于美化窗体。图像控件的创建比较简单,单击"选项"组中的"图像"按钮,在窗体的合适位置上单击,系统提示"插入图片"对话框,选择要插入的图片文件即可。然后可以通过"属性"窗口进一步设置相关属性。

OLE 对象控件分为"非绑定对象框"和"绑定对象框"两种。用"非绑定对象框"插入图片,一般用来美化窗体,它是静态的,且不论窗体是在设计视图还是窗体视图,都可以看到图片本身。

而"绑定对象框"显示的图片来自数据表,在表的"设计视图"中,该字段的数据类型应定义为 OLE 对象。数据表中保存的图片只能在窗体的"窗体视图"下才能显示出来,在"设计视图"下只能看到一个空的矩形框。"绑定对象框"的内容是动态的,随着记录的改变,它的内容也随之改变,如前文例 5-10 中的 "照片"对象控件。

7. 选项卡

当窗体中的内容太多而无法在一页全部显示时,可以使用选项卡进行分页。通过将相关控件放在选项卡控件的各页上,可以减轻混乱程度,并使数据处理更加容易。选项卡控件的每一页都可以作为文本框、组合框或命令按钮等其他控件的容器。操作时只需单击选项卡上的标签,就可以在多个页面间进行切换。

【例 5-13】 创建"学生信息浏览"窗体,在窗体中使用选项卡控件,一个页面显示学生基本信息,另一页面显示学生照片。

操作步骤:

(1) 打开一个新窗体的设计视图,把窗体的"记录源"属性值设置为 Stu 表。

(2) 在"控件"组中单击"选项卡"控件按钮,在窗体主体节中拖拽出一个合适大小的选项卡区域。系统默认"选项卡"为 2 个页,可根据需要使用鼠标右键插入新页。

(3) 打开"属性表"窗格,分别设置"页 1"和"页 2"的"标题"属性为"学生基本信息"和"学生照片"。

(4) 单击"学生基本信息"页面,在"字段列表"中同时选中"学号""姓名""性别""出生日期"和"生源地"字段,拖放到"学生基本信息"页面中。

(5) 单击"学生照片"页面,在"字段列表"中选中"照片"字段并拖放到"学生照片"页面中。

(6) 把窗体保存为"例 5-13",切换到窗体视图,显示结果如图 5-49 所示。

(a) 页 1 显示结果

(b) 页 2 显示结果

图 5-49　用"选项卡"显示学生信息

注意:如果选项卡页上没有显示选择框,在执行下一步时控件将不会正确附加到该页上。若要确认控件是否正确附加到该页上,请单击选项卡控件上的其他选项卡,刚才粘贴的控件应该消失，然后在我们单击原先的选项卡时再次出现。

　　提示：在创建窗体或报表时，首先添加和排列所有绑定控件可能最有效，特别是当窗体上的大多数控件都是绑定控件时更是如此。然后，可以在布局视图或设计视图中，通过使用"设计"选项卡上的"控件"组中的工具，添加非绑定控件和计算控件来完成设计。

　　通过将选定字段从"字段列表"窗格拖动到窗体或报表，可以创建绑定到该字段的控件。"字段列表"窗格显示窗体的基础表或查询的字段。若要显示"字段列表"窗格，请在布局视图或设计视图中打开对象，然后在"设计"选项卡上的"工具"组中，单击"添加现有字段"。当双击"字段列表"窗格中的某个字段时，Access 会向对象添加该字段的相应控件类型。

　　另外，如果已经创建非绑定控件并且想将它绑定到字段，可以通过标识控件从中获得其数据的字段，将控件绑定到该字段。在控件的"属性表"中的"控件来源"属性框中输入某个字段的名称，即将该字段绑定到控件。若要显示或隐藏属性表，请按 F4。

　　使用"字段列表"窗格是创建绑定控件的最佳方式，其原因有两个：一是 Access 会自动使用字段名称(或者在基础表或查询中为该字段定义的标题)来填写控件附带的标签，因此，用户不必自己输入控件标签的内容。二是 Access 会根据基础表或查询中字段的属性(例如，"格式""小数位数"和"输入掩码"属性)，自动将控件的许多属性设置为相应的值。

5.4　修饰窗体

　　窗体的基本功能设计完成后，要对窗体上的控件及窗体本身的一些格式进行设定，使窗体界面看起来更加友好，布局更加合理，使用更加方便。除了通过设置窗体和控件的"格式"属性来进行修饰外，还可以通过应用主题和条件格式等功能进行外观设计。

5.4.1　主题的应用

　　主题是修饰和美化窗体的一种快捷方法，它是一套统一的设计元素和配色方案，可以使数据库中的所有窗体具有统一的色调。在"窗体设计工具"的"设计"选项卡中，"主题"组包含"主题""颜色"和"字体"3 个按钮。Access 2010 提供了 44 套主题供用户选择。

　　【例 5-14】对"教务管理"数据库应用主题。

　　操作步骤：

　　(1) 打开"教务管理"数据库某一个窗体的设计视图。

　　(2) 在"窗体设计工具"的"设计"选项卡中，单击"主题"组中的"主题"按钮，打开"主题"列表，如图 5-50 所示，在列表中双击所需的主题。

　　可以看到，窗体页眉节的背景色发生了变化。此时

图 5-50　主题列表

打开其他窗体，会发现所有窗体的外观均发生了变化，而且外观的颜色是一致的。

5.4.2　条件格式的使用

除了可以使用"属性表"窗格设置控件的格式属性外，还可以根据控件的值，按照某个条件设置相应的显示格式。

【例 5-15】使用"数据表"命令按钮创建一个成绩信息窗体，对"期末成绩"字段应用条件格式，使窗体中"期末成绩"字段值显示为不同的颜色：60 分以下(不含 60 分)用红色显示，60～90 分(不含 90 分)用蓝色显示，90 分以上(含 90 分)用绿色显示。

操作步骤：

(1) 在"教务管理"数据库中选择 Grade 表，然后在"创建"选项卡的"窗体"组中单击"其他窗体"按钮，在弹出的下拉列表中选择"数据表"选项，系统自动生成 Grade 表对应的数据表窗体。

(2) 切换到"设计视图"，选中绑定"期末成绩"字段的文本框控件，在"窗体设计工具"的"格式"选项卡上的"控件格式"组中，单击"条件格式"按钮，打开"条件格式规则管理器"对话框。

(3) 在"显示其格式规则"下拉组合框中选择"期末成绩"选项，单击"新建规则"按钮，打开"新建格式规则"对话框。设置字段值小于 60 时，字体颜色为"红色"，单击"确定"按钮。重复此步骤，设置字段值介于 60和 90(不含 90)之间和字段值大于或等于 90 的条件格式。设置结果如图 5-51 所示。

(4) 切换到"窗体视图"，查看显示结果。

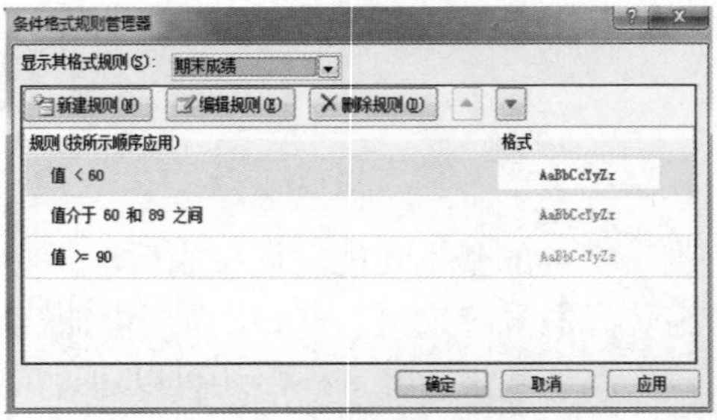

图 5-51　条件格式设置结果

5.4.3　窗体的布局及格式调整

在设计窗体时，经常要对其中的对象(控件)进行调整，如位置、大小、排列等，以使界面更加有序、美观、友好。

1. 选择对象

和其他 Office 应用程序一样，必须先选定设置对象，再进行操作。选定对象的方法如下：

(1) 选定一个对象，只要单击该对象即可。

(2) 选定多个不相邻对象，按住 Shift 键的同时单击各个对象。

(3) 选定多个相邻对象，只要从空白处按住鼠标左键拖动，拉出一个虚线的矩形框，矩形框中的所有对象全部选中。

(4) 选定所有对象(包括主体、页眉/页脚等)，只要按住 Ctrl+A 键即可全部选中。

对象被选中后，其四周会出现可以调整大小的控制柄，而且左上角还有用于移动对象的控制柄(较大的灰色方块)。

2. 移动对象

选定对象后，当鼠标移动到该对象的边沿时，鼠标变为"十字"箭头形，这时按住左键拖动鼠标即可移动对象。若该对象是关联对象，则关联的两个对象将一起移动；若只要移动其中一个对象，则把鼠标移到该对象左上角的灰色方块处，鼠标变为"十字"箭头形时即可移动该对象。

3. 调整对象大小

调整对象大小的方法有以下 4 种：

(1) 选定对象后，将鼠标移到对象四周的控制柄(即小方块)处，当鼠标变为双向箭头时，按住鼠标左键拖动，即可调整对象的大小。若拖动鼠标左键的同时按住 Shift 键，则可以做精细调整。

(2) 选定对象后，将鼠标移到对象上点击右键，在弹出的快捷菜单中选择"大小"命令来调整对象的大小。

(3) 在"窗体设计工具"中，选择"排列"选项卡，在"调整大小和排序"组中单击"大小/空格"选项，从中选择需要的操作。

(4) 使用"属性表"窗格，在"格式"选项卡中设置"宽度"和"高度"的具体数值。

4. 对齐对象

窗体中多个控件的排列布局不仅影响美观，而且影响工作效率。虽然可以用鼠标拖动来调整对象的排列顺序和布局，但这种方法工作效率低，很难达到理想的效果。使用系统提供的控件对齐方式命令，可以很方便地设置对象的对齐效果。选定多个对象后，使用类似调整对象大小的方法(2)和(3)打开"对齐"子菜单，选择其中的一种对齐方式，可以使选中的对象向所需的方向对齐。

5. 对象间距

选定多个对象后，使用类似调整对象大小的方法(3)打开"间距"子菜单，选择其中的一种间距方式，可以方便地调整多个对象之间的间距，包括垂直方向和水平方向的间距。可以将无规则的多个对象之间的间距调整为等距离，也可以逐渐增大或减少原来的距离。

5.5　定制用户入口界面

窗体是用户和应用程序之间的接口，其作用不仅是为用户提供输入数据、修改数据和显示处理结果的界面，更主要的是可以将已经建立的数据库对象集成在一起，为用户提供一个具有统一风格的数据库应用系统。

用户入口界面是用户与系统进行交互的主要通道，一个功能完善、界面美观、使用方便的用户界面可以极大地提高工作效率。Access 2010 提供的切换面板管理器和导航窗体可以方便地将各项功能集成起来，

5.5.1　创建切换窗体

之前创建的窗体都是一个个独立的窗体，需要将这些窗体集成在一个主窗体中供用户选择和切换，这个窗体叫主窗体，也称为切换面板。切换面板是一个特殊的窗体，它相当于一个自定义对话框，是由许多功能按钮组成的菜单，每个选项执行一个专门操作，用户

通过选择菜单实现对所集成的数据库对象的调用。每级控制菜单对应一个界面，称为切换面板页；每个切换面板页包含相应的切换项。

创建切换面板时，要先启动切换面板管理器，然后创建所有的切换面板页和每页上的切换项，设置默认的切换面板页为主切换面板(即主窗体)，最后设置每一个切换项对应的操作内容。

提示：由于 Access 2010 默认下未将"切换面板管理器"工具放在功能区中，因此使用前需先将其添加到功能区中。

5.5.2　创建导航窗体

切换面板虽然可以将数据库中的对象集成在一起，形成一个操作简便的应用系统，但是用户要设计每一个切换面板页和每页上的切换面板项目，以及每个切换面板页之间的关系，整个过程复杂且缺乏直观性。Access 2010 提供了一种新型的窗体，称为导航窗体。导航窗体的使用相对简单、直观。在导航窗体中，用户可以选择导航按钮的布局，也可以在所选布局上直接创建导航按钮，并通过这些按钮将已建数据库对象集成在一起，形成数据库应用系统。

【例 5-16】 使用"导航"按钮创建"教务管理"系统的控制窗体。

操作步骤：

(1) 在"创建"选项卡的"窗体"组中单击"导航"按钮，在弹出的下拉列表中选择一种所需的窗体样式，本例选择"水平标签和垂直标签，左侧"选项，进入导航窗体的布局视图。

(2) 在水平标签上添加一级功能：单击上方的"新增"按钮，输入"学生管理"，添加一个一级功能按钮。用同样的方法添加"教师管理""课程管理""授课管理""选课管理"和"退出系统"等其他一级功能按钮。

(3) 在垂直标签上添加二级功能，如创建"学生管理"的二级功能按钮：单击"学生管理"按钮，然后单击左侧的"新增"按钮，输入"学生基本信息浏览"，这样就在"学生管理"功能按钮下添加了一个二级功能按钮。用同样的方法添加"学生管理"功能按钮下其他的二级功能按钮"学生基本信息输入"和"学生基本信息打印"。

(4) 为"学生管理"的"学生基本信息浏览"按钮添加功能：右键单击"学生基本信息浏览"功能按钮，选择快捷菜单中的"属性"，打开"属性表"窗格，单击"事件"选项卡中"单击"事件右侧的生成器按钮，打开"选择生成器"对话框，在对话框中选中"代码生成器"，打开代码编写窗口，输入程序代码：DoCmd.OpenForm "例 5-13"。用相同的方法为其他功能按钮添加功能。

(5) 修改导航窗体标题：此处可以修改两个标题。一是修改导航窗体上方的标题，选中导航窗体上方显示"导航窗体"文字的标签控件，将其标题属性设置为"教务管理系统"；二是修改导航窗体标题栏上的标题，在"属性表"窗格上方的对象下拉列表框中选择"窗体"对象，将其标题属性设置为"教务管理系统"。

(6) 切换到"窗体视图"，单击"学生基本信息浏览"按钮，此时将会打开例 5-13 中所创建的窗体，如图 5-52 所示。

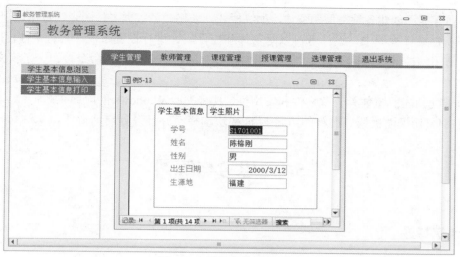

图 5-52 导航窗体运行效果

5.5.3 设置启动窗体

完成切换窗体或导航窗体的创建后，每次启动数据库时都需要双击该窗体才能将其打开。如果希望在打开数据库时自动打开该窗体，那么需要设置其启动属性。

操作步骤：

(1) 打开"教务管理"数据库，在"文件"选项卡中选择"选项"菜单，打开 Access 选项对话框。

(2) 设置窗口标题栏显示信息：单击左侧窗格中的"当前数据库"选项，在右侧窗格中的"应用程序标题"文本框中输入"教务管理"。这样在打开数据库时，在 Access 窗口的标题栏上会显示"教务管理"。

(3) 设置自动打开的窗体：在"显示窗体"下拉列表框中选择一个窗体，比如例 5-16 中创建的导航窗体，将该窗体作为数据库启动后显示的第一个窗体，这样在打开"教务管理"数据库时，Access 会自动打开该窗体。

(4) 取消选中"显示导航窗格"复选框，这样在下一次打开数据库时，导航窗格将不再出现，单击"确定"按钮完成设置。

设置完成后需要重新启动数据库。当再打开"教务管理"数据库时，系统将自动打开导航窗体。

提示： 当某一个数据库设置了启动窗体，在打开数据库时想终止自动允许的启动窗体，可以在打开这个数据库的过程中按住 Shift 键。

5.6 本章小结

通过本章的学习，应了解 Access 窗体的作用、类型和构成，掌握 Access 窗体的创建与设计方法，了解主窗体设计和设置启动窗体的方法。

窗体是用户和数据库之间的接口，数据的使用与维护大多数都是通过窗体来完成的。使用窗体向导能够创建各种类型的窗体，如纵栏式、表格式、数据表、图表、数据透视表等。

在窗体设计视图中，设计者可以对窗体和控件属性进行设置，设计具有个性化的用户界面。常用的控件包括标签、文本框、组合框、列表框、选项组、命令按钮、子窗体/子报表等。

为了使创建的窗体具有整体性和实用性，具有类似 Windows 的应用系统特性，则需要增加主窗体(切换面板或导航窗体)用于功能模块选择，并且设置启动窗体。

5.7　思考与练习

5.7.1　选择题

1. Access 2010 的窗体类型不包括(　　)。
   A. 纵栏式　　　　　B. 数据表　　　　　C. 表格式　　　　　D. 文档式
2. 在 Access 中，按照控件与数据源的关系可将控件分为(　　)。
   A. 绑定型、非绑定型、对象型　　　　　B. 计算型、非计算型、对象型
   C. 对象型、绑定型、计算型　　　　　D. 绑定型、非绑定型、计算型
3. 不能作为窗体的记录源(RecordSource)的是(　　)。
   A. 表　　　　　B. 查询　　　　　C. SQL 语句　　　　　D. 报表
4. 为使窗体在运行时能自动居于显示器的中央，应将窗体的(　　)属性设置为"是"。
   A. 自动调整　　　　　B. 可移动的　　　　　C. 自动居中　　　　　D. 分隔线
5. 在教师信息表中有"职称"字段，此字段只有"教授""副教授""讲师"和"助教"四种值，则用(　　)控件录入"职称"数据是最佳的。
   A. 标签　　　　　B. 图像　　　　　C. 文本框　　　　　D. 组合框

5.7.2　简答题

1. 简述 Access 2010 窗体的主要功能。
2. Access 2010 的窗体有几种视图？各有什么作用？
3. 什么是"绑定型"对象？什么是"非绑定型"对象？请各举一例说明。

第6章　报表

学习目标

1. 了解报表的作用，掌握报表的类型。
2. 掌握使用"报表向导"创建报表的方法。
3. 掌握使用报表"设计视图"创建和编辑报表。
4. 掌握在报表中使用"排序、分组和汇总"对报表进行分组和汇总计算。
5. 熟悉使用"图表"控件创建图表报表。
6. 了解报表的导出。

学习方法

本章主要学习内容是使用"报表向导"快捷创建报表和使用"设计视图"创建、编辑报表的方法。依据思维导图的知识脉络，了解区分报表和窗体的异同点；熟悉报表的类型和组成；熟悉报表创建的几种快捷方法，尤其是熟练掌握使用"报表向导"创建报表的步骤；掌握使用报表设计视图创建和编辑报表的方法和步骤。学习者要在上机操作中熟练掌握报表创建和编辑的步骤。

学习指南

本章的重点是：6.1.2 节、6.2.3 节、6.3.2 节和 6.3.3 节，难点是 6.3.2 节和 6.3.3 节。

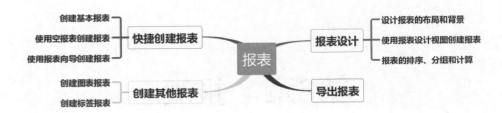

6.1　认识报表

　　报表(Report)是 Access 2010 数据库的对象之一，用表格、图表等格式来动态显示数据，是数据库应用系统打印输出数据最主要的形式。Access 2010 提供报表对象设计数据库中的数据信息和文档信息的多种打印格式，用户通过报表对象的可视化操作可以快速地建立实用、功能齐全的专业性报表。报表对象的数据可以进行分组、排序、汇总计算等加工处理。报表可以对数据库中的数据信息进行加工处理，并将结果以打印格式输出。报表对象的数据来源可以是表、查询或是 SQL 语句，其他信息(标题、日期、页码等)则存储在报表的设计中，用户通过报表设计视图可以调整每个对象的大小、外观等属性，按照需要的格式设计数据信息打印显示，最后通过报表预览视图查看结果或直接打印输出。

　　报表的设计和窗体的设计相似，窗体设计中控件的使用方法可以同样应用在报表设计。窗体的主要作用是设计一个用户与系统交互的界面，报表的主要作用是数据库数据加工处理后的打印输出，但不能修改数据来源的数据。

6.1.1　报表的类型

　　Access 2010 报表常见有表格式报表、纵栏式报表、标签报表和图表报表 4 种类型，可使用报表设计视图对各种类型的报表进行修改，以满足用户的需求。

1. 表格式报表

　　表格式报表以表格形式打印输出数据库数据信息，数据信息显示在报表的主体节，一般一行显示一条记录，每列显示一个字段(如图 6-1 所示)，表格式报表还可以对记录进行分组汇总。表格式报表是报表常见的类型。

2. 纵栏式报表

　　纵栏式报表以纵列方式显示一条记录的多个字段，每个字段信息显示在报表主体节的一行上，并且在字段数据的左边还有一个显示字段名称的标签。纵栏式报表可以同时显示多条记录，还可以显示图形和汇总数据信息，如图 6-2 所示。

3. 标签报表

　　标签报表是一种形式比较特殊的报表，它可以把一个打印页分割成多个规格、样式一致的区域，主要用于打印产品信息价格、书签、名片、信封以及邀请函件等特殊用途，如

图 6-3 所示。Access 2010 提供标签报表向导用于创建标签报表。

图 6-1　表格式报表

图 6-2　纵栏式报表

4. 图表报表

图表报表以直方图、饼图等图表的方式直观显示数据，如图 6-4 所示。Access 2010 在报表设计视图中提供图表控件来创建图表报表。

图 6-3　标签报表

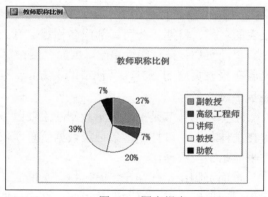

图 6-4　图表报表

6.1.2　报表的组成与报表视图

1. 报表的组成

报表自上而下由报表页眉、页面页眉、主体、页面页脚和报表页脚五个部分组成，每一个部分称为一个节。将数据信息进行分组汇总，则可以在报表设计中设计分组，那么报表结构中就增加了组页眉和组页脚两个节。根据实际需要，可以设置多层次的分组，每一个分组都可以有各自的组页眉和组页脚。这样报表的信息就可以分布在多个节中，每个节在页面和报表中具有特定的顺序，如图 6-5 所示。

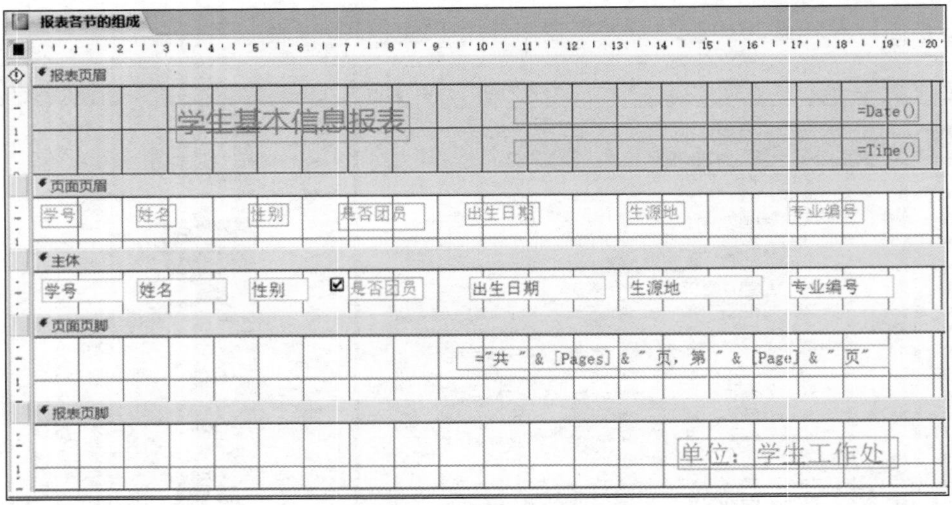

图 6-5　报表的节

报表必须有主体节，其他的节依据实际需要进行添加或删减。在报表设计视图中，报表的每一个节只出现在设计视图一次，在实际打印输出时，某些节可以重复打印多次。类似窗体设计，通过报表设计视图在不同节放置控件和字段，可以设计每个节输出的信息及显示位置。要注意的是同一个信息放置在不同节上，打印的效果是不同的，因此，我们应该了解每个节的作用。

报表页眉： 在报表设计视图中，报表页眉位于报表的最顶端，在打印输出时只打印一次(即使这份报表有很多页，也只在第一页报表的最顶端打印一次)，一般在报表页眉显示报表的名称、日期、公司、部门名称等信息。

页面页眉： 在打印输出时，页面页眉在每一页的最顶端显示一次(打印第一页时，页面页眉在报表页眉的下方，其他节的上方)，一般用于显示报表的列标题(通常使用标签控件显示字段的名称)。

主体： 主体节是报表显示数据的主要区域，在打印输出时，将记录字段绑定的控件放置在主体节上，可打印多条记录数据信息，依据字段数据类型不同，需使用不同类型的控件来显示字段数据。

页面页脚： 在打印输出时，每一页的底部需要输出的信息放置在页面页脚节上，通常用于显示页码、每一页的汇总说明、打印日期等信息。

报表页脚： 在打印输出时，报表页脚只显示一次，即本报表最后一页的结束处，一般用于显示报表的最终合计信息以及其他只需要在报表中显示一次的其他统计信息。

组页眉： 如果在报表设计过程中增加了分组操作(在报表"设计"选项卡里点击"分组和汇总"组里的"分组和排序"按钮)，就会在主体节的前后位置出现组页眉和组页脚。分组汇总操作的目的是对报表中的记录数据按某些条件进行分类，具有相同条件的记录分在一组，所有记录分成若干组，每一组都有若干条记录，此时可以通过总计、平均值、最大值、最小值等函数对每一组的数据进行统计计算。在打印输出时，每一组记录的开始位置会显示一次组页眉里设定的信息。复杂的报表还可以设置多层次分组满足实际需求。一般组页眉用于显示每一个分组的标题和共同特征的数据信息。

组页脚： 设计操作同组页眉，在打印输出时，每一组记录的结束位置会显示一次组页脚里设定的信息，一般组页脚用于显示每一个分组的统计数据信息。

　　图 6-6 是按学号分组的报表设计视图和报表预览视图，可以更好地认识每一个节在设计和打印输出时的关系。

图 6-6　按学号分组报表设计视图和预览视图

2. 报表视图

　　打开或新建任意报表，在"开始"选项卡的"视图"组中单击"视图"下拉按钮，可以从弹出的视图菜单中选择符合需要的视图方式(也可以在报表主体的空白处单击鼠标右键，在弹出菜单中选择所需的视图)。如图 6-7 所示，Access 2010 提供了 4 种视图查看方式。

图 6-7　"视图"按钮

　　(1) 报表视图：用于浏览已完成设计的报表，在该视图下可对数据进行筛选、查找等操作。

　　(2) 打印预览：模拟显示报表布局与数据在打印机打印输出效果的窗口。

　　(3) 布局视图：用于显示数据，并可对报表布局进行调整、修改，类似窗体的布局视图。

(4) 设计视图：用于创建或编辑报表的结构，适合创建复杂报表或用向导创建报表之后对报表进行修改以满足实际需求。

6.2　快捷创建报表

单击 Access 2010"创建"选项卡，在"报表"组中有一些的按钮，可进行相应的报表设计，如图 6-8 所示，提供了"报表""报表设计""空报表""报表向导""标签"五种方式创建各种类型的报表。本节主要介绍"报表""空报表"和"报表向导"三种快捷创建报表的方法。

图 6-8　报表组的按钮

6.2.1　创建基本报表

在 Access 2010 打开"创建"选项卡，在"报表"组中单击"报表"按钮，可以创建当前查询或表中的数据的基本报表，是创建报表最快捷的方法，也可以在基本报表的基础上添加分组、合计等功能。

【例 6-1】以 Stu 表为记录源创建基本报表。

操作步骤：

(1) 在"导航窗格"的"表"分组中选择 Stu 表。

(2) 单击"创建"选项卡，在"报表"组中单击"报表"按钮，完成基本报表的设计。此时系统进入报表布局视图，在布局视图下可以调整控件的大小，对齐等布局，也可以增加分组等信息，结果如图 6-9所示。

(3) 切换至打印预览视图可查看报表输出效果，切换至设计视图可对报表上的控件进行增加、删除和修改。

图 6-9　使用"报表"按钮创建的报表

注意：要先选择表或查询作为记录源，用报表按钮创建的是一个表格式的基本报表。

6.2.2 使用空报表创建报表

在布局视图下，通过"字段列表"窗格添加报表所需字段来创建报表。当报表所需字段较少，且对报表格式要求较为单一时，使用该方法可快速生成报表。

【例 6-2】使用空报表创建 Stu 基本信息的报表，依次显示学号，姓名、性别、是否团员、出生日期等字段。

操作步骤：

(1) 单击"创建"选项卡，在"报表"组中单击"空报表"按钮，打开图 6-10 所示的空报表和"字段列表"窗格(点击"设计"选项卡中"工具"组的"添加现有字段"按钮，可显示或隐藏"字段列表"窗格)。

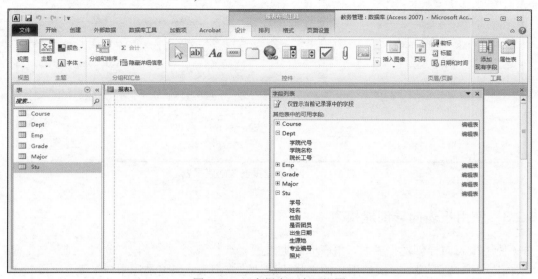

图 6-10 "空报表"布局视图

(2) 将"字段列表"窗格中 Stu 表的相应字段拖动到"布局视图"窗口的空白处，并进行大小、位置等设置，即可完成报表的设计。本例将 Stu 表中的学号、姓名、性别、是否团员、出生日期等字段依次拖动到布局窗口，完成报表的设计，如图 6-11 所示。点击"设计"选项卡"分组和汇总"组的"分组和排序"按钮，可以通过"分组、排序和汇总"窗格对记录进行分组统计的操作。

(3) 切换至打印预览视图可查看报表输出效果，切换至设计视图可对报表上的控件进行增加、删除和修改。

默认通过空报表创建的是一个表格式的基本报表。如果要创建纵栏式报表，当拖动第一个字段至布局视图的空白处后，点击"排列"选项卡"表"组中的"堆积"按钮，然后依次将下一个字段拖动到上一个字段的下方，即可由表格式变换成纵栏式。

说明："空报表"与"报表"按钮创建报表的相同之处是在布局视图下完成表格式报表的设计，不同之处在于"报表"使用的是一张表或一个查询的所有字段，而"空报表"可以选择多张表的若干个字段。

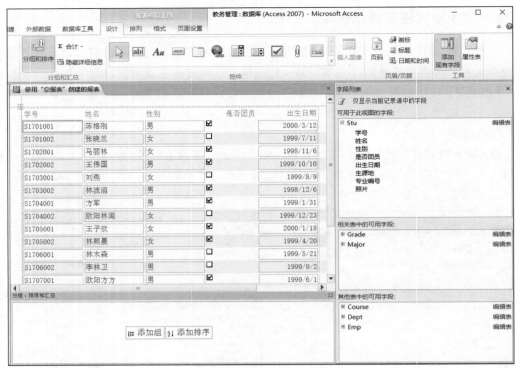

图 6-11　使用"空报表"创建报表

6.2.3　使用报表向导创建报表

使用报表向导创建报表时，报表向导通过提示选择记录源、字段、分组、排序与汇总、版面格式等对话框设置，根据用户的选择快速地建立报表。当记录源来自多表、字段较多、布局要求较为复杂、需要对数据进行分组汇总等操作时，使用报表向导能帮助用户快速建立常见报表，相比报表设计视图下设计报表而言，省却了一些繁杂的手工操作。

【例 6-3】使用报表向导创建一个学生成绩报表，记录源为 Stu、Major、Course、Grade 表，按学生分组依次显示学号、姓名、性别、专业名称、课程名称、平时成绩、期末成绩，并统计每个学生平时成绩的平均分和期末成绩的总分，分组数据按课程名称排序。

操作步骤：

(1) 建立 Stu、Major、Course、Grade 表之间的联系，本例中的联系在"3.4.1 创建表关系"的例 3-14 中已完成关系的创建，所以不需要再建立。如图 6-12 所示。

(2) 单击"创建"选项卡下"报表"组的"报表向导"按钮，弹出"报表向导"对话框，在"表/查询"的列表框中选择 Stu 表，在"可用字段"下拉列表框中依次选择学号、姓名、性别字段，分别添加到选定字段列表框中。

(3) 在"表/查询"的列表框中选择 Major 表，在"可用字段"下拉列表框中选择专业名称字段，添加到选定字段列表框中。

(4) 在"表/查询"的列表框中选择 Course 表，在"可用字段"下拉列表框中选择课程名称字段，添加到选定字段列表框中。

(5) 在"表/查询"的列表框中选择 Grade 表，在"可用字段"下拉列表框中依次选择平时成绩、期末成绩字段，分别添加到选定字段列表框中，完成记录源和字段的选定，如图 6-13 所示，单击"下一步(N)"按钮。

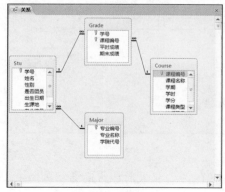

图 6-12　表的关系

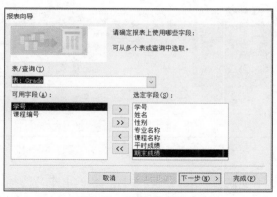

图 6-13　表和字段的选定

(6) 在"请确定查看数据的方式："列表框中选择"通过 Stu"，右边会显示记录数据分组的效果，如图 6-14 所示。选择不同表的数据查看方式，记录分组的依据是不一样的。本例中选择 Stu，就是把记录按学生分组(按学号)，相同学号的多条记录分在一组，这样可以在汇总中计算每个学生的成绩。

完成后单击"下一步(N)"按钮，此时我们不需要对记录进行二次分组，所以在弹出图 6-15 所示的窗口不做任何设置，直接单击"下一步(N)"按钮。

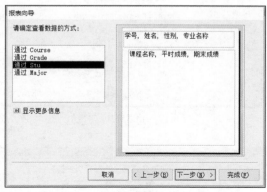

图 6-14　选择"数据查看方式"

图 6-15　选择分组

说明：分组的目的在于对数值型字段的统计。使用报表向导进行分组，对于多表来说，需要先建立表的联系，然后通过数据查看方式进行分组；对于报表记录源为单表来说，不会出现图 6-14，需要通过图 6-15 设置分组级别的字段进行分组。

(7) 在"报表向导"窗口中选择"课程名称"作为排序依据的字段，单击"汇总选项"按钮。在弹出的"汇总选项"对话框中，平时成绩和期末成绩字段分别勾选"平均"和"汇总"，如图 6-16 所示，单击"确定"按钮，关闭"汇总选项"对话框。完成对汇总字段的操作，单击"下一步(N)"按钮。

说明：如果多表之间没有建立正确的关系或单表没有选择分组设置或记录源没有数值型字段，则不会出现"汇总选项"按钮。

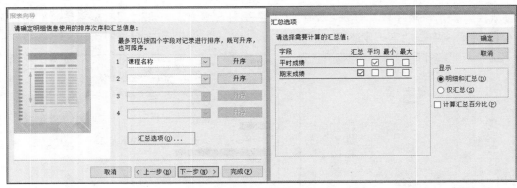

图 6-16 排序和汇总

(8) 设置报表的布局方式，本例中布局选择"递阶(S)"，报表打印方向为"纵向(P)"，如图 6-17 所示，完成后单击"下一步(N)"按钮。

(9) 设置报表的标题为"学生成绩"，如图 6-18 所示，单击"完成(F)"按钮。该操作有两个效果，一个是报表的标题文字为"学生成绩"，另一个是报表的名称也是"学生成绩"。

报表向导最终完成的报表预览效果如图 6-19 所示：

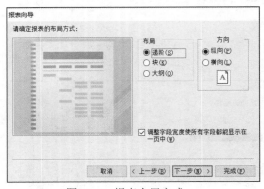

图 6-17 报表布局方式

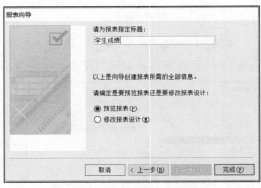

图 6-18 报表的标题设置

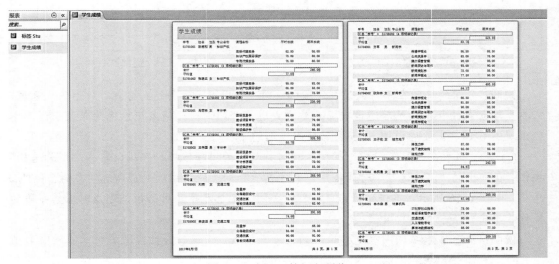

图 6-19 例 6-3 的打印预览

6.3 报表设计

"报表设计工具"选项组包含"设计""排列""格式""页面设置"4 个选项卡，其中"设计"选项卡包含"视图""主题""分组和汇总""控件""页眉页脚""工具"等组；"排列"选项卡包含"表""行和列""合并/拆分""移动""位置""调整大小和排序"等组；"格式"选项卡包含"字体""数字""背景""控件格式"等组；"页面设置"选项卡包含"页面大小""页面布局"等组，用于报表及其控件的设计。

6.3.1 设计报表的布局和背景

通过报表向导或空报表等快速建立的报表，在布局和数据统计上往往很难满足用户的实际需求，通常还需要通过报表的设计视图对报表进行修改，尤其是一些复杂报表，更是需要使用设计视图来设计，因此也应该掌握通过报表设计视图设计报表的方法。

在报表设计视图中，通过增加或删减不同的节、调整节的高度和宽度、在不同节中添加设置报表控件、设置报表背景和格式、设置页码和日期等操作来设计报表的布局和外观。

1. 报表节的设置

进入报表设计视图界面，Access 2010 默认报表包含三个节：页面页眉、主体和页面页脚。如果需要增加其他的节(如报表页眉、报表页脚、组页眉、组页脚)，可通过如下操作实现：在报表的任意一个节的空白处单击鼠标右键，选择"报表页眉/页脚""页面页眉/页脚"菜单项，若该节不存在，则在报表中新增加该节；若该节已存在则会在报表中取消该节("报表页眉/页脚""页面页眉/页脚"成对出现或消失)。单击"设计"选项卡中的"分组和汇总"下的"分组和排序"按钮(也可以鼠标右键单击"报表设计视图"，在弹出的快捷菜单中选择"分组和排序")，对报表记录数据进行分组，报表增加组页眉和组页脚。

节的高度和宽度设置：可以通过在报表设计视图中鼠标拖动(鼠标移动到要更改的节的底部或空白处的最右端，此时鼠标变成十字形状，按住鼠标左键不松开进行拖动)和属性窗口中设置每一个节的高度属性两种方法进行改变。注意每一个节的宽度都是一致的，所以节的属性中没有宽度，是通过报表的宽度属性统一设置的。

节的常见属性如图 6-20 所示，通过属性窗口为每个节设置不同的背景颜色、高度、可见性等，特别要注意的是报表和窗体类似，都没有背景颜色，只有节才有背景色属性。由于页眉页脚是成对出现，所以只需要其中某一个页眉或页脚节的时候，可以通过节的"可见性"属性设置来隐藏该节。

2. 报表的记录源和控件设置

在报表的"属性表"窗格中设置"记录源"属性，可以设置数据库已有的表或查询作为报表的记录源，或者单击"记录源"属性右边的省略

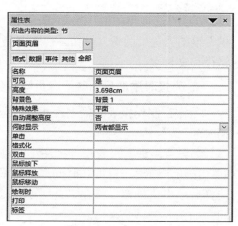

图 6-20　节的属性

号按钮，为报表创建一个新的查询作为记录源。

在"报表设计工具"选项组"设计"选项卡的"控件"工具组提供了一组可供报表设计使用的控件，如图 6-21 所示。这些控件的设计和属性设置的方法和窗体控件是一样的，同样也分成绑定型控件、非绑定型控件和计算型控件。

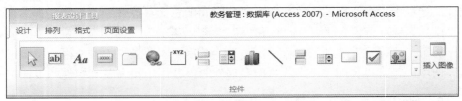

图 6-21　报表的控件

3. 设置报表背景图片

在实际应用中，报表经常需要背景图片来显示公司的 Logo 或其他信息，我们可以通过设置报表的图片属性为报表指定背景图片。操作方法有以下两种。

方法 1：

(1) 在报表设计视图下，单击"设计"选项卡中的"工具"组的"属性表"按钮，或者在设计视图的任意位置单击鼠标右键，选择"报表属性"菜单，弹出图 6-22 所示报表属性窗格。在"属性表"窗格的"所选内容的类型"下拉列表中选择"报表"。

(2) 单击"图片"属性右边空白处，选择图片的路径和文件名即可为报表设置指定的背景图片。

(3) 还可以通过"图片类型""图片平铺""图片对齐方式"和"图片缩放模式"相关属性对背景图片进一步调整设置。

方法 2： 在报表设计视图下，单击"报表设计工具"选项组中的"格式"选项卡下的"背景"组的"背景图像"按钮，设置背景图片的路径和文件名。

图 6-22　报表的属性表窗格

4. 为报表添加日期时间、页码和分页符

通常在制作报表时需要在报表上显示日期时间，可以通过以下两种方法为报表添加日期时间。

方法 1： 进入报表设计视图，在"设计"选项卡的"页眉/页脚"组，单击"日期和时间"按钮，弹出"日期和时间"对话框，用户可选择需要的日期和时间的显示格式，完成选择后单击"确定"按钮，此时 Access 2010 会自动在报表的报表页眉节上添加日期和时间，如图 6-23 所示。

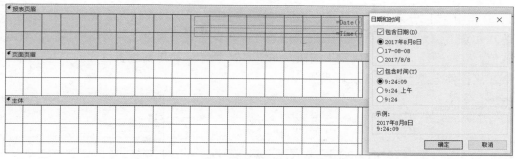

图 6-23　"日期和时间"对话框和设置完成效果

方法 2：使用文本框显示日期和时间。方法 1 虽然可以简单快速地为报表设置显示日期和时间，但是只能在报表页眉节显示日期和时间，如果需要在报表的其他节来显示日期和时间，我们可以使用在该节上添加文本框来实现，具体操作如下。

(1) 在"设计"选项卡的"控件"组，单击"文本框"按钮并拖动至需要显示日期和时间的节上，删除文本框自带的标签控件，调整文本框的大小和位置。

(2) 双击文本框控件弹出"属性表"窗格。

(3) 依据实际需要显示时间或日期：如需要显示日期，则在"控件来源"属性中输入"=Date( )"；如需要显示时间，则在"控件来源"属性中输入"=Time( )"；如需要同时显示日期和时间，则在"控件来源"属性中输入"=Now( )"；同时还可以设置"格式"属性，设定日期和时间的显示格式，如图 6-24 所示。

通常一份报表会有多页，此时我们需要为报表添加页码来标明次序以统计页数。在报表设计视图下添加页码的操作如下。

方法 1：在"设计"选项卡的"页眉/页脚"组，单击"页码"按钮，弹出"页码"对话框，用户可选择需要的页码显示格式和显示位置(页面页眉或页面页脚)以及对齐方式，完成选择后，单击"确定"按钮，此时 Access 2010 会自动在报表的页面页眉节或页面页脚节上添加页码，如图 6-25 所示。

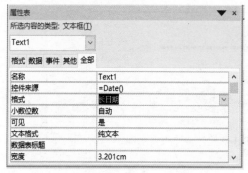

图 6-24　文本框设置日期时间

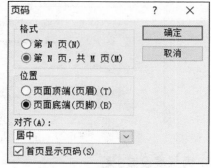

图 6-25　"页码"对话框

方法 2：

(1) 在"设计"选项卡的"控件"组，单击"文本框"按钮并拖动至需要显示页码的节上，删除文本框自带的标签控件，调整文本框的大小和位置。

(2) 双击文本框控件弹出"属性表"窗格。

（3）单击"控件来源"属性最右边的省略号按钮，弹出"表达式生成器"对话框，在表达式元素下拉列表框中选择"通用表达式"，在表达式类别中选择页码的格式，双击表达式值，完成操作后单击"确定"按钮，如图 6-26 所示。如果熟悉表达式的书写，也可以直接在"控件来源"中输入表达式值。

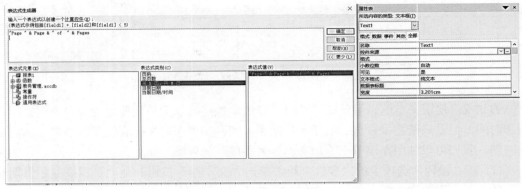

图 6-26　文本框设置页码

在报表打印输出时，默认在一页打印完后会自动换页继续打印。在某些特殊情况下，有时候我们在报表打印时某一页内容需要分成几页来打印，此时可以在需要分页打印处添加分页符。为报表添加分页符的操作如下：

（1）在"设计"选项卡的"控件"组，单击"分页符"按钮。

（2）单击报表需要分页打印处，此时该处最左边会出现一个"虚线"图标，完成分页设置。

5. 利用矩形框和线条控件为报表绘制装饰线和表格

在"设计"选项卡的"控件"组中有矩形框和线条控件，可以利用这些控件及其属性的设置，在报表需要的节位置进行添加绘制，如图 6-27 所示。

图 6-27　使用矩形框和线条控件装饰报表示例

6. 为报表设置主题

在"设计"选项卡的"主题"组，提供了"主题""颜色"和"字体"三个按钮，用于设置报表的外观、颜色等格式。

6.3.2　使用报表设计视图创建报表

在了解报表设计视图基本信息的基础上，我们通过实例来掌握使用报表设计视图创建报表。

【例6-4】创建一个学生成绩报表，依次显示学号、姓名、课程名称、学期、平时成绩、期末成绩、总评成绩。在报表页眉处显示报表标题"学生成绩信息"和日期，在页面页脚显示页码。

操作步骤：

(1) 单击"创建"选项卡，在"报表"选项组中单击"报表设计"按钮，创建一个空白报表并进入报表设计视图。

(2) 打开报表的"属性表"窗格，单击"记录源"属性最右边省略号按钮，如图 6-28 所示，此时会进入"查询生成器"界面，进行查询设计(因为 Grade 表中没有总评成绩字段，此时我们通过设计查询实现总评成绩的计算：平时成绩*30%+期末成绩*70%)。

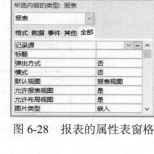

图 6-28 报表的属性表窗格

(3) 在"查询生成器"中建立图 6-29 所示查询。

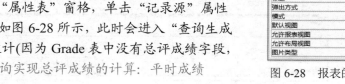

图 6-29 查询生成器设计例 6-4 所需查询

(4) 单击"设计"选项卡，在"工具"组单击"添加现有字段"按钮，弹出"字段列表"窗格如图 6-30 所示，将全部字段依次拖动到报表的主体节上，主体节会自动产生 7 个带关联标签的与字段绑定的文本框控件，删除关联标签控件；选中所有的文本框控件，设置字体为"宋体"，字号为12，边框样式为"透明"，如图 6-31 所示；利用"排列"选项卡的"调整大小和排序"组中的"大小/空格"和"对齐"下拉菜单，如图 6-32 所示，调整控件的位置。

图 6-30 "字段列表"窗格

图 6-31 设置多个控件的共同属性

图 6-32 调整大小和排序

(5) "设计"选项卡的"控件"组选择"标签"控件，添加 7 个标签控件到页面页眉节上，设置标签的标题属性为字段名；设置 7 个标签控件的字体为"隶书"，字号为 12，边框样式为"透明"；利用"排列"选项卡的"调整大小和排序"组中的"大小/空格"和"对齐"下拉菜单调整标签控件的位置，大小为"正好容纳"。在页面页眉节标签控件的下方添加一个线条控件，设置边框样式为虚线，边框宽度为 3pt；完成后设置效果如图 6-33 所示。

图 6-33 报表添加文本框和标签控件

(6) 在"设计"选项卡的"页面/页脚"组，单击"标题"按钮，报表会自动增加报表页眉节和报表页脚节，并且在报表页眉节自动添加一个标签控件用于设置报表的标题，此时在标签控件中输入"学生成绩信息"。

(7) 在"设计"选项卡的"控件"组，单击"文本框"控件，在报表页眉处添加一个文本框控件，在报表页眉处添加日期信息：设置控件来源属性为"=Date( )"，格式属性为"长日期"，边框样式和背景属性为"透明"，删除文本框自带的关联标签控件。

(8) 在"设计"选项卡的"页眉/页脚"组，单击"页码"按钮，弹出"页码"对话框，选择格式为"第 N 页，共 M 页"，位置为"页面底端"，对齐为"居中"，在页面页脚节添加页码信息。

(9) 在报表页脚节上添加一个标签控件，设置标题属性为"网络学院学生处"，字体为"微软雅黑"，字号为 16，大小为"正好容纳"。

(10) 调整各个节的高度，以合适的空间容纳放置在节中的空间。单击"保存"按钮，保存报表，名称为"例 6-4"，完成后设计视图和预览效果如图 6-34 所示。

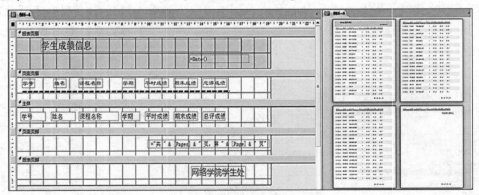

图 6-34 例 6-4 报表设计视图和预览视图

6.3.3 报表的排序、分组和计算

1. 报表的排序

在默认情况下，报表的记录按照自然排序，即记录输入的先后顺序排列显示。在实际

应用过程中，通常需要按指定的规则顺序排列，例如按成绩的高低、年龄的大小等，这就是报表的排序。为报表指定"排序"规则的操作步骤如下：

(1) 单击"设计"选项卡"分组和汇总"组的"分组和排序"按钮(或鼠标右键单击报表空白处，在弹出的快捷菜单选择"分组和排序")，报表设计视图最下方出现图 6-35 所示"分组、排序和汇总"窗格。

(2) 单击"添加排序"按钮，出现"字段列表"窗格，如图 6-36 所示，单击需要设置为排序依据的字段(点击"表达式"会打开表达式生成器，设置表达式作为记录的排序依据)。Access 2010 允许通过多次点击"选择排序"按钮，设置多个字段或表达式作为记录排序的依据，如图 6-37 所示。排序的优先级别是第一行为最高，第二行次之，以此类推。

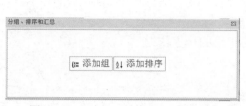

图 6-35　"分组、排序和汇总"窗格　　　　图 6-36　排序依据的字段选择

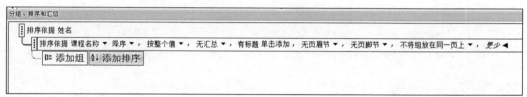

图 6-37　排序的"更多"设置

(3) 设置好排序依据的字段或表达式，默认是"升序"，记录按设置规则由低到高排列，单击"升序"下拉列表可将"升序"改为"降序"，则记录按设置规则由高到低排列。

(4) 默认排序依据的字段比较大小是"按整个值"，单击"按整个值"下拉列表可将设置排序的依据按字段值的其他形式进行比较。

(5) 单击"无汇总"下拉列表出现"汇总"窗格，如图所示 6-38。在"汇总方式"的下拉列表框设置需要计算的字段；"类型"下拉列表框选择计算公式，如合计、平均值、最大值、最小值等；四个复选框用于设置汇总计算数据显示的位置和方式，除第一个复选框外，其余的复选框需要先对报表进行分组的操作。

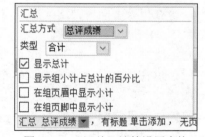

图 6-38　"汇总"计算设置窗格

2. 报表的分组

报表设计时通常需要根据字段的值是否相等将记录分成若干组，以便进行数据的汇总计算。例如，某个学校的学生按专业名称分组，统计各专业的成绩；某个公司的员工按部门名称分组，统计各部门的工资等，这就是报表的分组操作。Access 2010 报表分组操作步骤如下：

(1) 单击"设计"选项卡"分组和汇总"组的"分组和排序"按钮，在"排序、分组和汇总"窗格中单击"添加组"按钮，出现"字段列表"窗格，如图 6-39 所示，单击需要设置为分组依据的字段(点击"表达式"会打开表达式生成器，设置表达式作为记录的分组依据)。Access 2010 允许通过多次点击"添加组"按钮设置，多个字段或表达式作为记录多次分组的依据。

(2) 单击"无汇总"下拉列表出现"汇总"窗格，如图 6-38 所示。在"汇总方式"的下拉列表框设置需要计算的字段；"类型"下拉列表框选择计算公式，如合计、平均值、最大值、最小值等。

(3) 单击"无页眉节""无页脚节"下拉列表可变为"有页眉节"或"有页脚节"，此时报表增加组页眉节或组页脚节，如果在排序中完成该操作，则选择的字段由排序依据变成分组依据。

(4) 单击"将不同组放在同一页上"下拉列表，设置分组记录在页的显示方式，如图 6-40 所示。

(5) 单击"添加排序"，设置分组记录的排序依据。

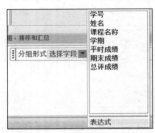 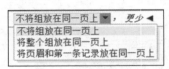

图 6-39　分组形式的字段列表　　　　　图 6-40　分组在页显示

3. 报表的汇总计算

Access 2010 报表设计汇总计算时，除使用"排序、分组和汇总"窗格的汇总计算外，还可以使用计算型控件实现汇总计算。报表中最常见的计算型控件是文本框控件，设置文本框的"控件来源"属性值为计算表达式，Access 2010 会自动计算表达式的值，并将计算结果存储在文本框相应的属性中。当表达式计算依据发生更新变化，Access 2010 会自动更新计算表达式的值。

在报表不同节使用计算型控件进行汇总计算：

(1) 在主体节中增加文本框控件，用于对报表记录的横向计算，即对每一条记录的不同字段进行计算。例如 Grade 表的记录没有总评成绩字段，我们在设计成绩报表时，可以通过在主体节增加一个文本框控件，设置"控件来源属性"为"=平时成绩*0.3+总评成绩*0.7"，用于显示每一条记录的总评成绩信息，在页面页眉节等相应位置添加一个标签控件，设置标题属性为"总评成绩"，如图 6-41 所示。

(2) 在组页眉/组页脚节、页面页眉/页面页脚节、报表页眉/报表页脚节添加计算型控件，一般用于对一组记录、一页记录、所有记录的某些字段进行求和、计数、平均值、最大值、最小值计算，这个计算一般是对报表字段的纵向数据进行统计计算。在纵向计算时，可使用 Access 2010 提供的统计函数 Sum、Count、Avg、Max、Min 等完成计算操作。

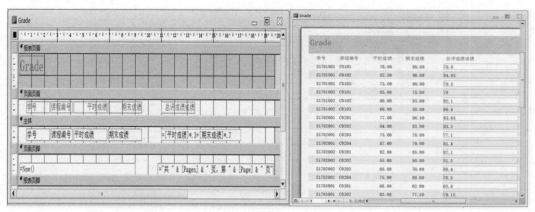

图 6-41　使用计算型控件横向汇总计算

4. 报表的排序分组汇总实例

【**例 6-5**】在例 6-4 的基础上，将报表记录按学号分组；统计每个学生的总评成绩的总和及平均值，保留一位小数；分组记录按总评成绩的降序排序。

操作步骤：

(1) 打开"例 6-4"报表，切换至设计视图。

(2) 单击"设计"选项卡"分组和汇总"组的"分组和排序"按钮，在"排序、分组和汇总"窗格中点击"添加组"按钮，出现"字段列表"窗格，选择"学号"字段，报表记录按学号分组。

(3) 单击"无页眉节"和"无页脚节"，改成"有页眉节"和"有页脚节"，报表增加"学号页眉"和"学号页脚"节；设置汇总如图 6-42 所示。统计每个学生各门课程的总评成绩总和，此时学号页脚节自动增加一个文本框控件，用于计算并显示每一组记录总评成绩字段的总和。

图 6-42　汇总设置

(4) 将主体节中的"学号"和"姓名"两个文本框控件拖动至学号页眉节，调整合适位置；调整学号页眉和学号页脚两个节的合适高度，如图 6-43 所示。

(5) 双击学号页脚，显示总评成绩总分的文本框控件，在属性表窗格中设置控件来源为"="总评成绩总分:"　&　Sum([总评成绩])"，设置结果如图 6-43 学号页脚节所示。

(6) 在学号页脚节添加一个文本框控件，设置控件来源属性为"=Avg([总评成绩])"，格式为"固定"，小数位数为 1，背景为"透明"，边框样式为"透明"；自带关联标签控件的标题属性设置为"总评成绩平均分："，设置后结果如图 6-44 所示。

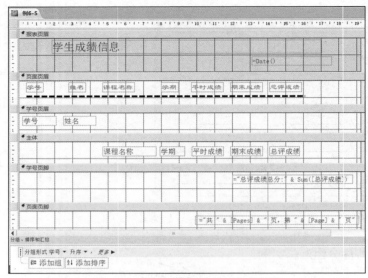

图 6-43　学号页眉和学号页脚的设置

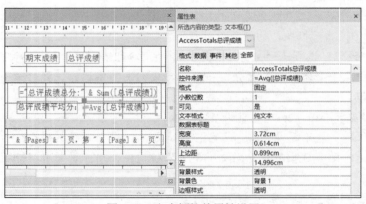

图 6-44　文本框控件属性设置

(7) 单击"添加排序"按钮，在"字段类别"窗格选择"总评成绩"；单击"升序"下拉列表选择"降序"；如图 6-45 所示。设置后报表分组的记录按总评成绩由高到低的顺序排列。

(8) 单击"文件"选项卡选择"对象另存为"，输入报表名称为"例 6-5"，保存报表，如图 6-46 所示。完成后设计视图和预览视图如图 6-47 所示。

图 6-45　排序设置

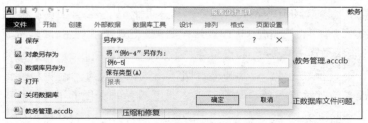

图 6-46　报表对象另存为操作界面

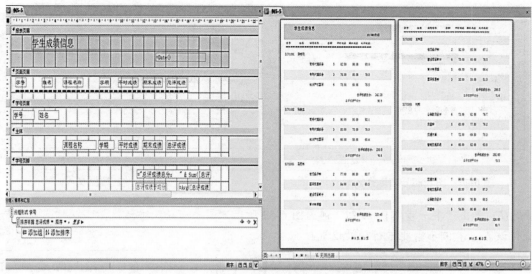

图 6-47　例 6-5 报表设计视图和预览视图

6.4　创建其他报表

6.4.1　创建图表报表

在实际应用中，将数据以图表的方式呈现，可更好地分析数据之间的关系、数据的发展趋势。Access 2010 提供"图表"控件，以向导的形式帮助用户设计图表报表。

使用"图表"控件创建图表报表的操作如下。

【例 6-6】利用"图表"控件创建如图 6-4 所示的"教师职称比例"图表报表。

操作步骤：

(1) 单击"创建"选项卡，在"报表"组中单击"报表设计"按钮，打开一张空报表。

(2) 在"设计"选项卡中选择"控件"组中的图表控件，如图 6-48 所示，并添加到报表的主体节上。

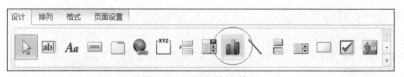

图 6-48　报表的控件组

(3) 弹出图 6-49 所示"图表向导"窗口，在"请选择用于创建图表的表或查询"下拉列表框中选择"表：Emp"。

(4) 单击"下一步(N)"按钮，弹出图 6-50 所示"选定字段"对话框，选择以图表形式显示的字段数据信息，在本例题中选择"职称"字段。

(5) 单击"下一步(N)"按钮，弹出图 6-51 所示"选择图形类型"对话框，此时可以选择直方图、折线图、饼图等多种类型，本例中选择"饼图"。

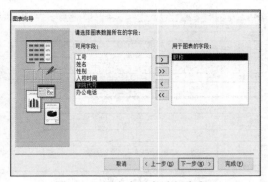

图 6-49　图表向导之选择表或查询　　　　　图 6-50　图表向导之选择字段

(6) 单击"下一步(N)"按钮,弹出图 6-52 所示"图表布局"对话框,可以对图表布局进行设置,本例不需要进行额外设置。

图 6-51　图表向导之选择图表类型　　　　　图 6-52　图表向导之布局设置

(7) 单击"下一步(N)"按钮,弹出图 6-53 所示对话框,"请指定图表的标题(T)"中可输入报表标题,本例输入"教师职称比例",并设置是否显示图例。

图 6-53　图表向导之标题和图例显示设置

(8) 单击"完成(F)"按钮,预览报表。

(9) 如需对图表进一步设计,可切换至设计视图,鼠标右键点击图表,在弹出的快捷菜单中选择"图表对象"→"编辑",进入图表对象编辑状态(在设计视图下直接双击图表对象也可以进入编辑状态)。鼠标右键点击图表,在弹出的快捷菜单中选择"图表选项",出现"图表选项"对话框,可对图表的标题、图例、数据标签进行设置,本例需要显示各职称的百分比比例，如图 6-54 所示。单击"确定"后完成图表对象的修改，单击图表编辑窗格灰色空白处，返回报表设计视图，保存报表，完成报表设计。切换至报表预览视图，设计结果如图 6-4 所示。

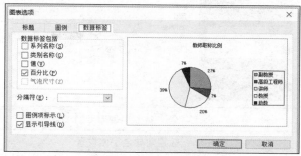

图 6-54　图表选项对话框

6.4.2　创建标签报表

使用标签向导创建标签报表的操作如下。

【例 6-7】利用标签向导创建如图 6-3 所示的标签报表。

操作步骤：

(1) 在"导航窗格"的"表"分组中选择 Stu 表(如果未选择记录源，下一步操作时标签向导会有错误提示)。

(2) 打开"创建"选项卡，在"报表"组中单击"标签"按钮，弹出图 6-55 所示标签尺寸设置选项卡，可以对标签报表的尺寸、度量单位、送纸方式进行设置。本例选择 C2166 型号。

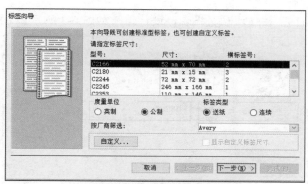

图 6-55　标签向导之标签尺寸设置

(3) 单击"下一步(N)"，弹出图 6-56 所示对话框，设置标签报表文本的字体名称、字号、颜色。

(4) 单击"下一步(N)"按钮，弹出图 6-57 所示对话框，在"原型标签"输入要显示的字段标题并选择相应字段。其中{字段}中的字段是从"可用字段"列表框中选择的字段，"字段名："需要报表设计人员自行输入。例如"原型标签"输入"学号："，然后在左边"可用字段"列表框中双击选择"学号"字段；按此操作，依次完成"姓名""性别""出生日期"等字段信息的设置。

(5) 单击"下一步(N)"按钮，弹出"设置排序"对话框，设置标签记录的排序。

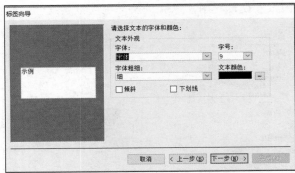

图 6-56　标签向导之字体设置

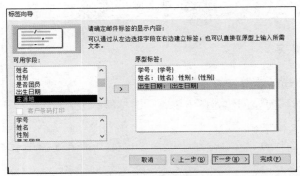

图 6-57　标签向导之标签原型输入设置

(6) 单击"下一步(N)"按钮，弹出图 6-58 所示对话框，设置标签报表的名字，本例输入"学生基本信息标签"。

(7) 单击"完成(F)"按钮，预览报表，设计结果如图 6-3 所示。

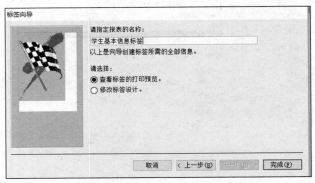

图 6-58　标签向导之标签报表名称设置

6.5　导出报表

Access 2010 提供将报表导出为 PDF 或 XPS 文件格式的功能，这些文件保留原始报表的布局和格式，以便其他用户可以在脱离 Access 2010 环境下查阅报表信息。此外，Access

2010 还可以将报表导出为 Excel 文件、文本文件、XML 文件、rtf 文件、HTML 文档等。

将报表导出为 PDF 文件操作步骤如下：

(1) 打开某个数据库，在导航窗格下展开报表对象列表。

(2) 单击选择"报表"对象列表中要导出的报表。

(3) 单击"外部数据"选项卡，在"导出"组中点击"PDF 或 XPS"按钮。

(4) 在"发布为 PDF 或 XPS"对话框中设置文件保存位置、文件名、文件类型，选择保存类型为 PDF(*.pdf)。

(5) 单击"发布"按钮，完成操作后，在步骤(4)指定的路径下可以找到报表导出的 PDF 文件。

6.6　本章小结

通过本章的学习，应该对报表有初步的认识，理解报表的作用、报表的组成、分类和视图，掌握报表的创建和编辑方法，理解报表的排序、分组和汇总。

报表不仅可以按指定的格式显示和打印输出数据，而且还可以对数据进行排序、分组和统计计算。报表一般由报表页眉、页面页眉、主体、页面页脚、报表页脚 5 个节组成，若对报表进行分组操作，则报表会增加组页眉和组页脚两个节。Access 2010 报表主要有纵栏式报表、表格式报表、图表报表和标签报表 4 种类型。报表视图有报表视图、打印预览、布局视图和设计视图 4 种。

Access 2010 提供"报表""空报表""报表向导"等快捷创建报表的方法，"报表"可快捷创建表格式报表，"空报表"在布局视图下创建表格式报表。对于记录源是多表、数据较多、布局要求较高的情况，可使用"报表向导"快速地创建报表。图表报表通过使用"图表"控件向导创建，标签报表使用"标签报表"向导创建。报表设计视图下，用户可利用报表控件、排序、分组和汇总等功能自行设计功能完善、复杂的报表；也可以对其他报表进行编辑操作。

Access 2010 提供了将报表导出为其他格式文件的功能，以便用户在脱离 Access 2010 环境下查阅报表。

本章实验操作：

(1) 通过练习掌握"基本报表"和"空报表"快捷创建报表，注意首先进行记录源的选择操作。

(2) 通过例题熟练掌握使用"报表向导"创建报表的过程。注意：首先多表之间要确定已建立正确的关系，其次是要区别"数据查看方式"和"分组"的作用（"数据查看方式"是记录源为多表的分组，"分组"是记录源为多表的二次分组或是记录源为单表的分组），再次要注意"汇总选项"设置必须是有分组才会出现（如果记录源无数值型字段，即使分组也不能进行汇总计算）。

(3) 熟悉使用"设计视图"创建报表的方法，首先熟悉在"设计视图"下为报表增加或删除各节的操作，熟练掌握设置报表记录源；其次要熟悉报表控件在各节的设置和作用及属性设置；再次要熟悉在"设计视图"下对报表数据进行"排序、分组和汇总"的设计操作。

(4) 熟悉"图表"控件的属性设置，掌握图表报表的设计方法。

6.7　思考与练习

6.7.1　选择题

1. 下列关于报表的叙述中，正确的是(　　)。
   A. 报表只能输入数据　　　　　　　　　　B. 报表只能输出数据
   C. 报表可以输入和输出数据　　　　　　　D. 报表不能输入和输出数据
2. 要实现报表按某字段分组统计输出，需要设置的是(　　)。
   A. 报表页脚　　　　B. 该字段的组页脚　　　C. 主体　　　　　　　D. 页面页脚
3. 在报表中要显示格式为"共 N 页，第 N 页"的页码，正确的页码格式设置是(　　)。
   A. = "共" + Pages + "页，第" + Page + "页"
   B. = "共" + [Pages] + "页，第" + [Page] + "页"
   C. = "共" & Pages & "页，第" & Page & "页"
   D. = "共" & [Pages] & "页，第" & [Page] & "页"
4. 在报表中，要计算"数学"字段的最低分，应将控件的"控件来源"属性设置为(　　)。
   A. = Min([数学])　　　B. = Min(数学)　　　　C. = Min[数学]　　　D. Min(数学)
5. 在一份报表中设计内容只出现一次的区域是(　　)。
   A. 报表页眉　　　　B. 页面页眉　　　　　C. 主体　　　　　　　D. 页面页脚
6. 报表的分组统计信息显示的区域是(　　)。
   A. 报表页眉或报表页脚　　　　　　　　　B. 页面页眉或页面页脚
   C. 组页眉或组页脚　　　　　　　　　　　D. 主体
7. 报表的数据源不能是(　　)。
   A. 表　　　　　　　B. 查询　　　　　　　C. SQL 语句　　　　D. 窗体
8. 下列叙述中，正确的是(　　)。
   A. 在窗体和报表中均不能设置组页眉
   B. 在窗体和报表中均可以根据需要设置组页眉
   C. 在窗体中可以设置组页眉，在报表中不能设置组页眉
   D. 在窗体中不能设置组页眉，在报表中可以设置组页眉
9. 下列选项中，可以在报表设计时作为绑定控件显示字段数据的是(　　)。
   A. 文本框　　　　　B. 标签　　　　　　　C. 图像　　　　　　D. 选项卡
10. 为窗体或报表上的控件设置属性值的宏操作是(　　)。
    A. Beep　　　　　B. Echo　　　　　　　C. MsgBox　　　　D. SetValue

6.7.2　简答题

1. 报表的组成有哪些部分？每个部分有什么作用？
2. 报表的作用是什么？报表的数据来源有哪些？
3. 报表的类型有哪些？
4. 报表创建的方法有哪些？各自有什么特点？
5. 在报表中如何实现排序、分组和汇总？

第7章　宏

思维导图

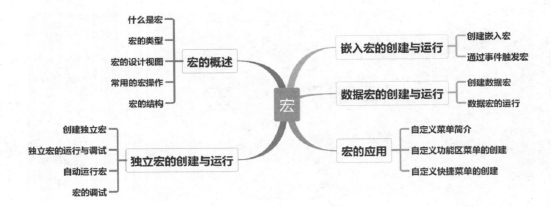

7.1 宏的概述

Access 中的数据表、查询、窗体和报表 4 种基本对象虽然功能强大，但是它们彼此间不能互相驱动，需要使用宏和模块将这些对象有机地组织起来，构成一个性能完善、操作简便的数据库系统。例如，对于打开和关闭窗体、显示和隐藏工具栏、运行报表等简单的细节操作，使用宏可以轻松地将这些工作组织起来自动完成，实现将已经创建的数据库对象联系在一起的功能。

宏是 Access 的对象之一，使用宏的目的是实现自动操作。在使用 Access 数据库的过程中，一些需要重复执行的操作可以被定义成宏，以后只要直接执行宏就可以了。

7.1.1 什么是宏

宏(Macro)指的是能被自动执行的一组宏操作，利用它可以增强对数据库中数据的操作能力。宏包含的每个操作都有名称，是系统提供、由用户选择的操作命令，名称不能修改。这些命令由 Access 自身定义，用户不需要了解编程的语法，更无须编程，只需要利用几个简单的宏操作就可以对数据库进行一系列的操作。一个宏中的多个操作命令在运行时按先后次序顺序执行，如果宏设计了条件，则操作会根据对应设置的条件决定能否执行。

可以将 Access 宏看作一种简化的编程语言，利用这种语言通过生成要执行的操作的列表来创建代码，它不具有编译特性，没有控制转换，也不能对变量直接操作。生成宏时，用户从下拉列表中选择每个操作，然后为每个操作填写必需的参数信息。宏使用户能够向窗体、报表和控件中添加功能，而无须在 VBA 模块中编写代码。

创建宏的过程十分简单，只要在宏设计器窗口中按照执行的逻辑顺序依次选定所需的宏操作，指定宏名、设置相关的参数及输入注释说明信息等。宏创建好之后，可以通过多种方式来调试、运行宏。

7.1.2　宏的类型

在 Access 中按照宏所处的位置可以将宏分为独立宏、嵌入宏和数据宏 3 种类型。

1. 独立宏

独立宏即数据库中的宏对象，其独立于其他数据库对象，被显示在导航窗格的"宏"组下。

2. 嵌入宏

嵌入宏指附加在窗体、报表或其中的控件上的宏。嵌入宏通常被嵌入到所在的窗体或报表中，成为这些对象的一部分，由有关事件触发，如按钮的 Click 事件。嵌入宏没有显示在导航窗格的宏对象下。

3. 数据宏

数据宏指在表上创建的宏。当向表中插入、删除和更新数据时，将触发数据宏。数据宏也没有显示在导航窗格的宏对象下。

7.1.3　宏的设计视图

在"创建"选项卡的"宏与代码"组中，单击"宏"按钮，创建一个新宏。这时将自动打开宏的设计视图，宏设计视图用于创建或编辑宏，主要由功能区、宏设计窗口和操作目录窗格三大部分组成，如图 7-1 所示。

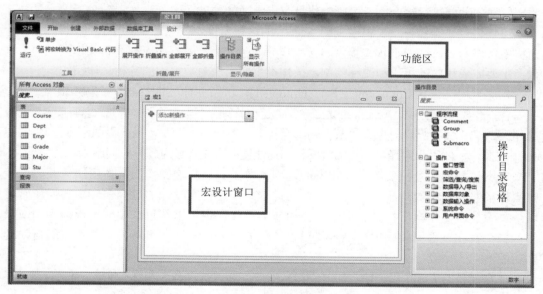

图 7-1　宏设计视图

1. 功能区

功能区提供了设计、管理、运行和调试宏所需要的功能按钮。"工具"组中的"运行"按钮可以运行宏；"单步"按钮可以设置宏的运行模式为单步运行。"折叠/展开"组中的按钮可以折叠或展开宏设计器中的宏操作。"显示/隐藏"组中的"操作目录"按钮可以显示或隐藏操作目录窗格；"显示所有操作"按钮如果处于按下状态，则操作目录窗格中和"添加新操作"下拉列表框中都将显示所有的宏操作，包括一些尚未受信任的操作，如SetValue、RunSQL 等。

2. 宏设计窗口

在宏设计窗口中，可以通过"添加新操作"下拉列表框添加宏操作，还可以对各种项目进行编辑、移动和删除。当选择或直接输入宏操作命令后，系统会自动展开宏并显示该命令的相关参数。操作参数控制操作执行的方式，不同的宏操作具有不同的操作参数。用户应根据所要执行的操作，对这些参数进行设置。单击操作、条件或子宏前面的"-"可以折叠相应的项目，单击项目前面的"+"则展开该项。

3. 操作目录窗格

在操作目录窗格中分类列出了所有的宏操作命令，单击每个宏操作，在窗格底部会显示该操作的功能。双击需要添加的项目，或者将项目拖拽到宏设计窗口，都可以在宏设计窗口中添加相应的程序流程或宏操作。

7.1.4　常用的宏操作

宏操作是宏的基本结构单元，不论哪种宏都由宏操作组成。Access 系统将一些数据库使用过程中经常需要进行的操作预先定义成了宏操作，例如，打开和关闭表、查询、窗体和报表等对象，在记录集中筛选、定位等。用户在使用时只需将这些宏操作单独使用或按照要实现的功能进行组合，就可以创建具有指定功能的宏。

可以通过"操作目录"窗格了解 Access 的这些宏操作。从图 7-1 所示的"操作目录"窗格中可以看到，Access 预先提供的宏操作分成两大类，即程序流程类和操作类。程序流程类主要完成程序的组织和流程控制，操作类主要实现对数据库的各种具体操作。

程序流程类包含 Comment(注释)、Group(组)、If(条件)和 Submacro(子宏)4 项。

在操作类宏操作中，Access 提供了包括"窗口管理""宏命令""筛选/查询/搜索""数据导入/导出""数据库对象""数据输入操作""系统命令"和"用户界面命令"共 8 类66 个宏操作，供用户选择。常用的宏操作和功能说明参见《学习指导》附录 C。

宏操作是创建宏的资源。创建宏的过程就是了解这些宏操作的具体用法，并将这些宏操作按照要实现的功能进行排列组合的过程。在进行宏设计的过程中，添加操作时可以从"添加新操作"下拉列表框中选择相应的操作，也可以从目录中双击或拖动相应操作。整个设计过程无须编程，不需要记住各种复杂的语法，即可实现某些特定的自动处理功能。

注意：并不是所有时刻都能使用所有的宏操作，有些宏操作只在特定情境下才可以使用。

在 Access 中，宏几乎可以实现数据库的所有操作，归纳起来有以下几点。

1. 打开数据库对象

(1) OpenForm：打开窗体。

(2) OpenTable：打开数据表。

(3) OpenQuery：打开查询。

(4) OpenReport：打开报表。

2. 记录操作

(1) ApplyFilter：对表或窗体应用筛选。

(2) FindRecord：寻找表、查询或窗体中符合给定条件的第一条记录。

(3) FindNextRecord：寻找符合 FindRecord 指定条件的下一条数据记录。

(4) GoToRecord：指定当前记录。

(5) Refresh：刷新视图中的记录。

(6) ShowAllRecords：从表、查询或窗体中删除所有已应用的筛选。

3. 运行和控制流程

(1) CancelEvent：中止一个事件。

(2) QuitAccess：退出 Access。

(3) RunMacro：执行宏。

(4) StopMacro：停止当前正在执行的宏。

4. 控制窗口

(1) CloseWindow：关闭指定的窗口，如果无指定窗口，则关闭激活的窗口。

(2) MaximizeWindow：最大化活动窗口。

(3) MinimizeWindow：最小化活动窗口。

(4) RestoreWindow：将处于最大化或最小化的窗口恢复为原来的大小。

5. 设置值

(1) SetLocalVar：将本地变量设为给定值。

(2) SetProperty：设置控件属性的值。

6. 通知或警告

(1) Beep：使计算机发出嘟嘟声。

(2) MessageBox：显示消息框。

7. 菜单操作

(1) AddMenu：为窗体或报表添加菜单。

(2) SetMenuItem：设置活动窗口自定义菜单栏中的菜单项状态。

7.1.5　宏的结构

Access 中的宏可以是包含一个或几个操作的宏，也可以是由几个子宏(Submacro)组成的宏组，还可以是使用条件限制执行的宏。

宏操作：是系统预先设计好的特殊代码，每个操作可以完成一种特定的功能，用户使用时按需设置参数即可。

子宏(Submacro)：包含在一个宏名下的具有独立名称的宏，可以单独运行。当一个宏中包含多种功能时，可以为每种功能创建子宏。

宏组(Group)：以一个宏名来存储相关的宏的集合。宏组中每一个子宏都有宏名，以便引用。使用宏组可以更方便地对宏进行管理，例如，可以将同一个窗体上使用的宏组织到一个宏组中。

注释(Comment)：对宏的说明。一个宏中可以有多条注释。注释虽然不是必须的，但添加注释不但方便以后对宏的维护，也方便其他用户理解宏。

条件(If..Else..Endif)：设置了条件的宏，将根据条件表达式成立与否执行不同的宏操作。这样可以加强宏的逻辑性，也使宏的应用更加广泛。

7.2　独立宏的创建与运行

如果要在应用程序的很多位置重复使用宏，则可以建立独立宏。通过其他宏调用该宏，可以避免在多个位置重复相同的代码。创建条件宏时，条件值应该是个逻辑值，条件表达式可以直接输入，也可以使用表达式生成器生成。创建宏组时每个子宏都需要有一个宏名，宏组中的宏使用"宏组名.宏名"来引用。

7.2.1　创建独立宏

【例 7-1】创建一个操作序列宏，宏名为 StuInfo，宏的作用是弹出一个提示对话框，提示"下面将显示学生基本信息，数据不能修改！"，关闭对话框将以只读方式打开 Stu 表。

操作步骤：

(1) 在"创建"选项卡"宏与代码"组中单击"宏"按钮，打开宏设计视图。

(2) 单击"添加新操作"下拉列表框，选择 MessageBox 操作，按照图 7-2 所示设置参数。

(3) 单击"添加新操作"下拉列表框，选择 OpenTable 操作，按照图 7-2 所示设置参数。

(4) 保存宏为 StuInfo，关闭宏窗口。

【例 7-2】创建一个宏组 Mymacro，该宏组包含两个操作序列宏，一个宏名为 StuInfo，宏的作用同例 7-1；另一个宏名为 StuScore，宏的作用是弹出一个提示对话框，提示"下面将显示学生成绩报表！"，关闭对话框将打开例 6-4 的"学生成绩报表"。

操作步骤：

(1) 在"创建"选项卡"宏与代码"组中单击"宏"按钮，打开宏设计视图。

(2) 打开"操作目录"窗格，将"程序流程"下的 Submacro 拖入宏设计窗口，在"子宏"后面的文本框中输入 StuInfo。

图 7-2　StuInfo 宏设计

(3) 在子宏 StuInfo 中，依次添加操作 MessageBox 和 OpenTable，并设置参数如例 7-1；

(4) 在设计窗口中再添加一个子宏 StuScore。

(5) 在子宏 StuScore 中，依次添加操作 MessageBox 和 OpenReport，并设置参数如图 7-3 所示。

(6) 保存宏为 Mymacro，关闭宏窗口。

7.2.2　独立宏的运行

创建了宏之后，通过运行宏可以执行宏中的操作，实现宏的功能。有多种方法可以运行独立宏。

方法 1：在宏设计窗口中运行宏。

在宏设计视图中，单击"设计"选项卡"工具"组中的"运行"按钮，可以直接运行已经设计好的当前宏。

方法 2：从导航窗格运行独立宏。

双击导航窗格上宏列表中的宏名，可以直接运行该独立宏。或者右击所要运行的宏，在弹出的快捷菜单中选择"运行"命令，也可以运行该宏。

图 7-3　Mymacro 宏设计

方法 3：在 Access 主窗口中运行宏。

在 Access 主窗口中，单击"数据库工具"选项卡"宏"组中的"运行宏"按钮，打开"执行宏"对话框，直接在下拉列表中选择要执行的宏的名称或输入宏名，如图 7-4 所示，然后单击"确定"按钮，即可运行指定的宏。这里可以选择执行宏组，也可以选择执行宏组中的某个子宏，宏组中的子宏用"宏组名.子宏名"来引用。如果选择执行宏组，则只会运行宏组中的第一个子宏。

图 7-4　"执行宏"对话框

方法 4：在其他宏中使用 RunMacro 宏操作，间接运行另一个已命名的宏。

注意：如果使用方法 1 或方法 2 运行宏组，则只会运行宏组中的第一个子宏，宏组中的其他子宏不会被运行。

【例 7-3】在宏组 Mymacro 中创建一个操作序列，其作用是运行该宏组时，首先弹出一个图 7-5 所示的输入框，若输入 1 则运行子宏 StuInfo，若输入 2 则运行子宏 StuScore，输入其他内容则弹出图 7-6 所示的消息框，然后停止宏。

图 7-5　"请选择"输入框

图 7-6　"提示"消息框

操作步骤：

(1) 复制宏组 Mymacro 粘贴为"例 7-3"。

(2) 打开宏"例 7-3"的设计视图，在最前面添加 SetLocalVar 操作，按照图 7-7 所示设置参数。SetLocalVar 的作用是定义一个本地变量 r，其值为"表达式"参数的值。"表达式"参数右边的 InputBox 函数会弹出一个图 7-5 所示的输入框，用户在输入框中输入的信息将保存在变量 r 中。

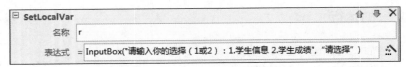

图 7-7　SetLocalVar 操作设置

(3) 在 SetLocalVar 操作后面添加 If 程序流程,设置 If 块的条件为"[LocalVars]![r]="1"",如图 7-8 所示,本地变量 r 的引用格式为[LocalVars]![r]。

(4) 在 Then 块中添加 RunMacro 操作,参数设置如图 7-8 所示。

(5) 添加 Else If 块,条件设置为 "[LocalVars]![r]="2"",在该块中添加 RunMacro 操作,参数设置如图 7-8 所示。

(6) 添加 Else 块,在该块中添加 MessageBox 操作和 StopMacro 操作,参数设置如图 7-8 所示。

(7) 保存该宏组后,单击"设计"选项卡"工具"组中的"运行"按钮,运行当前宏。

7.2.3　自动运行宏

Access 在打开数据库时,将查找一个名为 AutoExec 的宏,如果找到就自动运行它。制作 AutoExec 宏只需要进行如下操作即可:

(1) 创建一个独立宏,其中包含了在打开数据库时要自动运行的操作。

(2) 以 AutoExec 为宏名保存该宏。

提示:如果不希望在打开数据库时自动运行宏,可以在打开数据库时按住 Shift 键。

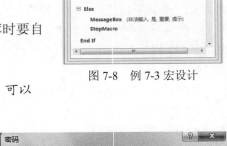

图 7-8　例 7-3 宏设计

【例 7-4】创建一个自动运行宏 AutoExec,它的作用是打开数据库时,先弹出一个"密码"输入框,如图 7-9 所示。当用户输入的密码为"123abc"时,出现"通过验证"消息框,如图 7-10 所示。当密码错误时,出现"未通过验证"消息框,如图 7-11 所示,并关闭 Access。

图 7-9　"密码"输入框

图 7-10　"通过验证"消息框　　图 7-11　"未通过验证"消息框

操作步骤:

(1) 在"创建"选项卡"宏与代码"组中单击"宏"按钮,打开宏设计视图。

(2) 添加 If 程序流程,参数设置如图 7-12 所示。

(3) 保存该宏为 AutoExec,关闭宏设计窗口。

关闭数据库后，当再次打开教务管理数据库时，会自动执行 AutoExec 宏。

7.2.4 宏的调试

在宏执行时，有时会得到异常的结果，我们可以使用宏的调试工具对宏进行调试。常用的方法是单步执行宏，即每次只执行一个宏操作。在单步执行宏时，用户可以观察到宏的执行过程及每一步操作的结果，从而发现出错的位置并进行修改。

打开宏的设计视图，在"设计"选项卡的"工具"组中单击"单步"按钮，然后再单击"运行"按钮，将开始单步运行宏。这时，在每个宏操作运行前，系统都先中断并显示"单步执行宏"对话框，如图 7-13 所示。

图 7-12 例 7-4 宏设计

在"单步执行宏"对话框中列出了每一步执行的宏操作的"宏名称""条件""操作名称"和"参数"。通过观察这些信息，可以判断宏操作是否按预期的结果执行。

"单步执行宏"对话框中 3 个命令按钮的操作含义如下。

图 7-13 "单步执行宏"对话框

- "单步执行"按钮：执行"单步执行宏"对话框中的操作。
- "停止所有宏"按钮：停止宏的运行，并关闭对话框。
- "继续"按钮：关闭单步执行，并执行宏的未完成部分。

如果宏操作有错误，例如当宏操作 OpenTable 的操作参数"表名称"指定了一个不存在的数据表，在执行该操作时会先打开图 7-14 所示的错误信息提示框，指出出错原因及处理建议。然后重新显示有关出错宏操作的"单步执行宏"对话框，并在其中给出错误号，如图 7-15 所示。

图 7-14 错误消息提示框

图 7-15 出错的"单步执行宏"对话框

7.3　嵌入宏的创建与运行

在打开窗体和报表时，经常需要计算机自动完成某些动作。例如，打开窗体和报表的一些初始化操作，单击窗体中按钮等控件后要完成的一系列动作等。在 Access 中，要实现这类操作就要创建嵌入宏。

嵌入宏是嵌入在窗体、报表或其控件属性中的宏。这类宏被嵌入到所在的窗体、报表对象中，成为这些对象的一部分，因此在导航窗格的"宏"列表下不显示嵌入宏。运行时通过触发窗体、报表或按钮等对象的事件(如加载 Load 或单击 Click)来运行。

7.3.1　创建嵌入宏

嵌入宏是对某对象的某事件属性通过使用宏生成器来创建的。

【例 7-5】在"例 5-2"窗体中嵌入宏，打开窗体前弹出"口令"输入框，如图 7-16 所示。如果输入的口令不是"123456"，则不能打开该窗体；如果口令正确则显示所有女生的记录。

图 7-16　"口令"输入框

操作步骤：

(1) 打开"例 5-2"窗体的设计视图，在"属性表"窗格中单击窗体"打开"事件右边的省略号按钮，在弹出的"选择生成器"对话框中选择"宏生成器"，进入宏设计视图。

(2) 在宏设计窗口中添加 If 程序流程，参数设置如图 7-17 所示。

图 7-17　例 7-5 宏设计

(3) 保存该宏，关闭宏设计窗口。

(4) 保存该窗体，关闭窗体的设计视图。

7.3.2　通过事件触发宏

嵌入宏不能直接运行，只能通过触发事件来运行。在导航窗格中双击窗体"例 5-2"后，触发该窗体的"打开"事件，嵌入的宏被执行，将出现图 7-16 所示的"口令"输入框，如果口令正确则显示图 7-18 所示的结果。

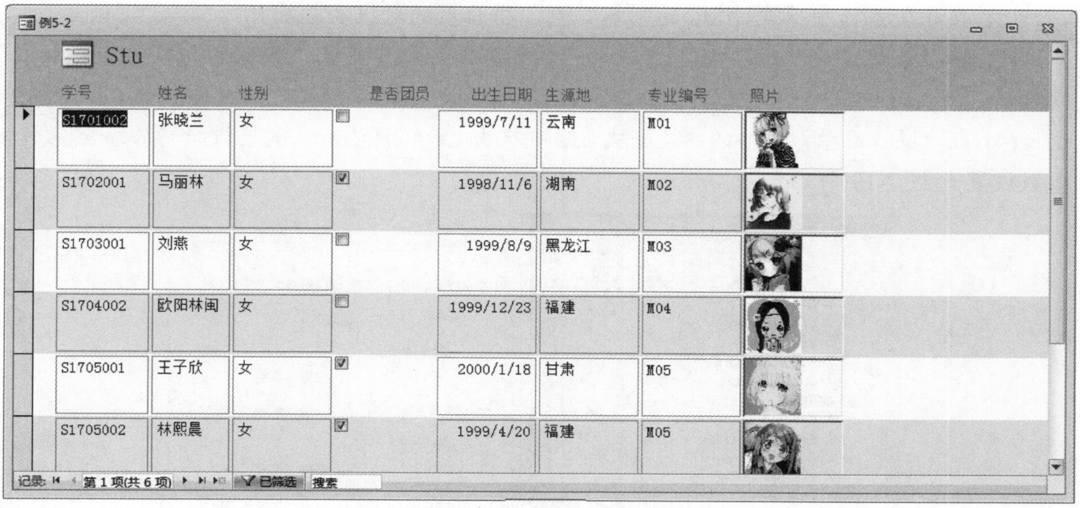

图 7-18 例 7-5 窗体显示效果

注意： 能引发事件的不仅仅是用户的操作，程序代码或操作系统都有可能引发事件。例如，如果窗体或报表在执行过程中发生错误，便会引发窗体或报表的"出错"(Error)事件；当打开窗体并显示其中的数据记录时，会引发"加载"(Load)事件。

*7.4 数据宏的创建与运行

数据宏是 Access 2010 新增的一项功能。当对表中的数据进行插入、删除和修改时，可以调用数据宏进行相关的操作。例如，在 Stu 表中删除某个学生的记录，则该学生的信息被自动写入到另一个表"取消学籍学生"中。或者也可以用数据宏实现更复杂的数据完整性控制。

因为数据宏是建立在表对象上的，所以不会显示在导航窗格的"宏"列表下。

7.4.1 创建数据宏

数据宏包含 5 种宏：插入后、更新后、删除后、删除前和更改前。必须使用表的"数据表视图"或"设计视图"中的功能区命令，才能创建、编辑、重命名和删除数据宏。

在实际操作中，如果删除了数据表中的某些记录，往往需要同时进行另外一些操作，这时可以在表的"删除前"或"删除后"事件中创建数据宏。如果在数据宏中要使用已删除的字段的值，可以使用"[Old].[字段名]"的引用方式。

【例 7-6】 在"Stu 的副本"表的"删除后"事件中创建数据宏，将被删除的学生信息写入"取消学籍学生"表中。

操作步骤：

(1) 从 Stu 表复制一张新表"取消学籍学生"，复制时选择"仅结构"，为了简化操作将其他字段删除，只保留"学号"和"姓名"两个字段，并增加一个字段"变动日期"，数据类型为"日期/时间"型。

(2) 在导航窗格中双击"Stu 的副本"表，打开表的数据表视图。

(3) 在"表格工具"的"表"选项卡"后期事件"组中单击"删除后"按钮，打开宏设计器。

(4) 在"操作目录"窗格的"数据块"组中双击 CreateRecord，向宏设计器添加宏操作，参数设置如图 7-19 所示。

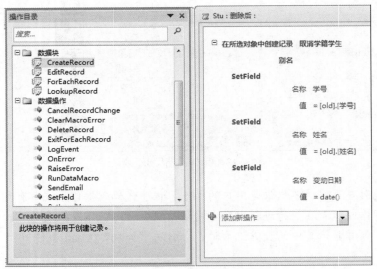

图 7-19 例 7-6 宏设计

(5) 单击"添加新操作"下拉列表框，选择 SetField 操作，按照图 7-19 所示设置参数；用同样的方法再添加两个"SetField"操作，参数设置如图 7-19 所示。

(6) 保存该宏，关闭宏设计窗口。

(7) 保存该窗体，关闭窗体的数据表视图。

本例中用到了宏操作 CreateRecord 和 SetField。

CreateRecord 用于在指定表中创建新记录，仅适用于数据宏。参数"在所选对象中创建记录"用于指定要在其中创建新记录的表，本例为"取消学籍学生"。CreateRecord 创建一个数据块，可在块中执行一系列操作。本例使用 SetField 为新记录的字段分配值。SetField 用于向字段分配值，仅适用于数据宏。参数"名称"指要分配值的字段的名称，参数"值"可以是一个表达式，表达式的值就是要分配给该字段的值。这里使用了"[old].[学号]"引用被删除的数据。

注意：数据宏中使用的宏操作大部分仅适用于数据宏。

数据插入和数据更新时的数据宏的创建方法与上面介绍的方法类似，如果需要，可以参照上面的介绍自己完成。

如果要删除表中已建立的数据宏，必须在表的"数据表视图"或"设计视图"中进行。打开要删除数据宏的表的设计视图，在"设计"选项卡的"字段、记录和表格事件"组中单击"重命名/删除宏"按钮，打开"数据宏管理器"窗口，如图 7-20 所示。单击要删除的数据宏右边的"删除"命令即可将其删除。这里的"数据宏管理器"是管理数据宏的工具，其中列出了当前数据库所有表上的数据宏。

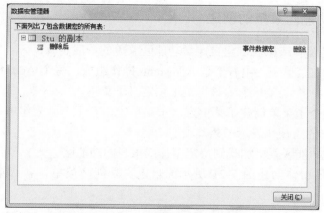

图 7-20　　"数据宏管理器"窗口

7.4.2　数据宏的运行

数据宏不能直接运行。每当在表中添加、更新或删除数据时，都会发生表事件，这些表事件会触发相关的数据宏。

打开例 7-6 中的 Stu 副本表，删除其中的某个或某些记录后关闭该表。然后打开"取消学籍学生"表，可以看到被删除的学生信息已经写入到该表中。

7.5　宏的应用

菜单是将应用系统所提供的功能组织起来的有效工具，每一个菜单项对应一个操作任务，代表执行一条命令或显示下一级菜单。Access 2010 的功能区相当于一个菜单系统，系统还为每个对象提供了内置的快捷菜单。但有时，一个窗体、报表或控件还需要自定义菜单，以满足应用需求。在 Access 2010 中，设计菜单使用宏来实现，而菜单系统本身也是依靠宏来运行的。创建菜单使用 AddMenu 操作。

7.5.1　自定义菜单简介

用户自定义菜单有两种类型：自定义功能区菜单和自定义快捷菜单。

自定义功能区菜单是加载在特定窗体或报表功能区上的菜单。窗体或报表加载了自定义功能区菜单后，功能区将附加一个名为"加载项"的选项卡，自定义菜单就显示在这里。自定义功能区菜单的第一级菜单称为"主菜单"，有若干个主菜单项组成。单击一个主菜单项，将打开对应的子菜单。

快捷菜单也称为"右键菜单"，它是当用户在选定对象上单击鼠标右键时打开的菜单。对象加载了自定义快捷菜单后，其系统内置的快捷菜单将被自定义快捷菜单所取代。

无论是功能区菜单还是快捷菜单，其菜单项既可以代表命令，也可以是下一级菜单(子菜单)的名称(标题)。

通常使用宏来创建自定义菜单。

7.5.2　自定义功能区菜单的创建

使用宏为特定窗体或报表创建自定义功能区菜单的一般步骤：

(1) 创建一个主菜单宏，由若干个 AddMenu 操作组成，每个 AddMenu 操作对应一个主菜单项，并指定一个子菜单宏为该主菜单项定义子菜单。

(2) 分别为每个子菜单创建子菜单宏，子菜单宏由若干个子宏组成，每个子宏对应一个子菜单项，子宏的宏操作表示子菜单项的功能。

(3) 将自定义功能区菜单加载到特定窗体或报表的功能区。

【例 7-7】为某窗体创建图 7-21 所示的自定义功能区菜单，各级菜单项及功能详见表 7-1。

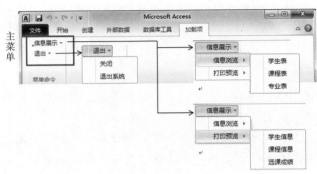

图 7-21　例 7-7 自定义功能区菜单

表 7-1　例 7-7 自定义功能区菜单的菜单项

一级菜单项(主菜单项)	二级菜单项	三级菜单项	功能
信息展示	信息浏览	学生表	Stu 表数据浏览
		课程表	Course 表数据浏览
		专业表	Major 表数据浏览
	打印预览	学生信息	学生信息报表预览
		课程信息	课程信息报表预览
		选课成绩	选课成绩报表预览
退出	关闭		关闭当前窗体
	退出系统		退出 Access 系统

注：假设相关报表已建立。

操作步骤：

(1) 新建一个宏，添加两个 AddMenu 操作以便创建两个主菜单项：在 AddMenu 操作的"菜单名称"框填入主菜单项名称，分别为"信息展示"和"退出"；在"菜单宏名称"框填入主菜单宏名，假设分别为"信息展示"和"退出"，如图 7-22 所示；保存该主菜单宏，假设以"主菜单"命名。

(2) 新建一个宏，添加两个子宏用于定义"信息展示"菜单的两个菜单项：为每个子宏添加一个 AddMenu 操作以便创建下一级菜单，并将下一级菜单的名称也就是二级菜单项的名称"信息浏览"和"打印预览"填入对应的"菜单名称"框，将二级菜单宏的名称填入对应的"菜单宏名称"框，这里假设分别为"信息浏览"和"打印预览"，如图 7-23 所示；子宏名假设为 Sub1 和 Sub2，保存该宏，假设以"信息展示"命名。

图 7-22　创建主菜单宏

图 7-23　创建"信息展示"子菜单宏

(3) 新建一个宏，添加 3 个子宏用于定义"信息浏览"菜单项的 3 个子菜单：为每个子宏添加一个 OpenTable 操作，并设置对应的"表名称""数据模式"等参数，如图 7-24 所示；保存该宏，假设以"信息浏览"命名。

(4) 新建一个宏，添加 3 个子宏用于定义"打印预览"菜单项的 3 个子菜单：为每个子宏添加一个 OpenReport 操作，并设置对应的"报表名称"等参数，如图 7-25 所示；保存该宏，假设以"打印预览"命名。

图 7-24　创建"信息浏览"子菜单宏

图 7-25　创建"打印预览"子菜单宏

注意：宏"信息展示"的子宏定义的菜单项是子菜单，菜单项名称即子菜单名称"信息浏览"通过 AddMenu 操作的"菜单名称"参数设置，子宏名可以用默认名 Sub1。而宏"信息浏览"的子宏定义的菜单项是命令，菜单项名称"学生表"通过子宏名设置。

(5) 新建一个宏，添加两个子宏用于定义"退出"菜单项的两个子菜单：为子宏"关闭"添加 CloseWindow 操作并设置相关参数，为子宏"退出系统"添加 QuitAccess 操作并设置相关参数，如图 7-26 所示；保存该宏，假设以"退出"命名。

(6) 打开要加载所建菜单的窗体的设计视图，将窗体的"菜单栏"属性设置为主菜单宏名"主菜单"，如图 7-27 所示。

图 7-26　创建"退出"子菜单宏

图 7-27　设置窗体属性

在窗体运行时，"加载项"选项卡将显示在功能区中，单击"加载项"选项卡即可看到所创建的自定义功能区菜单。

7.5.3　自定义快捷菜单的创建

使用宏为特定对象创建自定义快捷菜单的一般步骤：

(1) 创建一个快捷菜单宏，方法与上一节介绍的子菜单宏的创建方法相同。

(2) 创建一个用于打开快捷菜单的宏，只需包含 1 个 AddMenu 操作，"菜单宏名称"指定为上一步中创建的快捷菜单宏的名称。

(3) 将自定义快捷菜单加载到特定对象中。

【例 7-8】 为某窗体创建一个自定义快捷菜单，包含"打开学生表""下一条记录"和"关闭窗口"3 个命令。

操作步骤：

(1) 新建一个宏，添加 3 个子宏分别定义为该快捷菜单的 3 个菜单项"打开学生表""下一条记录"和"关闭窗口"，对应的宏操作分别为 OpenTable、GoToRecord 和 CloseWindow，并进行相关参数设置，如图 7-28 所示，保存该宏为 Menu1。

(2) 新建一个宏，添加一个 AddMenu 操作，在"菜单名称"框中填入菜单的名称，假设为"快捷菜单"；在"菜单宏名称"框中填入之前建立的快捷菜单宏的名称 Menu1，如

图 7-29 所示；保存该宏为"快捷菜单 1"。

图 7-28　创建快捷菜单宏

图 7-29　创建快捷菜单的加载宏

（3）打开要加载所建快捷菜单的窗体的设计视图，将窗体的"快捷菜单"属性设置为"是"，将"快捷菜单栏"属性设置为打开快捷菜单的宏名"快捷菜单 1"，如图 7-30 所示。

（4）运行该窗体，右击窗体空白位置，弹出自定义快捷菜单，如图 7-31 所示。

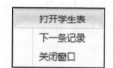

图 7-30　设置窗体属性　　　图 7-31　例 7-8 自定义快捷菜单

7.6　本章小结

通过本章的学习，应理解宏的相关概念和宏的分类，掌握常用的宏操作，掌握创建宏的方法和运行宏的方法，了解宏的调试方法和用宏创建自定义菜单的方法。

运行宏就是运行宏中的操作，可以直接运行宏，也可以通过一个宏的 RunMac 操作运行另外一个宏，还可以通过窗体、报表或控件的触发事件运行宏。如果宏名为 AutoExec，则打开数据库时会自动运行该宏。

使用宏的调试工具可以进行检查，并排除出现问题的操作。在 Access 中，对宏的调试采用单步运行宏的方法来实现。

Access 2010 中的自定义菜单也是用宏来设计的。自定义菜单分为自定义功能区菜单和自定义快捷菜单两种。

7.7　思考与练习

7.7.1　选择题

1. 宏中的每个操作命令都有名称，这些名称(　　　)。
   - A. 可以更改
   - B. 不能更改
   - C. 部分能更改
   - D. 能调用外部命令进行更改

2. 用于打开窗体的宏命令是(　　　)。
   - A. OpenForm
   - B. OpenReport
   - C. OpenQuery
   - D. OpenTable

3. 下列关于宏的叙述中错误的是(　　　)。
   - A. 宏是能被自动执行的操作或操作的集合
   - B. 构成宏的基本操作也叫宏操作
   - C. 宏的主要功能是使操作自动进行
   - D. 嵌入宏是在导航窗格上列出的宏对象

4. 自动运行宏必须命名为(　　　)。
   - A. AutoRun
   - B. AutoExec
   - C. RunMac
   - D. AutoMac

5. 下列对宏组描述正确的是(　　　)。
   - A. 宏组里只能有两个宏
   - B. 宏组中每个宏都有宏名
   - C. 宏组中的宏用"宏组名！宏名"来引用
   - D. 运行宏组名时宏组中的宏依次被运行

6. 下列关于 AddMenu 的叙述中，(　　　)是错误的。
   - A. 一个 AddMenu 对应一个主菜单项
   - B. "菜单名称"参数用来定义主菜单项名称
   - C. "菜单宏名称"参数总与"菜单名称"参数同值
   - D. "状态栏文字"参数用来定义选择该菜单项时在状态行上显示的提示文本

7.7.2　简答题

1. 什么是宏？宏的作用是什么？
2. 什么是宏组？如何引用宏组中的宏？
3. 请说明嵌入宏与独立宏的区别。

第8章 VBA程序设计

1. 了解计算机程序设计语言及算法的基本概念。
2. 掌握计算机程序设计的一般方法。
3. 熟悉 VBA 程序设计的工作环境。
4. 熟悉 VBA 常用的数据类型、常量、变量、数组、内部函数和运算符。
5. 掌握 VBA 顺序、分支和循环三种控制结构及应用。
6. 了解 VBA 过程及函数的定义和调用。

学习 VBA 程序设计，首先要熟悉 VBA 的数据类型、常量、变量、数组、表达式和常用内部函数等，还要掌握程序的顺序结构、分支(选择)结构和循环结构的应用。通过实验案例的练习，学习者要逐步具有将算法转变为 VBA 程序代码的能力。

本章的重点是 8.2.1 节、8.2.3 节、8.2.5 节、8.3.3 节和 8.3.4 节，难点是 8.3.4 节和 8.3.5 节。

思维导图

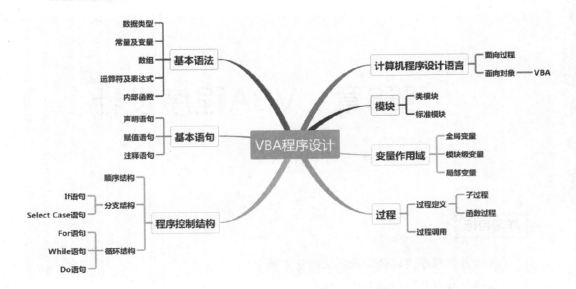

8.1 程序设计概述

8.1.1 程序与程序设计语言

计算机程序(简称"程序")是指为了完成预定任务,用某种计算机语言编写的一组指令序列。计算机按照程序规定的流程,依次执行指令,最终完成程序所描述的任务。简单来说,计算机程序主要包括数据输入、数据处理、数据输出三大部分。

1. 程序设计语言

程序设计语言是程序设计人员与计算机进行对话的语言,它遵循一定的语法规则和形式,是程序的实现工具。为满足计算机的各种应用,人们设计了许多程序设计语言。自从1946 年第一台电子计算机 ENIAC 问世以来,程序设计语言主要经过以下阶段。

(1) 机器语言

机器语言是计算机诞生和发展初期使用的语言。由于计算机硬件主要由电子器件组成,而电子器件最容易表示电位的高低或电流的通断这些稳定的状态,所以用二进制的 0 和 1 可以方便地表示出这些状态。机器语言就是由计算机的 CPU 能识别的一组由 0、1 序列构成的指令码。机器语言是计算机硬件所能执行的唯一语言。计算机可以直接识别和执行机器语言程序,执行效率高。但人工编写机器语言程序繁琐,易出错。而且机器语言依赖于机器,即不同的计算机有不同的机器语言,不能通用。

如:00011110001100001100101101000010。

(2) 汇编语言

为了克服机器语言抽象、难以理解和记忆的缺点,人们用便于理解和记忆的符号来代替机器语言的 0、1 指令序列,这就是汇编语言。汇编语言用助记符号编写程序,与机器语言相比更接近自然语言。但汇编语言同样是与具体机器硬件相关的语言，必须针对特定的计算机或计算机系统设计，对机器的依赖性仍然很强。用汇编语言编写的源程序，要依靠计算机的翻译程序(汇编程序)翻译成机器语言后才能执行。

如：MOV 指令可以传送字或字节；

ADD 加法指令；

END 程序结束指令。

(3) 高级语言

为了从根本上摆脱程序语言对机器的依赖，20 世纪 50 年代中期出现了与具体机器指令系统无关、表达方式更接近于自然语言的第三代语言，称为高级语言，与机器语言和汇编语言所代表的低级语言相区别。随着数据结构化、数据抽象的应用，高级语言向结构化程序设计方向发展，成为面向过程的语言。面向过程的语言用计算机能理解的逻辑，将具体问题的解决过程和步骤用程序语言编写出来，让计算机执行。高级语言编写的源程序需要经过编译或解释程序翻译成机器语言后，才能被计算机执行。常见的过程语言有 C 语言等。

(4) 面向对象程序设计语言

20 世纪 80 年代提出的面向对象技术进一步缩小了人类与计算机思维方式的差异，让人们在利用计算机解决问题时，将主要精力从描述问题的解决步骤(即编程)转移到对问题的分析上。常用的面向对象语言有 Java、C++、C#、VB 等。

在面向对象的程序设计中，"类"和"对象"是两个基本的概念。在程序中，利用类来创建对象，对象具有属性，对象具有功能。程序的功能通过各个对象自身的功能和相互作用得以实现。

随着技术的发展和需要，还产生了许多新的计算机语言，如 Python、Go、Ruby 等。

2. 算法

计算机程序设计的关键是设计算法。所谓算法，在数学上是指按照一定规则解决某一类问题的明确和有限的步骤。计算机算法是指以一步一步的方式来详细描述计算机如何将输入转化为所要求的输出的过程，或者说，是对计算机上执行的计算过程的具体描述。计算机算法有多种表示方式，其中自然语言描述和流程图表示是常用的方法。算法与具体的编程语言无关，程序则是算法在计算机程序设计语言的最终实现。

算法的分析采用自顶向下的分析方法，将大问题分解成子问题，将大目标分解成子目标，最终分解成计算机能处理的一系列步骤。从一般意义上可分为数据输入、数据处理、数据输出三个过程。同一个问题可以有多个不同的算法。在正确的前提下，好的算法应该容易理解，同时力求高效率。

例如：键盘输入任意两个数，交换后输出。

解决两个数交换问题的常用方法是借助中间变量，因此该题算法可以用自然语言描述如下：

(1) 从键盘输入两个数，分别存入变量 a 和 b。

(2) 将 a 的值赋给 c，将 b 的值赋给 a，将 c 的值赋给 b。

(3) 输出 a 和 b。

3. 结构化程序设计方法

结构化程序设计方法的基本思想是自顶向下、逐步求精。从求解问题的角度看，是将大问题分解成子问题，将子问题分解成子子问题，直到本原问题。所有的子问题都解决了，整个问题就解决了。

结构化程序设计的过程分三步：分析问题、设计算法及实现程序。

第一步：分析问题。明确问题有哪些输入数据，要得到哪些处理结果，给出问题的数据分析。

第二步：设计算法。在数据分析的基础上寻找解决问题的方法。先找到一种方法，再考虑选择其他更好的方法。算法可以通过自然语言或流程图描述。

第三步：实现程序。将数据分析转化成程序的说明部分，将算法转化成程序的执行部分，增加必要的注释等部分，完成程序的编码。最后对程序进行调试及分析运行结果。

8.1.2　VBA 概述

1. 面向对象程序设计语言

对象是面向对象程序设计语言中最基本、最重要的概念，任何一个对象都有属性、方法和事件。

(1) 属性

对象的属性是指为了使对象符合应用程序的需要而设计的对象的外部特征，如对象的大小、位置、颜色等。不同的对象具有各自不同的属性，每一个对象都有一组属性，它可以决定对象展示给用户的界面所具有的外观。对象的属性值可以通过属性窗口直接设置或程序代码中的赋值语句完成。一般情况下，反映对象外观特征的一些不变的属性值应在对象设计阶段通过属性窗口直接设置完成，而一些内在的可变的属性则在程序代码中实现。

在程序代码中通过赋值语句设置对象属性的格式：

```
对象名.属性名=表达式
```

如：Text1.Value=3.14，表示将文本框 Text1 的 Value 属性值设置为 3.14，即在文本框 Text1 中显示数字字符 3.14。

(2) 方法

对象的方法是系统预先设定的、对象能执行的操作，实际上是将一些已经编好的通用的函数或过程封装起来，供用户直接调用。因为方法是面向对象的，不同的对象有不同的方法，所以在调用时一定要指明哪个对象调用哪个方法。对象方法调用的格式为：

```
对象名.方法名 参数表
```

如：List1.AddItem Item，表示调用当前窗体上的列表框 List1 的 AddItem 方法，功能是将字符串值 Item 添加到列表框 List1 中。

(3) 对象事件

对象事件是指在对象上发生的、系统预先定义的、能被对象识别的一系列动作。事件分为系统事件和用户事件。系统事件是由系统自动产生的事件，如窗体的 Load(加载)事件；用户事件是由用户操作引发的事件，如鼠标的单击(Click)、值的改变(Change)、键盘的键按下(KeyPress)等事件。

(4) 事件过程

事件过程是指发生了某事件后所要执行的程序代码。事件过程是针对某一个对象的过程，而且与该对象的一个事件相联系。当用户对一个对象执行一个动作时，可能同时在对象上发生多个事件，用户只要对感兴趣的事件过程编写代码即可。VBA 编程就是对特定对象的特定事件编写代码以实现指定的功能。事件过程的一般格式如：

```
Private Sub  对象名_事件名()
    程序代码
End Sub
```

2. VBA 语言

VBA 是开发 Microsoft Office 应用程序的嵌入式程序设计语言。VBA 源自 VB，是面向对象的程序设计语言，与 Visual Basic 6.0 有相似的结构和开发环境。而且 Microsoft Office 中的 Word、Excel 等程序中也都内置了相同的 VBA，只不过在不同的程序中有不同的内置对象，不同的内置对象具有不同的属性和方法。Access VBA 不但可以执行几乎所有的 Access 菜单和工具所包含的功能，还可以打开 Excel 文件，读取或者写入数据。Access VBA 程序作为模块对象存储在 Access 数据库文件中。

3. VBE 编辑器

VBE(Visual Basic Editor)是 VBA 程序的编辑、调试环境。Access 中包含 VBE，VBE 主要由菜单栏、工具栏和窗口组成。VBA 编辑器有很多窗口，它们可以以窗格的形式显示。用户可选择性地显示一些窗格和窗格放置的位置。VBE 主要窗口组成如图 8-1 所示。

图 8-1　VBE 编辑器窗口

(1) 代码窗口

代码窗口用来编写、显示及编辑 VBA 程序代码。过程与过程之间会显示一条灰色横线分割。如图 8-2 所示。

（2）立即窗口

在立即窗口中输入或粘贴一行代码，按下 Enter 键可以执行该代码。立即窗口如图 8-3 所示，在立即窗口输入：Print 2+3 或者? 2+3，按回车后，则在下一行显示 2+3 的结果 5。立即窗口中的任何代码或者结果都不能存储，但可以用鼠标将选定的内容在立即窗口与代码窗口之间相互拖放。代码窗口的程序中"Debug.Print"语句执行时，会将结果输出到立即窗口中。

图 8-2　代码窗口　　　　　　　　　　　　图 8-3　立即窗口

（3）本地窗口

本地窗口可自动显示出当前模块级别，以及在当前过程中的所有变量的声明和当前值。

（4）监视窗口

当过程中有监视表达式定义时，监视窗口会自动出现，列出监视表达式及其值、类型与上下文。

在立即窗口或者代码窗口中输入代码时，编辑器会在对象的"."后面位置显示出一个列表，包含了这个对象当前可用的方法、属性等。

VBE 编辑器提供了比较方便的程序调试方法。一般来说，调试 VBA 程序可以使用多种方法在程序执行的某个过程中暂时挂起程序，并保持其运行环境，以供检查。检查的方法包括逐语句执行、设置断点、设置监视、插入 Stop 语句、使用 Debug 对象等。

4. 模块

模块是 Access 数据库 VBA 程序代码的集合。把实现特定功能的程序段用特定的方式单独封装起来，以便反复调用运行，这种程序段的最小单元被称为过程。一个 Access 模块中可包含一个或多个过程。

在 Access 中，模块有类模块和标准模块两种。

类模块是与某一特定对象相关联的模块，包括窗体模块、报表模块和自定义模块等。窗体模块是与某一窗体相关联的模块，主要包含该窗体和窗体上的控件所触发的事件过程。报表模块则是与某一报表相关联的模块，主要包含该报表和报表页眉页脚、页面页眉页脚、主体等对象所触发的事件过程。

标准模块独立于窗体和报表，是指用户专门编写的过程或函数，它可供窗体模块和其他标准模块调用。

（1）创建窗体模块，必须先在当前数据库中创建一个窗体或报表，同时在窗体或报表中添加相应的控件。在选定某个控件后，鼠标右键单击，在弹出的快捷菜单中选择"事件生成器(E)…"命令，在出现的"选择生成器"对话框中选择"代码生成器"并按"确定"

按钮，即可打开 VBE 编辑器窗口。在 VBE 的代码窗口中，可以根据需要选择窗体或报表的不同控件和该控件的不同事件，编写相应的事件过程代码，以实现指定的功能。

(2) 创建标准模块有两种方法。

方法 1：在 Access 功能区的"创建"选项卡中，单击"宏与代码"组的"模块"按钮，即可新建一个标准模块并进入 VBE 的代码窗口，然后直接输入过程或函数的代码，或者通过 VBE 窗口的"插入"菜单的"过程"命令创建子过程或函数后并输入相应的代码。

方法 2：在 VBE 窗口中选择"插入"菜单下的"模块"命令，或单击工具栏上的"模块"按钮，即可新建一个标准模块并进入 VBE 的代码窗口，然后同样可以直接输入过程或函数的代码，或者通过"插入"菜单的"过程"命令创建子过程或函数后并输入相应的代码。

① 过程模块格式如下：

```
Private Sub  过程名
    ……
End Sub
```

② 函数模块格式如下：

```
Private Function  函数名
……
End Function
```

8.2　数据类型、表达式和内部函数

8.2.1　数据类型

数据是程序的处理对象，不同类型的数据所占用的存储空间不同，所表示的数据范围也有差异，所能进行的数据运算也有不同。VBA 中常用的数据类型、占用字节数、类型符及取值范围如表 8-1 所示。

表 8-1　VBA 常用数据类型

数据类型	类型名	类型符	占用字节	取值范围	默认值
字节型	Byte	无	1(8 位)	0~255	
整型	Integer	%	2(16 位)	−32768~32767	0
长整型	Long	&	4(32 位)	−2147483648~2147483647	0
单精度型	Single	!	4(32 位)	负数：−3.402823E38~−1.401298E−45 正数：1.401298E−45~3.402823E38	0
双精度型	Double	#	8(64 位)	负数：−1.79769313486232D308~ 　　　−4.94065645841247D−324 正数：4.94065645841247D−324~ 1.79769313486232D308	0

(续表)

数据类型	类型名	类型符	占用字节	取值范围	默认值
货币型	Currency	@	8(64 位)	−922337203685477.5808~ 922337203685477.5807	0
字符型	String	$	与字符串长度有关	0~65535 个字符	""
日期型	Date	无	8(64 位)	100 年 1 月 1 日~9999 年 12 月 31 日	
逻辑型	Boolean	无	1(8 位)	True 或 False	False
对象型	Object	无	4(32 位)	任何 Object 引用的对象	Empty
变体型	Variant	无	根据需要分配	由最终的数据类型决定	

1. 数值型数据

数值型数据类型有：Integer、Long、Single、Double、Currency 和 Byte。

(1) Integer(整型)和 Long(长整型)

Integer 和 Long 数据用于表示和存储整数。整数表示精确，运算快，但表示的数的范围比较小，尤其是 Integer 类型。当值超出数据类型的表示范围时，程序会因为数据"溢出"错误而中断运行。当需要存储的整数值比较大或不能明显确定时，尽量用 Long 类型，以最大程度避免数据无法表示的错误。

Integer 表示形式：±n%，其中 n 是 0~9 的数字，%为 Integer 的类型符号，可省略。

如：123、−59、+78、110%、−75%等都表示 Integer 数值。

Long 表示形式：±n&，其中 n 是 0~9 的数字，&为 Long 的类型符号，可省略。

如：40000、−49999、12500&、−782&等都表示 Long 数值。

(2) Single(单精度型)和 Double(双精度型)

Single 和 Double 数据用于存储浮点数(带小数部分的实数，小数点可位于数字的任何位置)。浮点数的表示范围较大，但由于保留的小数位可不同，因此数据可能有误差，同时运算速度也比整型慢。单精度最多表示 7 位有效数字，双精度最多表示 15 位有效数字。如果超出表示范围，可以用科学记数法表示，即表示成 10 的幂次方形式，如 3.218E6、7.3487D−6 等。

Single(单精度型)数据有多种表示形式，类型符为!，如 628.15、628.15!、6.2815E2 表示的是相同的单精度型数值。

Double(双精度型)数据也有多种表示形式，类型符为#，如 67.52983#、6.752983D1、6.752983E1#表示的是相同的双精度型数值。

(3) Currency(货币型)

货币型数值专门用于货币计算，类型符为@，表示整数或定点实数，整数部分最多保留 15 位，小数部分最多保留 4 位，如 7890@、64.237@等都表示货币型数值。

2. String(字符型)

String(字符型)数据指一切可以打印的字符和字符串，字符型数据的类型符为$。字符型数据是用英文双引号""括起来的一串字符，字符主要由英文字母、汉字、数字以及其他符号组成。如"数据库"、"35008"、"Access"、"ab_ly23"等表示的都是字符型数据。

3. Date(日期型)

Date(日期型)数据用来表示日期和时间，表示的日期值从公元 100 年 1 月 1 日~公元 9999 年 12 月 31 日，时间范围从 0：00~23：59：59。日期和时间数据必须用定界符"#"把数据括起来。如#2017-09-01#、#21：17：45PM#等表示的都是日期型数据。

4. Boolean(逻辑型)

Boolean(逻辑型)又称布尔型，用于逻辑判断，其数据只有 True 和 False 两个值。

Boolean(逻辑型)与数值型数据可以转换。当把数值型数据转换成逻辑型数据时，数值 0 转换成 False，非 0 数值转换成 True；反之，当把逻辑型数据转换成数值型数据时，True 转换成-1，False 转换成 0。

5. Object(对象型)

Object(对象型)数据用来表示应用程序中的对象。可用 Set 语句指定一个被声明为 Object 数据类型的变量，来引用应用程序所识别的任意实际对象。

6. Variant(可变型)

Variant(可变型)数据类型可以存储系统定义的所有类型的数据，若变量没有声明类型，则系统默认为 Variant(可变型)。

在赋值或运算时，Variant(可变型)数据会根据需要进行必要的数据类型转换。

8.2.2　常量

常量也称常数，它是一个始终保持不变的量。常量值自始至终不能被修改。常量有不同的数据类型，有不同的定界符号。常量也可以是一个表达式。VBA 中有四种形式的常量：直接常量、符号常量、固有常量和系统常量。

1. 直接常量

直接常量是程序运行中直接给出的某种类型的数据。常用的有以下几种。

(1) Integer(整型)：由正负号和 0~9 的数字组成，如 153、-1221 等。

(2) Single(单精度型)：由正负号、0~9 的数字和"."组成，如 62.8!、10.00000 等。

(3) Double(双精度型)：由正负号、0~9 的数字和"."组成，如 123.45#等。

(4) String(字符型)：由 0~9 的数字、英文字母、汉字及其他字符组成，前后加""作为定界符，如"123"、"abc"、"姓名"、"l+*&"等。

(5) Date(日期型)：由 0~9 的数字和"/"或"-"等分隔符组成，表示年月日的日期信息，或由 0~9 的数字、"AM"或"PM"和"："分隔符组成，表示时分秒的时间信息。日期型常量前后加"#"作为定界符，如#2017-09-1#、#2000-01-01#、#09：12：24AM#等。

(6) Boolean(逻辑型)：只有 True(真)和 False(假)两个值。

2. 符号常量

有时在程序的多个地方会用到相同的常量，为了使用方便，在程序的开头预先用自己定义的符号来代表这个常量，称为符号常量。

符号常量用 Const 语句来定义，格式如：

Const　符号常量名　As　数据类型=表达式

符号常量一经定义，只能引用，不能用语句给符号常量赋新值。

如：Const XS As Single=1.604

说明：定义一个单精度类型的符号常量 XS，其值为 1.604。在需要的地方直接使用符号常量名 XS，即相当于用 1.604 进行运算。

3. 固有常量

固有常量在 Access 的对象库中定义，在代码中可以直接引用代替实际值。固有常量名的前两个字母表示定义该常量的对象库，其中 Access 库的常量以 ac 开头，ADO 库的常量以 ad 开头，VB 库的常量以 vb 开头，如表示回车换行的 vbCrLf，表示颜色常量的 vbBlack、vbBlue、vbRed 等。

4. 系统常量

系统常量有 4 个，有表示逻辑值的 True 和 False，Null 表示一个空值，Empty 表示对象尚未指定初始值。

8.2.3　变量

1. 变量简述

在计算机程序中处理数据时，对于输入的数据、参加运算的数据、运行中的临时数据及运行的最终结果等，都需要存储在计算机的内存中。

变量是一组有名称的存储单元，在整个程序运行期间它的值是可以被改变的，所以称为变量。一旦定义了某个变量，该变量表示的是对应的计算机存储单元。在程序中使用变量名，就可以引用该内存单元及该内存单元存储的数据。

变量有变量名和数据类型两个特性。变量名用于在程序中标识不同的变量和存储在变量中的数据，数据类型则标识变量中可以保存的数据类型。

VBA 的变量有两种，一种是为 VBA 的对象自动创建的属性变量，并为变量设置默认值，在程序中可以直接使用，如引用该属性变量的值或赋给它新的属性值。另一种是内存变量，需要在程序中事先创建或声明，程序运行结束后从内存中释放。

一个变量在一个时刻只能存放一个值。在同一范围内，变量的值是唯一的、确定的。如果在程序运行过程中变量中的数据发生了变化，则新的值就会取代旧的值。如果变量定义的数据类型与所赋值的数据类型不同，可能出现数据类型转换、数据精度丢失或数据类型不匹配的情况。

2. 内存变量的命名

变量的命名是为了给内存存储单元起一个名字，并通过名字(即变量名)来实现对内存单元的存取。变量的名字要符合一定的规则，VBA 变量的命名规则为：

(1) 变量名必须以字母(或汉字)开头，只能由字母、汉字、数字(0~9)和"_"组成，长度不超过 255 个字符。如 x，max，c1，b_1 等都是合法的变量名。

(2) 变量名在同一个变量作用域(即变量的使用范围)内必须是唯一的。

(3) 变量名中的英文字母不区分大小写，如 A2、a2 指的是同一变量。

(4) 变量名不能与系统使用的关键字相同或数据类型声明字符相同。系统使用的数据类型声明字符有 Integer、Single、Double、String 和 Date 等，系统常用的关键字有 as、do、while、for、select、dim、private 和 public 等。

(5) 变量名不能与过程名、符号常量名、VBA 内部函数名相同。如 str 不能作为变量名。

同时，在变量命名时还应注意：

变量名最好能有明确的实际意义(能表示所存储的数据的含义)，兼顾通用、容易记忆等特点，即"见名知义"。如可以用变量名 max 代表最大值，min 代表最小值，i 代表循环变量等。

尽量采用规范的约定命名，不使用汉字作为内存变量名，不使用太长的变量名。

3. 变量的声明

使用变量前，最好先声明，即用一个语句定义变量的名称、数据类型和变量作用范围，以便系统根据数据类型分配相应的内存空间。这种声明称为显式声明。

(1) 显式声明

语句格式：

Dim|Private|Static|Public 变量名[As 类型名|类型符][,变量名[As 类型名|类型符]...]

其中变量名应符合变量的命名规则，数据类型可以是 VBA 的数据类型名或数据类型符。如果声明中没有指定数据类型，那么系统默认变量为 Variant(变体型)。一个语句内声明的多个变量之间用逗号隔开。

如：

```
Dim max As Integer          '声明 max 为整型变量
Dim str1 As String          '声明 str1 为字符型变量
Dim sum#                     '声明 sum 为双精度型变量
Dim x                        '声明 x 为变体型变量
Dim a As Integer,b As Integer,c As Integer    '声明 3 个整型变量 a，b，c
Dim m,n As Single            '声明 m 为变体型变量，n 为单精度型变量
```

(2) 类型符显示声明

VBA 允许变量直接使用类型符显式声明，即在首次赋值时加类型符进行声明。

如：

```
y%=59                        'y 为整型变量，值为 59
c$="abc"                     'c 为字符型变量，值为字符串"abc"
```

(3) 隐式声明

如果一个变量未显式声明就直接使用,那么该变量就会被隐式声明为 Variant(变体型)。

如：

```
x=23                         'x 为变体型变量，当前值为整型数 23
c="yes"                      'c 为变体型变量，当前值为字符串"yes"
```

(4) 强制显式声明变量语句 Option Explicit

声明变量可以有效地减少一些不必要的数据存储和运算类型不匹配的错误，因此最好能养成在使用变量前对变量进行显式声明的习惯。强制显式声明可以要求用户在使用变量前必须先显式声明变量，否则，系统会发出"Variable not defined(变量未定义)"的错误警告，以提醒用户进行变量的显式声明。

有两种方法可以对程序强制显式声明：一是在类模块、窗体模块或标准模块的"通用声明"段中添加语句：Option Explicit；二是在"工具"菜单→"选项"对话框→"编辑器"选项卡中，选中"要求变量声明"选项，则后续模块的声明段中会自动插入 Option Explicit 语句。

4. 变量的赋值

赋值就是通过赋值语句将常量或表达式的值赋给变量。

赋值的格式：

内存变量名=表达式　　或　　对象名.属性值=表达式

如：x=123
Str1="abc"
Text1.Value=100

5. 变量的作用域

变量可被访问的范围称为变量的作用范围，也称为变量的作用域。按其作用域，变量可分为全局变量、模块级变量和局部变量。

全局变量是指在模块的通用声明段中用 Public 语句声明的变量，作用域是所在数据库中所有模块的任何过程。

模块级变量是指在模块的通用声明段中用 Dim 语句或 Private 语句声明的变量，作用域是所在模块的任何过程。

局部变量是指在过程内用 Dim 语句或 Static 语句声明的变量，以及未声明直接在过程内使用的变量，作用域仅限于所在的过程。局部变量是最常用的变量。

8.2.4　数组

数组是一组具有相同数据类型、逻辑上相关的变量的集合。数组中各元素具有相同的名字、不同的下标，系统分配给它们的存储空间是连续的，组成数组的每个元素都可以通过索引(即数值下标)进行访问，各个元素的存取不影响其他元素。当需要使用大量同类型的变量时，定义和使用数组比逐个定义变量简便，通过和循环语句结合使用，可以很方便地实现对数组中个元素的引用，让程序更简洁、高效，还能解决许多用简单变量难以实现的算法。

数组必须先经显式声明才能使用，声明数组的目的是确定数组的名字、维数、大小和数据类型。VBA 中可以定义一维数组、二维数组和多维数组。

1. 一维数组的声明

格式：

Dim 数组名([下标下界 To]下标上界)[As 类型]

说明：

(1) 数组名的命名规则与变量命名规则相同。

(2) 数组的下标下界和下标上界必须是整型常量或整型常量表达式，且上界的值必须大于或等于下界，一维数组的大小(即数组包含的元素个数)为：上界−下界+1。

(3) 如果缺省[下标下界 To]部分，表示使用默认下界 0。可以通过在窗体模块或标准模块的声明段中加入语句：Option Base 1 将默认下界定义为 1，或者用语句 Option Base 0 将默认下界恢复为 0。

(4) 格式中 As 部分的类型指明数组的类型，即数组元素的类型。一般情况下，数组只存放同一类型的数据，可以是 VBA 中常用的数据类型 Integer、Single、String 等。如果缺省[As 类型]，则数组的类型默认为 Variant(变体型)。

例如：Dim x(10) As Integer

表示分别有 x(0)、x(1)、x(2)、x(3)、x(4)、x(5)、x6)、x(7)、x(8)、x(9)、x(10)共 11 个 Integer 类型的数组元素可供使用；

Dim x(2 To 4) As Single

表示有 x(2)、x(3)、x(4)共 3 个 Single 类型的数组元素可供使用。

2. 二维数组的声明

二维数组是有两个下标且上下界固定的数组，二维数组的下标 1 相当于行，下标 2 相当于列。二维数组的元素在内存中按先行(即下标 1)后列(即下标 2)的顺序存放。

格式：

Dim 数组名([下标 1 下界 To]下标 1 上界,[下标 2 下界 To]下标 2 上界>)[As 类型]

如：Dim b(2,1 To 4) As Double

表示定义了双精度数据类型的二维数组 b，下标 1 的范围为 0~2，下标 2 的范围为 1~4，即大小为 4 行 4 列，共有 b(0,1)、b(0,2)、b(0,3)、b(0,4)、b(1,1)、b(1,2)、b(1,3)、b(1,4)、b(2,1)、b(2,2)、b(2,3)、b(2,4)12 个数组元素可供使用。

3. 动态数组的声明

动态数组是在数组声明时未给出数组的大小，而是到使用时才确定数组的大小，而且可以随时改变数组的大小，所以又称为可变大小数组。使用动态数组的好处是可以根据用户的需要灵活确定数组的大小，有效地利用了存储空间。

动态数组的声明和建立需要分两步：首先通过 Dim 声明语句定义动态数组的名字和类型；其次在程序运行时可多次用 ReDim 语句，按实际需要改变动态数组的维数和大小。

(1) 用 Dim 语句声明动态数组的名字、类型：

Dim 动态数组名() [As 类型]

(2) 用 ReDim 语句声明动态数组的维数、大小：

ReDim 动态数组名([下标 1 下界 To]下标 1 上界,[下标 2 下界 To]下标 2 上界)[As 类型]

如：

Dim score( ) As Single　　　　　　'声明 score 为单精度型动态数组

ReDim score(1 to 50)　　　　　'重声明 score 为一维数组，大小为 50 个元素
ReDim score(1 To 25,1 to 4)　　'再声明 score 为二维数组，大小为 25 行 4 列共 100 个元素

4. 数组元素的引用

通常由于数组元素的数量较多，而且能通过下标引用，因此数组的赋值和运算常常与程序控制结构中的循环语句结合使用。

一维数组的引用格式：

数组名(下标)

二维数组的引用格式：

数组名(下标 1,下标 2)

说明：

(1) 下标可以是数值型常量、变量或表达式。

(2) 各个下标值必须处于各自的下界和上界间，否则会出现"下标越界"的错误。

(3) 数组元素的值与简单变量一样也通过赋值语句来实现。

如：Dim x(1 To 2) As Integer

x(1)=95

x(2)=80

8.2.5　运算符和表达式

运算是对数据的处理，运算符是描述运算的符号，表达式是通过运算符将常量、变量及函数等运算对象连接起来的式子。VBA 程序设计中用到的数据类型较多，而不同类型数据的处理方式不尽相同，因此 VBA 提供了针对不同数据类型的运算符号及相应表达式，共分为算术运算符及表达式、连接运算符及表达式、关系运算符及表达式、逻辑运算符及表达式和对象运算符及表达式。各运算符的优先级从高到低依次为：算术运算符→连接运算符→关系运算符→逻辑运算符。

1. 算术运算符及表达式

算术运算符是 Integer、Long、Single 和 Double 等数值型数据运算的符号，常用的有 +(加)，-(减)，*(乘)，/(除)，^(乘方)、\(整除)、mod(求余数)等。由算术运算符和数值型数据组成的式子称为算术表达式，算术表达式的结果也是数值型数据。

在不同的算术运算符组成的混合运算中，按照( )、^、｛*、/｝、\、mod、｛+、-｝的优先级进行计算，相同优先级的运算符的运算顺序则从左到右，即圆括号的优先级最高，乘方(^)的优先级次之，乘(*)和除(/)是相同的优先级，加(+)和减(-)是相同的优先级且是算术运算的最低优先级。

不同数值型数据运算时，数据会自动转变为高精度类型运算。

(1) ^：乘方运算。

例：5^2，结果为 25；

(-2)^3，结果为-8。

(2) *、/：乘除运算。

例：2.3*2，结果为 4.6；

10/4，结果为 2.5。

(3) \：整除运算，即整数除法，参加整除运算的数都是整型数(如有小数，需四舍五入成整数)，结果也是整型数。

例：10\4，结果为 2；

5.9\3，结果为 2。

(4) mod：求整数除法的余数。参与 mod 运算的数都必须是整数。

例：4 mod 10，结果为 4；

20 mod 6，结果为 2。

(5) +、-：加减运算。

例：78.6-2，结果为 76.6；

34+100，结果为 134。

日期型数据可以进行加减运算。

① 两个日期型数据相减，则结果为数值，表示两个日期之间相隔的天数。

例：#10/21/2017#-#10/11/2017#，则结果为 10。

② 一个日期型数据加上或减去一个数值型数据(天数)，结果为另一个日期型数据。

例：#9/1/2017#+9，则结果为 2017/09/10；

#9/11/2017#-3，则结果为 2017/09/08。

2. 连接运算符及表达式

字符串运算有+、&两种运算符号，都代表字符串的连接。字符运算符与字符型数据(字符串常量、字符串变量、字符串函数)等组成的表达式称为字符表达式，其结果也是字符类型数据。两个连接运算符的优先级相同。

虽然连接运算和算术运算都有"+"运算符，但两者的含义不一样，因此要特别注意区分应用。一般建议在字符运算中使用"&"运算符，"&"运算符的左右各留一个空格。

(1) "+"：字符连接运算符。参与"+"连接运算的操作数应该都是字符型数据。如果两个都是数值型数据，或其中一个是数值型数据，一个是字符型数字串，那么"+"作为数值的加法运算，其他情况则可能出错。

例："Access"+"关系数据库"，表示两个字符串的连接，结果为"Access 关系数据库"；

"12"+"23"，表示两个数字字符串的连接，结果为"1223"；

"12"+23，表示两个数字的相加，结果为 35；

12+"ab"，无法运算，类型不匹配。

(2) "&"：字符连接运算符，会自动将非字符串类型的数据转换成字符串后进行连接。

例："12" & 23，结果为"1223"；

"ab" & 23 & "cd"，结果为"ab23cd"。

3. 关系运算符及表达式

关系运算又称为比较运算，主要运算符有=(等于)、>(大于)、>=(大于或等于)、<(小于)、<=(小于或等于)、<>(不等于)等。关系运算符的优先级相同。相同类型的数据才能进行关系运算，关系运算的结果为逻辑值，即关系表达式成立则结果为"True(真)"，关系表达式不成立则结果为"False(假)"。

相同类型的数据与关系运算符组成的表达式称为关系表达式。数据类型不同，关系运算的规则也不同。

(1) 数值型数据按数值大小运算。

例：59>31，结果为 True；

78.6<12.5，结果为 False。

(2) 日期型数据按年月日的整数形式 yyyymmdd 的值比较大小。早的日期小于晚的日期。

如：#9/12/2017#与#11/7/2017#就按 20170912 与 20171107 比较大小，所以#9/12/ 2017#>=#11/7/2017# 的结果为 False。

(3) 字符型数据按字符的 ASCII 码值大小比较。常用字符的 ASCII 码值参见《学习指导》附录 B。英文字母比较是否区分大小写，取决于当前程序的 Option Compare 语句。如果需要区分大小写，需将语句设置为 Option Compare Binary；系统默认为 Option Compare Database，表示不区分大小写。汉字字符大于西文字符。

例："acd">="123"，结果为 True；

"abc">"ABC"，系统不区分大小写情况下(即默认情况 Option Compare Database)，结果为 False；系统区分大小写情况下(即 Option Compare Binary)，结果为 True。

(4) 逻辑型数据 False 大于 True。

4. 逻辑运算符及表达式

逻辑运算的运算对象为逻辑型数据。常用的逻辑运算有 And、Or、Not 三种运算符。逻辑型数据、关系表达式与逻辑运算符组成的表达式称为逻辑表达式，逻辑表达式的值也为逻辑值。逻辑运算符的优先级顺序由高到低依次为 Not、And、Or。

(1) And(逻辑与)：参加运算的逻辑值都是 True，结果才会是 True。

(2) Or(逻辑或)：参加运算的逻辑值只要有一个是 True，结果就会是 True。

(3) Not(逻辑非)：对逻辑值取相反的值。即 True 变 False，False 变 True。

例：3>2 And 9<20 and "A">"9"，结果为 True；

3<2 And 9<20 and "A">"9"，结果为 False；

3<2 Or 9<20 Or "A"<"9"，结果为 True；

Not 3<2，结果为 True；

Not #2017/09/10#>#2017/09/01#，结果为 False。

5. 对象运算符和表达式

对象运算表达式中使用"!"和"."两种运算符。

(1) "!"运算符

"!"运算符的作用是引用一个用户定义的对象，如窗体、报表或窗体和报表上的控件等。

例：Forms!学生信息查询!Text1   '引用学生信息查询窗体上的文本框控件 Text1

Reports!学生成绩报表   '引用学生成绩报表

Me!Combo1   '引用当前窗体的组合框控件 Combo1

(2) "."运算符

"."运算符的作用是引用一个 Access 对象的属性、方法等。

例：Combo1.Value　　　　　　　　　　'引用当前窗体的组合框控件 Combo1 的值

Text1.ForeColor　　　　　　　　　　'引用当前窗体的文本框控件 Text1 的文字颜色

8.2.6　VBA 内部函数

Access 的函数分为内部函数和用户自定义函数两种。

VBA 自带了大量的函数过程，每个函数完成某个特定的功能。这些函数可以直接在 VBA 程序中使用，不需要用户自己定义，称为内部函数。内部函数的调用格式为：函数名(参数 1,参数 2,…)，调用时只要正确给出函数名和参数，就会产生返回值。内部函数的优先级高于算术运算符。常用的 VBA 内部函数参见《学习指导》附录 D。

VBA 的内置函数非常丰富，根据函数处理数据类型的不同，大体上分为数学函数、字符处理函数、日期函数、类型转换函数等。

1. 数学函数

数学函数是对数值型数据进行计算处理的函数，其结果也是数值型数据。

(1) Int(x):返回不超过 x 的最大整数。当 x 大于或等于 0 时直接舍去小数部分，当 x 小于 0 时舍去小数位后再减去 1。利用 Int 函数还可以对数据进行四舍五入。例如，对一个正数 x 求四舍五入后的整数(即不保留小数)，可采用 Int(x+0.5)。

例：Int(3.9)，结果是 3；

Int(-3.9)，结果是-4；

Int(3.9+0.5)，结果是 4。

(2) Round(x,n)：对 x 四舍五入，保留 n 位小数。

例：Round(3.59,1)，结果是 3.6；

Round(3.59,0)，结果是 4；

Round(-3.59,1)，结果是-3.6。

(3) Abs(x)：求 x 的绝对值。

例：Abs(-5)，结果是 5。

(4) Rnd：产生大于或等于 0 且小于 1 的随机浮点数。Rnd 通常与 Int 函数搭配使用，如果要生成[a,b]范围内的随机整数可以采用公式：Int(Rnd*(b-a+1)+a)。

例：Int(Rnd*100)，结果产生一个大于或等于 0 且小于 100 的随机整数；

Int((Rnd*90)+10)，结果产生一个随机两位整数(即范围[10,99])。

(5) 三角函数如 Sin(x)等中参数 x 的单位是弧度。

2. 字符处理函数

大多数字符处理函数的参数为字符型数据，其结果也大都为字符型数据。

(1) Len(s)：返回给定字符串 s 的长度，一个字符包括的空格代表一个长度。

例：Len("Access 数据库")，结果是 9。

(2) Mid(s,n1,n2)：截取给定字符串 s 中从第 n1 位开始的 n2 个字符，若省略 n2，那么截取从第 n1 位开始的所有后续字符。

例：Mid("Access",2,3)，结果是"cce"；

Mid("Access",2)，结果是"ccess"。

(3) Trim(s)：去除字符串 s 左右两边的连续空格，其余位置不受影响。

例：Trim("　Access　数据库　")，结果是"Access　数据库"。

(4) Space(n)：产生 n 个空格组成的串。

例：Space(3)，结果是"　　　"。

(5) String(n,s)：生成 n 个 s 字符串的首字符。

例：String(3,"Access")，结果是"AAA"。

(6) Lcase(s)：将给定字符串 s 中的英文字母全部换为小写字母。

例：Lcase("AcceSS")，结果是"access"。

(7) Ucase(s)：将给定字符串 s 中的英文字母全部换为大写字母。

例：Ucase("AcceSS")，结果是"ACCESS"。

3. 日期函数

日期函数主要对日期型数据进行处理，或函数的返回值为日期型数据。

(1) Date 或 Date( )：返回计算机系统的当前日期(年/月/日)。

(2) Time 或 Time( )：返回计算机系统的当前时间(小时:分钟:秒)。

(3) Year(d)：返回日期型数据 d 中的年份。

例：Year(#2017/09/10#)，则结果是 2017。

4. 类型转换函数

类型转换函数可以将给定的数据转换成不同的数据类型。

(1) Asc(s)和 Chr(n)：将字符与对应的 ASCII 值相互转换的函数。

例：Asc("a")，结果是 97；

Asc("abc")，结果是 97；

Chr(65)，结果是"A"。

(2) Str(n)和 Val(s)：将数字字符串与数值型数据相互转换的函数。

例：Str(123)，结果为"123"；

Val("1.45a")，结果为 1.45；

Val("45a")，结果为 45；

Val("a45")，结果为 0。

5. 输入输出函数

弹出对话框，等待用户输入数据或显示信息。

(1) 输入函数 InputBox
常用格式：

变量名=InputBox(提示信息[,[标题][,默认值]])

功能：弹出一个对话框，显示提示信息和默认值，等待用户输入数据。若输入结束并单击"确定"或按回车按钮，则函数返回文本框的字符串值；若无输入或单击"取消"，则返回空字符串""。

若不需要返回值，则可以使用 InputBox 的命令形式：

InputBox 提示信息[,[标题][,默认值]]

其中提示信息、标题和默认值都为非必选项,用户可以根据实际需要设置。如果缺省"标题"选项,则系统自动给对话框设置标题为 Microsoft Access;如果缺省"默认值"选项,则默认为空。如果函数的第 2 个参数缺省但第 3 个参数不缺省,参数之间的逗号仍应保留。

执行一次 InputBox 函数只能输入一个值,函数的返回值默认为字符型。

如:x=InputBox("请输入 X 的值","计算方程",10)

则会弹出图 8-4 所示的输入框。

(2) 输出函数 MsgBox

常用格式:

变量名=MsgBox(提示信息[,[按钮形式][,标题]])

图 8-4　InputBox 输入框

功能:弹出一个信息框,显示信息,等待用户单击其中一个按钮,并返回一个整数值赋给变量,以表明用户单击了那个按钮。

若不需要返回值,则可以使用 MsgBox 的命令形式:

MsgBox 提示信息[,[按钮形式][,标题]]

其中"提示信息"为必选项,指定在对话框显示的文本,若输出多项内容,应该用"&"连接运算符将内容连成一项,可使用"VbCrLf"或"Chr(10)+chr(13)"实现换行输出。

"按钮形式"为可选项,是一个整数表达式,有三个参数,包含按钮类型、图标类型和默认按钮(参数值每项只取一个,用"+"连接),决定了对话框的模式,各参数取值和含义参见表 8-2。

"标题"选项指定信息框的标题。

函数的返回值指明用户在信息框中选择了哪一个按钮,返回值的含义参见表 8-3。

表 8-2　按钮类型、图标类型和默认按钮的取值和含义

按钮形式	值	含义
按钮类型	0	只显示"确定"按钮
	1	显示"确定""取消"按钮
	2	显示"终止""重试""忽略"按钮
	3	显示"是""否""取消"按钮
	4	显示"是""否"按钮
	5	显示"重试""取消"按钮
图标类型	0	不显示图标
	16	显示停止图标(×)
	32	显示询问图标(?)
	48	显示警告图标(!)
	64	显示信息图标(I)
默认按钮	0	第一个按钮是默认按钮
	256	第二个按钮是默认按钮
	512	第三个按钮是默认按钮

表 8-3　MsgBox 函数返回值及含义

返回值	含义
1	表示选定"确定"按钮
2	表示选定"取消"按钮
3	表示选定"终止"按钮
4	表示选定"重试"按钮
5	表示选定"忽略"按钮
6	表示选定"是"按钮
7	表示选定"否"按钮

例如执行语句：m=MsgBox ("Y 的值是：21",1+64," 计算")

则会弹出图 8-5 所示的信息框。如果单击"确定"按钮， 则 m 的值为 1；如果单击"取消"按钮，则 m 的值为 2。

图 8-5　MsgBox 信息框

8.3　程序控制结构

8.3.1　VBA 基本语句

VBA 中程序语句是执行具体操作的指令代码，是关键字、对象属性、表达式及可识别符号的结合。VBA 有一些基本语句，用 VBA 语言编写程序代码时，需要遵循一定的语法规则。

1. 代码书写规则

(1) 通常一个语句占一行，每个语句行以回车键结束。允许同一行有多条语句，每条语句之间用冒号分隔，如 x=3:y=5:z=10。

(2) 如果语句太长，一行写不下，可使用续行符(一个空格后面跟一个下画线"_")，将长语句分成多行。但关键字和字符串不能分为两行。

如：s=Text1.Value+Text2.Value+Text3.Value+ _
Text4.Value+Text5.Value

(3) 代码中的各种运算符、标点符号都应采用英文半角表示，英文字母不区分大小写(字符串常量除外)，关键字和函数名的首字母系统会自动转换为大写，其余转为小写。

(4) 在程序中适当添加一些注释，以提高程序的可读性，有助于程序的调试和维护。

(5) 建议采用缩进格式来反映代码的逻辑结构和嵌套关系，一般缩进两个字符。如：

```
Private Sub Command1_Click()
    Dim x As Single,y As Single
```

```
        x=Text1.Value
        If x>=0 Then
            y=x
        Else
            y=-x
        End If
        Text2.Value=y
    End Sub
```

2. VBA 基本语句

(1) 注释语句

注释语句即对程序代码作的说明或解释，包括对所用变量、自定义函数或过程、关键性代码的注释，以便更好地理解、调试程序。注释语句不会被执行。

注释语句的格式如：

Rem 注释内容　或 ' 注释内容

其中 Rem 注释语句只能写在单独一行，而且 Rem 与注释内容之间至少空一个空格；以""开头的注释语句可以写在单独一行，也可以直接写在语句的右边。如：

```
    Private Sub Command1_Click()
        Rem  求两个数的较大值
        Dim a As Single, b As Single
        a=Text1.Value: b=Text2.Value        '变量 a,b 赋值,同一行多个语句,用:分隔
        If a>b Then                          'If 双分支结构
            Text4.Value =a
        Else
            Text4.Value =b
        End If
    End Sub
```

(2) 声明语句

声明语句通常放在程序的开始部分，通过声明语句可以定义符号常量、变量、数组变量和过程。当声明一个变量、数组和过程时，也同时定义了其作用范围。如 Dim 语句、Private 语句等都是声明语句。

(3) 赋值语句

赋值语句是最基本、最常用的语句，它是将常量或表达式的值赋给变量，即将值存储到变量名所代表的内存单元中。

基本格式如：

变量名=表达式或对象名.属性名=表达式

如：s=3.14*2*10
Text1.Value=Int(Rnd*100)

赋值语句具有计算和赋值的双重功能，即先计算表达式的值，再把值赋给变量。变量

名或对象属性名的类型应与表示的数据类型相同或相容，相容数据类型赋值时，系统会自动进行数据类型的转换。

赋值号"="与数学上的等号意义不同。如赋值语句：n=n+1 表示把变量 n 的值加上 1 后再赋值给变量 n，即 n 的值增加了 1；而数学中表达式 n=n+1 是不成立的。

赋值号"="与关系运算符中的"="不同。赋值号"="的左边是变量名或对象属性，表示被赋值的对象，即将表达式的值存入变量；变量名在赋值号"="的右边，表示变量是参与运算的数据，此时变量的值被读出。而关系运算符中的"="是比较左右两边表达式的值是否相等。如果相等，结果为 True；否则，结果为 False。表达式中的变量值保持不变。

如：If x=60 Then n=n+1

第一个"="为关系运算符，判断变量 x 的值是否是 60，第二个"="为赋值运算符，表示将变量 n 的值加上 1。

8.3.2 顺序结构

顺序结构是面向过程程序设计最基本的控制结构，程序运行时按照程序代码的先后顺序依次执行。按照计算机程序设计的一般步骤，主要包含以下语句：数据类型说明语句、数据输入语句、数据处理计算语句、结果输出语句等。顺序结构的流程图如图 8-6 所示。

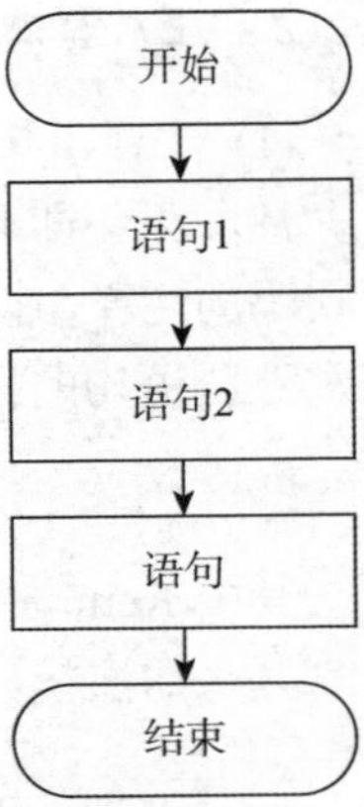

图 8-6　顺序结构流程图

【例 8-1】 如图 8-7 所示窗体，在文本框 Text1 中输入摄氏温度，单击"转换"按钮，则将摄氏温度换算成华氏温度，并输出到文本框 Text2 中。温度转换公式：c=(f-32)*5/9，其中 c 代表摄氏温度，f 代表华氏温度。如 Text1 中输入 37，则 Text2 中输出 98.6。

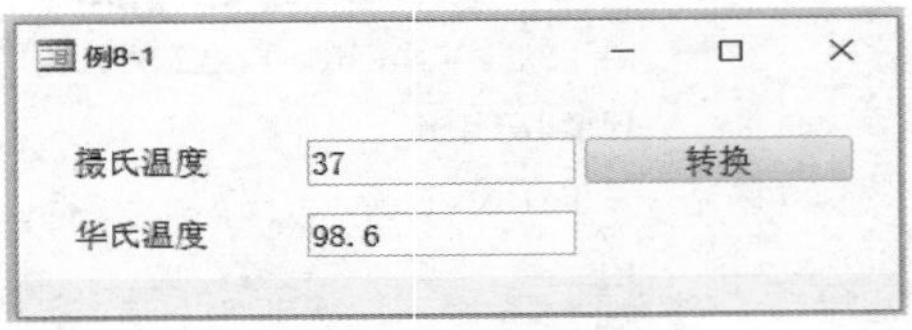

图 8-7　温度转换窗体

数据分析：

根据题意，定义两个变量 c、f，分别表示摄氏温度和华氏温度，数据类型为 Single(单精度型)。

算法分析：

(1) 数据输入：在窗体中的文本框 Text1 输入摄氏温度值并赋值给 c。

(2) 数据计算：依据公式，计算出华氏温度 f。这里需要对公式作相应的变换，即 c 是已知数，f 是未知数，公式变换为：f=9/5*c+32。

(3) 结果输出：将计算出的华氏温度 f 输出到窗体中的 Text2 文本框。

"转换"按钮(按钮名称 Command1)的单击事件过程代码：

```
Private Sub Command1_Click()              'Command1 的单击事件过程
        Dim c As Single, f As Single
'定义 c, f 变量为单精度数据类型，c 代表摄氏温度，f 代表华氏温度
        c = Text1.Value                   '文本框 Text1 输入摄氏温度值赋给变量 c
        f = 9 / 5 * c + 32                 '根据温度转换公式，算出华氏温度赋值给变量 f
        Text2.Value = f                   '将变量 f 输出到文本框 Text2 中
End Sub
```

【例 8-2】如图 8-8 所示窗体，在文本框 Text1 中输入一个任意三位正整数，单击"分解"按钮，分别求百位数字、十位数字和个位数字的值并输出到窗体中对应的文本框中。

如 Text1 中输入 479，则 Text2 中输出 4，Text3 中

输出 7，Text4 中输出 9。

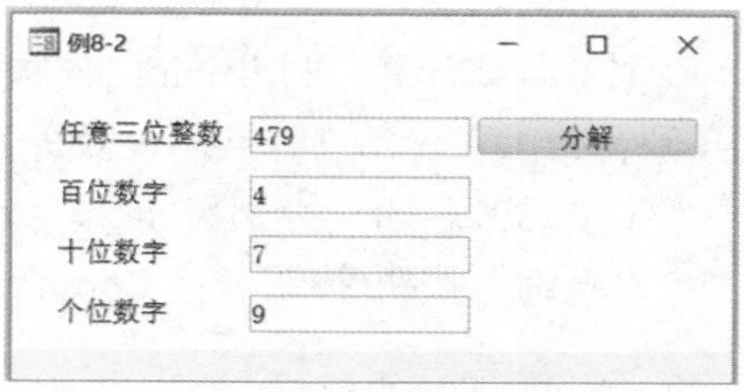

数据分析：

根据题意，定义 4 个变量 x，a，b，c，分别表示输入的三位整数和百位、十位、个位的数字，数据类型都为 Integer。

算法分析：

图 8-8　各位数字分解窗体

(1) 数据输入：通过窗体中的文本框 Text1 输入三位正整数并赋值给 x。

(2) 数据计算：对 x 进行分解，分别求出百位、十位和个位数字，可以有多种方法。如用 mid( )函数求特定位字符，或用求整、求余数的运算。

(3) 结果输出：将求出的各位数字 a、b、c 分别输出到窗体中对应的文本框 Text2、Text3、Text4 中。

"分解"按钮(按钮名称 Command1)的单击事件过程代码：

```
Private Sub Command1_Click()
Dim x As Integer                        '定义整型变量 x，存储三位整数
Dim a As Integer, b As Integer, c As Integer
   '变量 a 代表百位数字，b 代表十位数字，c 代表个位数字
x = Text1.Value                         '文本框 Text1 输入的值赋给变量 x
a = x \ 100                             '原三位数除以 100 后的整数部分，即为百位数字
b = x \ 10 Mod 10
 '原三位数除以 10 后的整数部分即为前两位，再除以 10 的余数就是原十位数字
c = x Mod 10                            '原三位数除以 10 的余数即为原数的个位数字
Text2.Value = a                         '百位数字 a 输出到文本框 Text2
Text3.Value = b                         '十位数字 b 输出到文本框 Text3
Text4.Value = c                         '个位数字 c 输出到文本框 Text4
End Sub
```

【例 8-3】如图 8-9 所示窗体，在窗体的文本框 Text1 中输入一个 18 位身份证号码，单击"查询"按钮求出该身份证代表的出生年月的信息并输出到相应的文本框中。如 Text1 中输入 310107198005111234，则 Text2 中输出 1980，Text3 中输出 05。

图 8-9　求出生年月窗体

数据分析：

根据题意，定义 3 个变量，字符型(String)变量 str1 存放身份证号码，字符型变量 str2、

str3 分别存放出生年份、出生月份数据。

算法分析:

(1) 数据输入: 在窗体的文本框 Text1 中输入 18 位身份证号码并赋值给 str1。

(2) 数据计算: 利用 mid( )截取字符函数, 设置不同的起始位、字符个数分别求出出生年月, 出生年份第 7 位起取 4 位并存入 str2, 出生月份第 11 位起取 2 位并存入 str3。

(3) 结果输出: 分别将 str2、str3 输出到窗体对应的文本框 Text2、Text3 中。

"查询" 按钮(按钮名称 Command1)的单击事件过程代码:

```
Private Sub Command1_Click()
    Dim str1 As String              '定义字符串 str1, 存放 18 位身份证号码
    Dim str2 As String, str3 As String   '字符串 str2 存放年份, str3 存放月份
    str1 = Text1.Value              '文本框 Text1 的值赋给变量 str1
    str2 = Mid(str1, 7, 4)          '截取 18 位身份证号码的第 7、8、9、10 四位, 即代表出生年份
    str3 = Mid(str1, 11, 2)         '截取 18 位身份证号码的第 11、12 两位, 即代表出生月份
    Text2.Value = str2
    Text3.Value = str3
End Sub
```

8.3.3 分支结构

分支结构, 也称选择结构, 是指在程序执行的过程中出现多种不同的数据处理方法, 通过条件表达式的不同取值执行相应分支里的程序代码。VBA 的分支结构有 If 语句和 Select Case 情况语句。

1. If 语句

If 语句是最常用的选择结构语句。If 语句有多种不同的表示, 如单行 If 语句、多行 If 语句、If 语句嵌套等形式。

(1) 单行 If 语句

单行 If 语句, 是一种双分支选择语句, 根据条件在两个分支中选择其一执行。单行 If 语句的格式如:

格式 1:

```
If 条件 Then 语句序列 1   [Else   语句序列 2]
```

格式 2:

```
If 条件 Then
    语句序列 1
[Else
    语句序列 2]
End If
```

执行 If 语句时, 先判断条件表达式的值, 如果值为 True, 顺序执行 Then 后的语句序列, 否则执行 Else 后的语句序列。当 Else 和语句序列 2 缺省时, 即成为单分支语句。

需要注意的是格式 1 中仅有 If 语句, 而格式 2 中 If 与 End If 必须成对出现。格式 2

中的语句序列不能与 Then 或 Else 写在同一行。Else 子句也不能再跟条件表达式。

　　单行 If 语句的流程如图 8-10 所示。

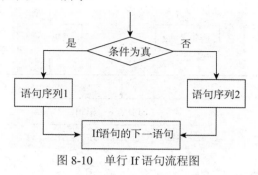

图 8-10　单行 If 语句流程图

(2) 多行 If 语句

　　多行 If 语句由多行语句组成，首行 If 语句作为起始语句，终止语句是末行的 End If 语句，它不但可以实现单分支和双分支，又能实现多分支，而且结构清晰，可读性好。多行 If 语句的格式如：

```
If　条件表达式 1　Then
　　语句序列 1
ElseIf　条件表达式 2　Then
　　语句序列 2
……
ElseIf　条件表达式 n　Then
　　语句序列 n
[Else
　　语句序列 n+1]
End　If
```

　　多行 If 语句执行时，按语句的先后顺序依次检查每个条件的值，视其真假决定程序的走向：首先判断条件 1，如果条件成立(即值为 True)，则执行该条件下的语句序列 1；否则(即条件不成立)判断条件 2，如果条件成立(即值为 True)，则执行该条件下的语句序列 2；否则(即条件不成立)继续判断后续的条件，以此类推。当执行了某个条件下的语句序列，随即跳过其他余下的条件和语句序列转而执行 End If 后的下一个语句。如果所有的条件都不成立，则要看是否有 Else 子句，若有就执行其后的语句序列，然后再执行 End If 后的下一个语句，否则，直接执行 End If 后的下一个语句。

　　ElseIf 子句和 Else 子句都是可选的，而且 ElseIf 子句的数量不限。如果没有 ElseIf 子句和 Else 子句，则变为单分支选择结构；如果有 Else 子句而没有 ElseIf 子句，则变为双分支的选择结构；若既有 ElseIf 子句又有 Else 子句，或仅有多个 ElseIf 子句，则为多分支选择结构。

　　特别需要注意的是，多行 If 语句的语句序列不能与其前面的 Then 在同一行上，否则将被系统认为是单行 If 语句；ElseIf 不能写成 Else If，否则将被系统认为是 If 语句的嵌套；Else 子句不能跟条件表达式。

　　多行 If 语句的流程如图 8-11 所示。

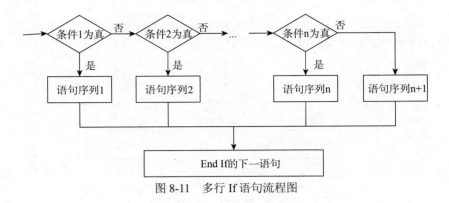

图 8-11　多行 If 语句流程图

2. Select Case 语句

Select Case 语句又称为情况语句，在某些特定的条件，比如把一个表达式的不同取值情况作为不同的分支时，用 Select Case 语句比用 If 语句更方便、紧凑。

Select Case 语句语法格式如下：

```
Select Case  测试表达式
    Case  值列表 1
        语句序列 1
    Case  值列表 2
        语句序列 2
    …
    Case  值列表 n
        语句序列 n
    Case Else
        语句序列 n+1
End Select
```

Select Case 语句执行时，根据测试表达式的值，按语句的先后顺序匹配 Case 值列表的值。如果匹配成功，则执行该 Case 下的语句序列，然后转到 End Select 语句之后继续执行；如果匹配不成功，则继续匹配下一个 Case 值列表的值，以此类推，直到 Select Case 语句结束。

需要注意的是，Select Case 语句中 Select Case 和 End Select 必须成对出现；测试表达式只能是数值型或字符型表达式；如果有多个 Case 值列表的值都可以与测试表达式的值相匹配，那么只会执行第一个能匹配测试表达式的值的 Case 下的语句序列。

Case 值列表的值的数据类型必须与测试表达式的值的类型一致，可以是以下形式之一，或是以下形式的组合。

(1) 值 1,值 2,…,值 n：枚举各个值，各个值之间用逗号分隔。

如：Case 1,3,5,7,9

　　Case "a", "b", "c"

(2) 值 1 To 值 2：值 1 到值 2 的取值区间。

如：Case 1 To 9　　　　　　　'表示测试表达式的值从 1 到 9(包括 1 和 9)

　　　　Case "A" To "E"　　　　　'表示测试表达式的值从字符"A"到"E"(包括"A"和"E")

(3) Is 关系运算符　值：用 Is 指定测试表达的条件。

　　如：Case Is ="a"　　　　　　'表示测试表达式的值是字符"a"，与 Case "a"等效

　　　　Case Is>=60　　　　　　　'表示测试表达式的值要大于或等于 60

(4) 可以在一个 Case 后同时使用以上的值列表形式，各个部分用逗号分隔。

　　如：Case 1 To 7,10, Is>=12　　'表示测试表达式的值为 1 到 7 之间的数，或为 10，或为大于或等于 12 的数

Select Case 语句的流程如图 8-12 所示。

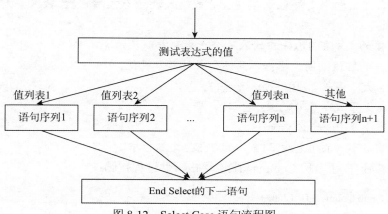

图 8-12　Select Case 语句流程图

3. 选择结构的嵌套

　　If 分支语句和 Select Case 情况语句均可以互相嵌套使用，即其中的某个分支又可以是一个 If 分支语句或 Select Case 情况语句，但要层次清楚，内、外层分支结构不能出现交叉现象。选择结构的嵌套形式多种多样，如 If 语句的嵌套格式：

```
If  条件表达式 1  Then
   If  条件表达式 2  Then
       语句序列 1
   Else
       语句序列 2
   End If
Else
   If 条件表达式 3 Then
      语句序列 3
   Else
      语句序列 4
   End If
End If
```

　　【例 8-4】如图 8-13 所示窗体，在文本框 Text1 中输入 x 的值，单击"计算"按钮，根据分段函数，求出 y 的值并输出到文本框 Text2。如 Text1 中输入 5.4，则 Text2 中输出 5.4。分段函数如下：

$$y=\begin{cases} x+1 & x \geq 10 \\ x & 0 \leq x < 10 \\ x-1 & x < 0 \end{cases}$$

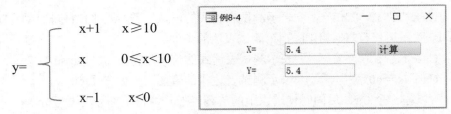

图 8-13　求分段函数值窗体

数据分析：

根据题意，定义两个变量 x、y，其中 x 代表输入数，y 代表输出数，数据类型都是 Single。

算法分析：

(1) 在窗体的文本框 Text1 中输入一个正数，并赋值给 x。

(2) 判断 x 的取值范围，根据不同的公式计算 y 的值。

① 如果 x 大于或等于 10，那么 y=x+1；

② 如果 x 大于或等于 0 而且小于 10，那么 y=x；

③ 如果 x 小于 0，那么 y=x-1。

(3) 将计算出的 y 的值输出到窗体的 Text2 文本框中。

"计算"按钮(按钮名称 Command1)的单击事件过程代码：

```
Private Sub Command1_Click()
    Dim x As Single, y As Single
    x = Text1.Value
    If x >= 10 Then          '如果 x 的值大于或等于 10
        y = x + 1
    ElseIf  x >= 0 Then      '如果 x 的值小于 10,而且大于或等于 0
        y = x
    Else                      '如果 x 的值小于 0
        y = x - 1
    End If
    Text2.Value = y
End Sub
```

【例 8-5】如图 8-14 所示窗体，在文本框 Text1 中输入一个年份，单击"判断"按钮，在文本框 Text2 中输出该年份是否闰年的信息，显示结果为"**年是闰年"或"**年不是闰年"。如 Text1 中输入 2017，则 Text2 中输出"2017 年不是闰年"。

图 8-14　判断是否闰年窗体

数据分析：

根据题意，定义两个变量，其中变量 x 代表输入的年份，数据类型为 Integer(整型)；

变量 y 代表输出的结果，数据类型为 String(字符型)。

算法分析：

(1) 将窗体 Form1 的文本框 Text1 中输入的年份赋值给 x。

(2) 根据闰年的判断条件：如果年份 x 能被 4 但不能被 100 整除或者能被 400 整除，那么年份 x 是闰年；否则，年份 x 不是闰年。

(3) 将多个输出信息用"&"连接赋值给变量 y，并输出到窗体的文本框 Text2 中。

"判断"按钮(按钮名称 Command1)的单击事件过程代码：

```
Private Sub Command1_Click()
    Dim x As Integer, y As String
    x = Text1.Value
    If x Mod 4 = 0 And x Mod 100 < > 0 Or x Mod 400 = 0 Then      '闰年的判断条件
        y = x & "年是闰年"                        '将输入的年份和判断结果连接输出
    Else
        y = x & "年不是闰年"
    End If
    Text2.Value = y
End Sub
```

【例 8-6】如图 8-15 所示窗体，在文本框 Text1 中输入任意一个字符，单击"判断"按钮，在文本框 Text2 中输出该字符是字母、数字或者其他字符等信息。如 Text1 中输入字母 q，则 Text2 中输出"英文字母"。

图 8-15 判断字符类型窗体

数据分析：

根据题意，定义两个变量，其中变量 x 代表输入的字符，变量 y 代表输出的判断结果，数据类型都为 String(字符型)。

算法分析：

(1) 将窗体 Form1 的文本框 Text1 中输入的年份赋值给 x。

(2) 根据 x 的取值范围，判断 x 代表的字符类型。

① 如果 x 的值在字符"0"和字符"9"之间，则 x 代表数字字符；

② 如果 x 的值在字符"a"和字符"z"之间，则 x 代表英文字母字符。系统默认为 Option Compare Database，表示英文字母不区分大小写；

③ 否则，x 代表其他字符。

(3) 将字符类型判断结果赋值给变量 y，并输出到窗体的文本框 Text2 中。

"判断"按钮(按钮名称 Command1)的单击事件过程代码：

```
Private Sub Command1_Click()
```

```
    Dim x As String, y As String
    x = Text1.Value
    If x >= "0" And x <= "9" Then          '"0"和"9"表示字符,加定界符
        y = "数字字符"
    ElseIf x >= "a" And x <= "z" Then
        y = "英文字母"
    Else                                   'Else 后不能跟条件
        y = "其他字符"
    End If
    Text2.Value = y
End Sub
```

【例 8-7】如图 8-16 所示窗体，在文本框 Text1 中输入五级评分制的成绩，单击"转换"按钮，在文本框 Text2 中输出对应的百分制成绩。如 Text1 中输入 C，则 Text2 中输出 75。(五级制与百分制成绩的转换规则：A-95，B-85，C-75，D-65，E-55。)

数据分析：

定义两个变量，变量 x 代表输入的五级评分制成绩，数据类型为 Sting(字符型)，变量 y 代表输出的百分制成绩，数据类型为 Integer(整型)。

图 8-16　成绩转换窗体

算法分析：

(1) 将窗体中文本框 Text1 输入的五级评分制成绩赋值给变量 x。

(2) 通过判断 x 的取值，计算出其对应的百分制成绩并赋值给 y。

① 如果 x="A"，那么 y=95;

② 如果 x="B"，那么 y=85;

③ 如果 x="C"，那么 y=75;

④ 如果 x="D"，那么 y=65;

⑤ 如果 x="E"，那么 y=55。

(3) 将计算出的 y 的值输出到窗体的 Text2 文本框中。

"转换"按钮(按钮名称 Command1)的单击事件过程代码：

(1) If 分支语句代码

```
Private Sub Command1_Click()
    Dim x As String, y As Integer
    x = Text1.Value
    If x="A" Then                  'If 多分支结构
        y = 95
    ElseIf x= "B" Then             'ElseIf 不能写成 Else If
        y = 85
    ElseIf x= "C" Then
        y = 75
    ElseIf x="D" Then
        y = 65
```

```
      ElseIf x="E" Then
          y = 55
      End If
      Text2.Value = y
  End Sub
```

(2) Select Case 选择语句代码

```
Private Sub Command1_Click()
    Dim x As String, y As Integer
    x = Text1.Value
    Select Case x                    'Select Case 分支语句
       Case "A"                      '测试表达式的值为字符型，加定界符
          y = 95
       Case "B"
          y = 85
       Case "C"
          y = 75
       Case "D"
          y = 65
       Case "E"
          y = 55
    End Select
    Text2.Value = y
End Sub
```

8.3.4　循环结构

循环结构是指根据指定条件的当前值，决定一行或多行语句是否需要重复执行。VBA 中常用的循环语句有 For 循环语句、While 循环语句和 Do 循环语句。

1. For 循环语句

当循环次数预先能够知道或者需处理的数据在一定的取值范围内递增或递减时，采用 For 语句较为合适。For 语句的好处在于语法简单，结构紧凑，不容易出现语法错误。

For 循环语句基本结构：

```
For 循环变量=初值 To 终值 Step 步长
    循环体语句序列
Next 循环变量
```

For 循环语句执行时，首先计算初值、终值和步长等表达式的值，并将初值赋给循环变量，然后将循环变量与终值比较，当循环变量的值不超过终值时，执行循环体语句序列，接着将循环变量增加一个步长值，再与终值比较，若它仍不超过终值，则再次执行循环体，以此类推。若循环变量的值超过终值，则结束 For 循环，执行 Next 的下一个语句。

For 循环语句的流程如图 8-17 所示。

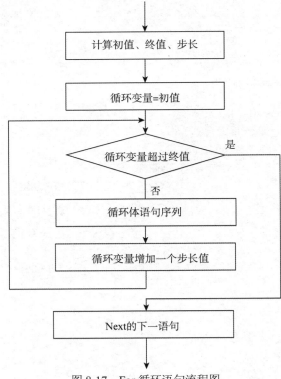

图 8-17　For 循环语句流程图

说明：

(1) For 与 Next 必须成对使用，Next 后的循环变量与 For 语句中的循环变量一致，可省略。

(2) 循环变量、初值、终值、步长都是数值型，也可以是表达式，它们的值在循环语句开始就确定了。

(3) 步长的值可以是正也可以是负，但不能为 0；步长为 1 时，语句 Step 1 可省略。

(4) 循环次数=Int((循环变量的终值-循环变量的初值)/步长)+1。

(5) 在 For 循环中，循环变量的值是自动改变的。

(6) 在循环体中，可以用 Exit For 语句强制退出 For 循环。

2．While 循环语句

While 循环语句可以根据指定条件控制循环的执行。

While 循环语句的格式：

```
While 条件表达式
    循环体语句序列
Wend
```

执行 While 循环语句时，首先判断条件表达式的值，如果为真(即值为 True)，则进入循环体，待执行完语句序列后，返回再次判断条件的值，以决定是否继续执行循环；如果条件表达式的值为假，则结束 While 循环，执行 Wend 的下一条语句。

说明：

(1) While 与 Wend 必须成对使用。

(2) While 循环语句即"当型"循环，执行时先判断条件，然后才决定是否执行循环体。因此如果条件一开始就不成立，那么循环体一次也不执行。

(3) 特别需要注意的是，While 语句本身没有修改循环条件的语句，因此应该在循环体语句中设置相应语句，使得整个循环趋于结束，以避免死循环。

While 循环语句的执行流程如图 8-18 所示。

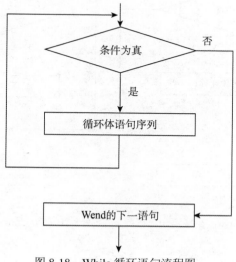

图 8-18　While 循环语句流程图

3. Do 循环语句

Do 循环语句与 While 循环语句一样，是根据给定条件控制循环的执行。Do 循环语句有多种格式，其中"当型循环"是先判断条件然后执行循环体，"直到型循环"是先执行循环再判断条件；有的是条件成立时执行循环，有的是条件不成立时才执行循环。

(1) Do 循环语句的具体四种格式如表 8-4 所示。

表 8-4　Do 循环语句的四种格式

格式一	格式二	格式三	格式四
Do While　条件 　　循环体语句序列 Loop	Do Until　条件 　　循环体语句序列 Loop	Do 　　循环体语句序列 Loop While　条件	Do 　　循环体语句序列 Loop Until　条件
先判断条件，条件成立时执行循环体语句	先判断条件，条件不成立时执行循环体语句	先执行循环体语句，当条件成立时继续执行循环体	先执行循环体语句，当条件不成立时继续执行循环体
当型 Do 语句		直到型 Do 语句	

说明：

① Do 与 Loop 必须成对出现。

② 当型 Do 循环的循环体可能一次也不执行，而直到型 Do 循环的循环体则至少被执行一次。

③ 可以在循环体内用 Exit Do 语句强制退出循环。

(2) 四种 Do 循环语句的流程如图 8-19、图 8-20、图 8-21、图 8-22 所示。

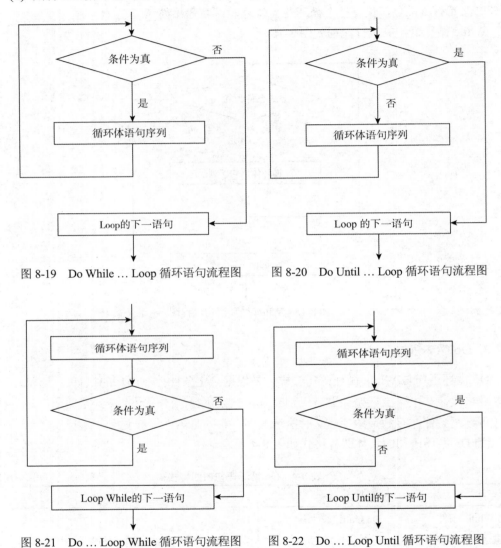

图 8-19　Do While … Loop 循环语句流程图　　图 8-20　Do Until … Loop 循环语句流程图

图 8-21　Do … Loop While 循环语句流程图　　图 8-22　Do … Loop Until 循环语句流程图

【例 8-8】如图 8-23 所示窗体，单击"1 累加到 100"按钮，在文本框 Text1 中输出 1+2+3+…+100 的值。

数据分析：

定义两个变量，循环变量 i 的数据类型为 Integer，存放和的变量 s 的数据类型为 Integer。

图 8-23　1 累加到 100 窗体

算法分析：

(1) 循环变量 i 的值从 1 以步长 1 递增到 100。

(2) 将循环变量 i 的值累加到和变量 s 中，即 s=s+i。

(3) 将计算出的 s 的值输出到窗体的文本框 Text1 中。

"1 累加到 100" 按钮(按钮名称 Command1)的单击事件过程代码：

(1) For 循环语句代码

```
Private Sub Command1_Click()
    Dim i As Integer
    Dim s As Integer          '定义变量 s 存放累加和
    s=0                       '设置 s 的初值为 0
    For i=1 To 100            'For 循环语句，省略 Step 1 语句
        s=s+i
    Next                      '省略变量 i
    Text1.Value=s
End Sub
```

(2) While 循环语句代码

```
Private Sub Command1_Click()
    Dim i As Integer, s As Integer
    i=0                       '变量 i 的初值设为 0
    s=0
    While i<=100              'While 循环语句
        s=s+i
        i=i+1                 '变量 i 的值增加 1
    Wend
    Text1.Value=s
End Sub
```

(3) Do While…Loop 循环语句代码

```
Private Sub Command1_Click()
    Dim i As Integer,s As Integer
    i=0                       '变量 i 的初值设为 0
    s=0
    Do While i<=100           'Do While 循环语句
        s=s+i
        i=i+1                 '变量 i 的值增加 1
    Loop
    Text1.Value=s
End Sub
```

(4) Do Until…Loop 循环语句代码

```
Private Sub Command1_Click()
    Dim i As Integer ,s As Integer
```

```
        i=0                          '变量 i 的初值设为 0
        s=0
        Do Until    i>100            'Do Until 循环语句
          s=s+i
          i=i+1                      '变量 i 的值增加 1
        Loop
        Text1.Value=s
      End Sub
```

【**例 8-9**】如图 8-24 所示窗体，在文本框 Text1 中输入任意一个正整数，单击"判断"按钮，在文本框 Text2 中输出该数是否素数的信息。如 Text1 中输入 59，则 Text2 中输出 59 是素数。(素数指该数除了 1 和本身外没有其他因子。)

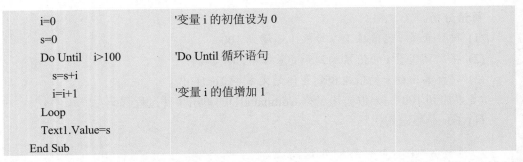

图 8-24　素数判断窗体

数据分析：

定义 4 个变量，变量 x 存放输入的正整数，数据类型为 Integer(整型)；循环变量 i 的数据类型为 Integer(整型)；标志变量 f 的数据类型为 Integer(整型)；判断结果 s 的数据类型为 String(字符型)。

算法分析：

(1) 标志变量 f 的初值设为 1。

(2) 循环变量 i 的初值设为 2。

(3) 当变量 i 的值小于或等于 x-1 时，

① 判断 i 是否变量 x 的因子，即 x 是否能被 i 整除。如果是，那么将标志变量的值设为 0。

② 循环变量 i 的值增加 1。

(4) 重复执行步骤(3)。

(5) 循环结束，判断标志变量 f 的值，如果 f 的值为 1，则输出 x 是素数的信息，否则输出 x 不是素数的信息。

"判断"按钮(按钮名称 Command1)的单击事件过程代码：

```
Private Sub Command1_Click()
   Dim x As Single,y As String
   x=Text1.Value
   f=1                            '设置标志变量 f=1
   For i=2 To x-1                 '循环变量的取值范围，除了 1 和 x 本身
     If x Mod i=0 Then            '如果条件成立，即 x 能被 i 整除，说明 i 是 x 的因子
       f=0                        '将标志变量 f 的值改为 0
     End If
```

```
        Next
        If f=1 Then                          '通过标志变量的值判断 x 是否有除 1 和本身外的其他因子
            y=x & "是素数"
        Else
            y=x & "不是素数"
        End If
        Text2.Value=y
    End Sub
```

【例 8-10】如图 8-25 所示窗体，在文本框 Text1 中输入一串大小写混合的英文字母，单击"统计"按钮，则分别统计该字符串中大写字母、小写字母的个数并输出到对应的文本框中。如 Text1 中输入"aBcDkEf"，则 Text2 中输出 3，Text3 中输出 4。

数据分析：

定义 5 个变量，变量 s 存放输入的英文字母，数据类型为 String(字符型)；变量 c 存放取出的单个英文字母，数据类型为 String(字符型)；循环变量 i 的数据类型为 Integer(整型)；变量 n1 存放大写英文字母的个数，数据类型为 Integer(整型)；变量 n2 存放小写英文字母的个数，数据类型为 Integer(整型)。

图 8-25　大小写英文字母个数统计窗体

算法分析：

(1) 将窗体中文本框 Text1 输入的英文字母串赋值给变量 s。

(2) 将循环变量 i 的初值设置为 1。

(3) 当字符串的字母还没有取完时，

① 使用 Mid( )截取字符函数取出 s 变量所存的英文字母串的第 i 个字符，存入变量 c。

② 判断 c 是否是大写英文字母，如果是大写英文字母，那么大写英文字母的个数加 1，即 n1=n1+1；如果是小写英文字母，那么小写英文字母的个数加 1，即 n2=n2+1。

③ 循环变量的值加 1。

(4) 重复执行步骤(3)。

(5) 循环结束，将最终计算出的 n1 和 n2 输出到窗体对应的文本框 Text2 和 Text3 中。

"统计"按钮(按钮名称 Command1)的单击事件过程代码：

```
Private Sub Command1_Click()
    Dim s As String, i As Integer, n1 As Integer, n2 As Integer
    s = Text1.Value
    n1 = 0
    n2 = 0
    For i = 1 To Len(s)        '循环变量 i 的初值为 1，终值为字符串的长度值
        c = Mid(s, i, 1)       '通过循环变量 i 的值的增加，将字符串中的字符逐一截取
        If Asc(c) >= Asc("A") And Asc(c) <= Asc("Z") Then
            Rem 用字母的 ASCII 值进行比较，才能区分英文大小写字母
            n1 = n1 + 1
        ElseIf Asc(c) >= Asc("a") And Asc(c) <= Asc("z") Then
```

```
            n2 = n2 + 1
        End If
    Next
    Text2.Value = n1
    Text3.Value = n2
End Sub
```

【例 8-11】如图 8-26 所示窗体，单击 "计算" 按钮，则随机产生 10 个 100 以内的正整数输出到文本框 Text1 中，并将其中的最大值和最小值分别输出到文本框 Text2 和文本框 Text3 中。

数据分析：

定义 4 个变量，数组变量 x(10) 存放随机产生的 10 个正整数，数据类型为 Integer(整型)；变量 max、min 分别存放最大值和最小值，数据类型都为 Integer(整型)；循环变量 i 的数据类型为 Integer(整型)。

图 8-26　产生随机整数并求最大最小值窗体

算法分析：用两个循环语句完成。

(1) 利用 For 语句产生 10 次循环，循环变量 i 初值为 1，终值为 10，步长值为 1，每次循环都实现以下操作：

① 利用函数 Rnd( ) 产生 100 以内的随机整数，存放于数组变量 x(i) 中；

② 将产生的随机数输出到窗体的文本框 Text1 中。

(2) 假定数组的第一个元素即为最大值和最小值。

(3) 循环变量 i 的初值设置为 2。

(4) 当循环变量 i 的值小于或等于 10 时，将数组 x 的第 i 个元素的值 x(i) 与最大值 max 及最小值 min 进行比较：

① 如果该数大于最大值 max，则最大值 max 变为该数；

② 如果该数小于最小值 min，则最小值 min 变为该数；

③ 循环变量 i 的值增加 1。

(5) 重复执行步骤(4)。

(6) 循环结束，将 max、min 分别输出到窗体的文本框 Text1、Text2 中。

"计算" 按钮(按钮名称 Command1)的单击事件过程代码：

```
Private Sub Command1_Click()
    Dim x(10) As Integer, i As Integer, max As Integer, min As Integer
    Text1 = ""
    Rem 以下代码用 10 次循环产生 10 个 100 以内随机整数并输出
    For i = 1 To 10
        x(i) = Int(Rnd * 100)              '用 Rnd 函数产生 100 以内的随机正整数
        Text1 = Text1 & x(i) & " "         '将 10 个随机整数显示在文本框，用空格隔开
    Next
    Rem 以下代码用循环语句求最大最小值
```

```
        max = x(1): min = x(1)              '假定数组的第一个元素是最大值也是最小值
        For i = 2 To 10                     '从数组的第二个元素开始比较
           If x(i) > max Then
               max = x(i)
           End If
           If x(i) < min Then
               min = x(i)
           End If
        Next
        Text2.Value = max: Text3.Value = min
    End Sub
```

4. 循环的嵌套

各种循环语句可以嵌套，循环也可以与分支语句嵌套。在编写循环嵌套结构时，首先要注意循环层次要分明，内外循环不能交叉；其次外循环变量与内循环变量不能同名。

For 循环语句的嵌套格式如下：

```
For i=初值  To  终值  Step  步长
    循环体语句序列 1
    For j=初值  To  终值  Step  步长
        循环体语句序列 2
    Next j
    ……
Next i
```

【例 8-12】如图 8-27 所示窗体，单击“[1,1000]内所有完数”按钮，则求出所有的完数并显示在窗体的列表框 List1 中；单击“清空”按钮，则将列表框 List1 清空。

完数是指该数的所有因子和等于它本身。如 6=1+2+3，所以 6 是完数。

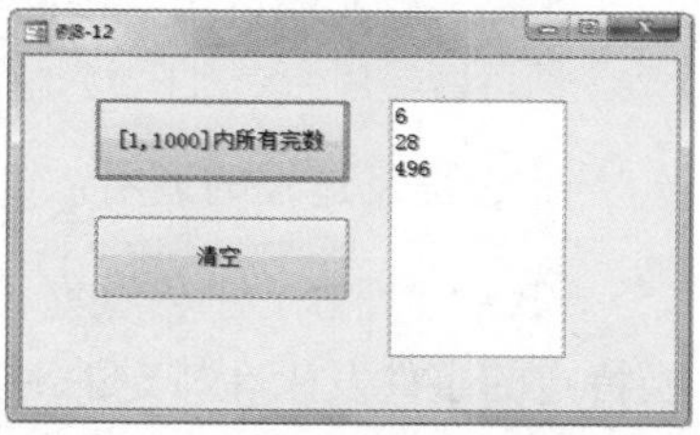

数据分析：

定义 3 个变量，循环变量 i 和 j 的数据类型为 Integer，变量 s 存放因子和，数据类型为 Integer。

图 8-27　求[1,1000]内所有完数窗体

算法分析：用两个循环语句嵌套完成。

(1) 外循环用 For 语句，循环变量 i 初值为 1，终值为 1000，步长为 1，限定要处理的数的范围。

(2) 当循环变量 i 的值改变时，因子和变量 s 的值重新设置为 0。

(3) 内循环用 For 语句，循环变量 j 初值为 1，终值为 i-1，步长为 1，因为因子不包括数本身。

(4) 判断 i 是否能被 j 整除，如果能整除，则表示 j 是 i 的因子，就将 j 累加到变量 s 中。

(5) 重复执行步骤(3)～(4)。

(6) 内循环结束，判断外循环变量 i 的值与变量 s 的值是否相等，如果相等，则表示 i 是完数，就将 i 添加到列表框中。

(7) 重复执行步骤(1)～(6)。

(8) 外循环结束。

"1～1000 内所有完数"按钮(按钮名称 Command1)的单击事件过程代码:

```
Private Sub Command1_Click()
    Dim i As Integer, j As Integer
    Dim s As Integer
    For i = 1 To 1000
        s = 0
        For j = 1 To i − 1          '完数的因子数不包括自身
            If i Mod j = 0 Then      '判断 j 是否为 i 的因子
                s = s + j            '因子累加
            End If
        Next
        If i = s Then                '判断数与因子和是否相等
            List1.AddItem i          '将完数添加到列表框
        End If
    Next
End Sub
```

"清空"按钮(按钮名称 Command2)的单击事件过程代码:

```
Private Sub Command2_Click()
    List1.RowSource = ""             '设置列表框的行来源为空
End Sub
```

8.3.5 过程与函数

如果一个程序中有多处需要使用相同的程序代码完成相同的事情，那么可以将这段程序代码做成一个过程，只要通过过程的调用就能完成相应的任务。

VBA 有两种过程:子过程(Sub 过程)和函数过程(Function 过程)。两种过程类似，都是要经过定义后才能调用。不同的是子过程的调用是一个语句，调用的结果是执行子过程的代码;而函数过程的调用是作为表达式的一个组成部分，调用的结果是函数的返回值。

1. 过程及过程的调用

VBA 过程分为事件过程和通用过程。其中事件过程与用户窗体中的某个对象相联系，当特定的事件发生在特定的对象上时，事件过程就会运行。而通用过程并不需要与用户窗体中的某个对象相联系，通用过程必须由其他过程显式调用。

(1) 事件过程的定义格式

```
Private Sub  控件名_事件名(形参表)
    过程体语句序列
End Sub
```

(2) 通用过程的定义格式

```
Private Sub 过程名(形参表)
    过程体语句序列
End Sub
```

(3) 通用过程的调用格式

格式 1：Call 过程名(实参表)

格式 2：过程名实参表

【例 8-13】编写求圆面积的通用过程 Cir，并在窗体中调用。

设计说明：创建窗体 Form1，文本框 Text1 输入圆的半径，单击命令按钮 Command1，文本框 Text2 输出圆的面积。

窗体的命令按钮 Command1 单击事件过程：

```
Private Sub Command1_Click()
    Dim r as single,s as single
    r=Text1.value
    Call cir(r,s)                          '调用过程
    Text2.value=s
End Sub
Private Sub Cir(r as single,s as single)   '过程的定义
    S=3.14*r*r
End Sub
```

2. 函数及函数的调用

(1) 函数过程的定义格式

```
Private Function  函数名(形参表  as  类型)
    过程体语句序列
    函数名=表达式
End Function
```

(2) 函数过程的调用

被调用的函数必须作为表达式或表达式的一部分，常见的方式是在赋值语句中调用函数。函数调用格式：

```
变量名=函数名(实参表)
```

【例 8-14】编写求圆面积的函数过程 Cir(r)，并在窗体中调用。

设计说明：创建窗体 Form1，文本框 Text1 输入圆的半径，单击命令按钮 Command1，文本框 Text2 输出圆的面积。

窗体的命令按钮 Command1 单击事件过程：

```
Private Sub Command1_Click()
    Dim r as single
    r=Text1.value
    Text2.value= Cir(r)            '调用函数
End Sub
```

函数过程 Cir(r)定义：

```
Private Function Cir(r as single)        '函数定义
```

```
Dim s as single
s=3.14*r*r
Cir=s
End Function
```

3．参数传递

(1) 形参和实参

在 Sub 过程定义的 Sub 语句或 Function 过程定义的 Function 语句中出现的参数称为形参，在 Sub 过程调用的 Sub 语句或 Function 过程调用的 Function 语句中出现的参数称为实参。

(2) 按值传递

定义过程时形参用 ByVal 关键字说明，调用时实参把值传递给对应的形参。主调过程对被调过程的数据传递是单向的，在过程中对形参的任何操作都不会影响到实参。

(3) 按地址传递

定义过程时形参用 ByRef 关键字说明或不加说明，调用时实参把地址传递给对应的形参。主调过程对被调过程的数据传递是双向的，既把实参的值由形参传给被调过程，又把改变了的形参值由实参带回主调过程。

8.4　本章小结

程序设计是计算机解决问题的根本形式。通过程序设计，用户可以对 Access 数据库有更深入、更广泛的应用。VBA 是 Access 的面向对象的程序设计语言。通过 VBA 可以方便地创建应用程序界面，并对特定的控件编写事件代码，以实现相应的功能。

本章首先介绍了计算机程序设计的基本概念，计算机语言的发展，算法的概念以及算法的重要性；随后详细讲解了 VBA 的编程环境，VBA 的数据类型、常量、变量、表达式和函数；重点说明了 VBA 的语法和基本语句，VBA 程序中顺序、分支和循环三种控制结构的基本用法；最后介绍了 VBA 的过程和函数的定义和调用等内容。

8.5　思考与练习

8.5.1　选择题

1. 以下(　　)是合法的 VBA 变量名。
   A. _xyz   B. x+y   C. xyz123   D. integer
2. 下列变量的数据类型为长整型的是(　　)。
   A. x%   B. x!   C. x$ D. x&
3. 函数 Mid("欢迎学习 Access!",5,6)的返回值是(　　)。
   A. 习 Acce   B. Access   C. 欢迎学习   D. ccess!

4. 执行下面程序段后，变量 Result 的值为(　　)。

```
a = 6: b = 5: c = 4
If Not(a + b > c) And (a + c > b) And (b + c > a) Then
    Result = "Yes"
Else
    Result = "No"
End If
```

A. False　　　　　　B. Yes　　　　　　　C. No　　　　　　　　D. True

5. 有如下程序段，当输入 a 的值为-6 时，执行后变量 b 的值为(　　)。

```
a = InputBox("input a:")
Select Case a
    Case Is > 0
        b = a + 1
    Case 0, -10
        b = a + 2
    Case Else
        b = a + 3
End Select
```

A. -2　　　　　　　B. -3　　　　　　　　C. -4　　　　　　　　D. -5

6. 执行下面程序段后，变量 i，s 的值分别为(　　)。

```
s=0
For i = 1 To 10
    s=s+1
    i=i*2
Next i
```

A. 15，3　　　　　B. 14，3　　　　　　C. 16，4　　　　　　D. 17，4

7. 执行下面程序段后，数组元素 a(3)的值为(　　)。

```
Dim a(10) As Integer
For i = 0 To 10
    a(i) = 2 * i
Next i
```

A. 4　　　　　　　B. 6　　　　　　　　C. 8　　　　　　　　D. 10

8. 执行下面程序段后，变量 p，q 的值为(　　)。

```
p = 2
q = 4
While Not q > 5
    p = p * q
    q = q + 1
Wend
```

A. 20，5　　　　　B. 40，5　　　　　　C. 40，6　　　　　　D. 40，7

9. 有过程：Sub Proc(x As Integer, y As Integer)，不能正确调用过程 Proc 的是(　　)。

A. Call Proc(3,4)　　　　　　　B. Call Proc(3+2,4)

C. Proc 3,4+2　　　　　　　　D. Proc(3,4)

10. 有下面函数，F(3)+F(2)的值为(　　)。

```
Function F(n As Integer) As Integer
    Dim i As Integer
    F = 0
    For i = 1 To n
        F = F + i
    Next i
End Function
```

A. 2　　　　　　B. 6　　　　　　C. 8　　　　　　D. 9

8.5.2　填空题

1. 在数组的声明语句中，若缺省下标的下界，则默认下界为_____。
2. 如果变量 x 能被变量 y 整除，则可以用表达式_____表示。
3. 求一个字符 c 的 ASCII 值，可以使用表达式_____。
4. 在 Access 中，要弹出对话框，输出某些信息，可以用函数_____来实现。
5. VBA 程序中可以使用_____、_____和_____三种基本控制结构。
6. 在 VBA 中，实参和形参的传递方式有_____和_____两种。

8.5.3　简答题

1. 什么是计算机程序设计？请列举几种常用的计算机程序设计语言，并简述其特点。
2. VBA 有哪些常用的数据类型？常量如何表示？变量怎样命名？
3. VBA 有几种程序控制结构？

8.5.4　程序设计题

1. 输入公里数，转换成对应的英里数输出。(1 英里=1.609 公里)
2. 输入任意两个实数，交换后输出。
3. 求一元二次方程 $ax^2+bx+c=0$ 的实根。
4. 输入一个小于 10 的自然数 n，求 1+2!+3!+…+n!。
5. 输入一串含空格的字符串，去除字符串中所有的空格。
6. 阶梯问题。登一阶梯，若每步跨 2 阶，最后余 1 阶；若每步跨 3 阶，最后余 2 阶；若每步跨 5 阶，最后余 4 阶；若每步跨 6 阶，最后余 5 阶；若每步跨 7 阶，刚好到达阶梯顶部。求阶梯数。

第9章 ADO数据库编程

学习目标

1. 了解 Access 数据库的数据访问接口。
2. 熟悉 ADO 数据访问接口及 ADO 的主要对象。
3. 掌握 ADO 中 Recordset 对象的主要属性和方法。
4. 掌握 Access 中应用 ADO 编程的基本方法和一般步骤。

学习方法

首先通过学习本章的理论知识点，熟悉 ADO 中 RecordSet 对象的常用属性和方法；其次通过相应实例的练习，掌握 Access 中 ADO 数据库编程的一般方法和技巧。

学习指南

本章的重点是 9.1.2 节、9.2.1 节、9.2.3 节和 9.3.1 节，难点是 9.2.3 节。

思维导图

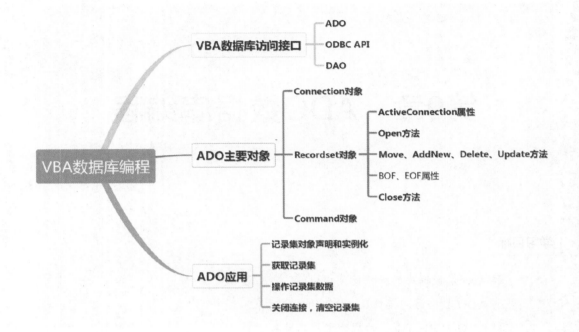

9.1　ADO 概述

9.1.1　数据库引擎和接口

VBA 是通过数据库引擎工具来实现对 Access 数据库的访问。数据库引擎是一种通用接口，是应用程序与物理数据库之间的桥梁。通过数据库引擎，用户可以使用统一的形式和相同的数据访问与处理方法来访问各种类型的数据库。实际上，数据库引擎是一组动态链接库(Dynamic Link Library，DLL)，当用户需要时，将 DLL 连接到应用程序就可以实现对数据库的数据的访问。

VBA 主要提供了 3 种数据库访问接口。

1. ODBC API

ODBC API(Open DataBase Connectivity Application Programming Interface，开放数据库互连应用程序接口)是数据库服务器的一个标准，是微软公司开发和定义的一套访问关系型数据库的标准接口。ODBC 为应用程序和数据库提供了一个定义良好、公共且不依赖数据库管理系统(DBMS)的应用程序接口(API)，并且保持着与 SQL 标准的一致性。API 的作用是为应用程序设计者提供单一和统一的编程接口，使同一个应用程序可以访问不同类型的关系数据库。

ODBC 的体系结构为分层式，主要包括应用程序、驱动程序管理器、数据库驱动程序、269 数据源等部分，如图 9-1 所示。

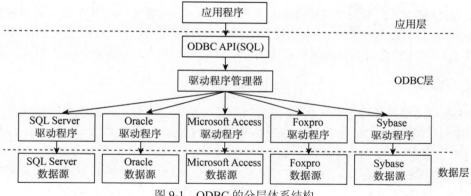

图 9-1　ODBC 的分层体系结构

　　ODBC 的基本工作流程：当应用程序访问数据库时，首先调用 ODBC API，接着由驱动程序管理器识别应用程序所要访问的数据类型，再将调用提交给对应的数据库驱动程序(如访问的是 Microsoft Access，就将调用提交给 Microsoft Access)，由该数据库驱动程序对相应的数据源执行有关操作，最后将操作结果通过驱动程序管理器返回应用程序。

　　ODBC 属于调用层的数据访问接口。不论是哪种类型的数据库，基于 ODBC 的应用程序都可以通过 ODBC API，调用相应的数据库驱动程序实现对数据库的操作，而无须直接与数据库管理系统打交道。例如，应用程序通过加载 Microsoft Access 的 ODBC 驱动程序就可以直接访问 Access 数据库的任何数据，而无须启动 Access 程序。

　　ODBC 主要用于访问多平台环境下的关系型数据库，优点是能提供一个驱动程序管理器来管理并同时访问多个 DBMS，使应用程序具有良好的互用性和可移植性。

2. DAO

　　DAO(Data Access Objects，数据访问对象)既提供了一组具有一定功能的 API 函数，也提供了一个访问数据库的对象模型。在 Access 数据库应用程序中，开发者可利用其中定义的一系列数据访问对象(如 Database、RecordSet 等)，实现对数据库的各种操作，工作模式如图 9-2 所示。

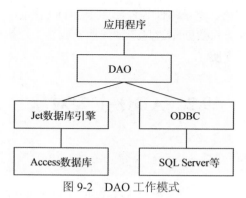

图 9-2　DAO 工作模式

3. ADO

　　ADO(ActiveX Data Objects，动态数据对象)是基于组件的数据库编程接口，它是一个与编程语言无关的部件对象模型(COM)组件系统，可以对来自多种数据提供者的数据进行操作。ADO 提供了一个用于数据库编程的对象模型，开发者可利用其中的一系列对象，如 Connection、Command、Recordset 对象等，实现对数据库的操作。ADO 是对微软所支持的数据库进行操作的最有效和最简单直接的方法，是功能强大的数据访问编程模式。

9.1.2　ADO

ADO 是一个便于使用的应用程序层接口，是为微软公司最新和最强大的数据访问规范对象链接嵌入数据库(Object Linking and Embedding DataBase，OLE DB)而设计的。ADO 以 OLE DB 为基础，对 OLE DB 底层操作的复杂接口进行封装，使应用程序通过 ADO 中极简单的 COM 接口，就可以访问来自 OLE DB 数据源的数据，这些数据源包括关系及非关系数据库、文本和图形等。应用程序、OLE DB 和 ADO 的关系如图 9-3 所示。

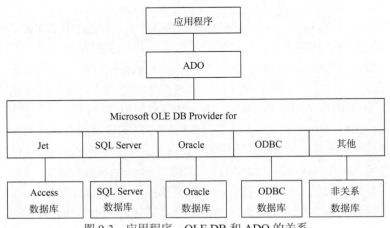

图 9-3　应用程序、OLE DB 和 ADO 的关系

ADO 采用了 ActiveX 技术(微软提出的一组使用部件对象模型，使得软件部件在网络环境中进行交互的技术集)，与具体的编程语言无关，任何使用高级语言(如 VC++、Java、VB、Delphi 等)编写的应用程序都可以使用 ADO 来访问数据库，不论是本地数据库还是远程数据库。同时，ADO 能够访问各种支持 OLE DB 的数据源，包括关系数据库和非关系数据源(文本文件、电子表格、电子邮件等)。尤其是 ADO 在前端应用程序和后端数据源之间使用了最少的层数，将访问数据库的复杂过程抽象成易于理解的具体操作，并由实际对象来完成，使用起来简单方便。

9.2　ADO 主要对象

9.2.1　ADO 对象模型

ADO 定义了一个可编程的对象集，主要包括 Connection、Recordset、Command、Parameter、Field、Property 和 Error，共 7 个对象，对象模型如图 9-4 所示。

ADO 对象集中包含了三大核心对象，即 Connection(连接)、Recordset(记录集)和 Command (命令)对象。在使用 ADO 模型对象访问数据库时，Connection 对象通过连接字符串，包括数据提供程序、数据库、用户名及密码等参数，建立与数据源的连接；Command 对象通过

执行存储过程、SQL 命令等，实现数据的查询、增加、删除、修改等操作；Recordset 可将
从数据源按行返回的记录集存储在缓存中，以便对数据进行更多的操作。

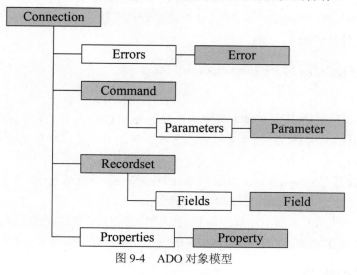

图 9-4　ADO 对象模型

9.2.2　Connection 对象

Connection 对象代表应用程序与指定数据源进行的连接，包含了关于某个数据提供的
信息以及关于结构描述的信息。应用程序通过 Connection 对象不仅能与各种关系数据库(如
SQL Server、Oracle、Access 等)建立连接，也可以同文本文件、Excel 电子表等非关系数据
源建立连接。

1．常用属性

Connection 对象的常用属性有 ConnectionString，即连接字符串，指在连接数据源之前
设置的所需要的数据源信息，如数据提供程序、数据库名称、用户名及类型等。

设置 ConnectionString 属性的语法如：

> 连接对象变量.ConnectionString="参数 1=值；参数 2=值；……"

ConnectionString 的常用参数如表 9-1 所示。

表 9-1　ConnectionString 参数说明

参数	参数说明
Provider	指定 OLE DB 数据提供者
Dbq	指定数据库的物理路径
Driver	指定数据库的驱动程序(数据库类型)
Data Source	指定数据源
File Name	指定连接的数据库的名称
UID	指定连接数据源时的用户 ID
PWD	指定连接数据源时该用户的密码

2. 常用方法

Connection 对象的常用方法有 Open(打开连接)和 Close(关闭连接)。

(1) Open 方法用于实现应用程序与数据源的物理连接。

Open 方法的格式如：

> 连接对象变量.Open ConnectionString,User D,Password

说明：

如果在 ConnectionString 连接字符串中已经包含了 UID 和 PWD 两个参数，那么 Open 方法中的 UserID 和 Password 两个参数可以省略，简化为：连接对象变量.Open ConnectionString。

如果已经设置了 Connection 对象的 ConnectionString 属性的值，那么 Open 方法后的所有参数都可以省略，即简化为：连接对象变量.Open。

(2) Close 方法用于断开应用程序与数据源的物理连接，即关闭连接对象。

Close 方法的格式如：

> 连接对象变量.Close

需要注意的是，Close 方法只是断开应用程序与数据源的连接，而原先存在于内存中的连接变量并没有释放，还继续存在。为了节省系统的资源，最好也要把内存中的连接变量释放。

释放连接变量的格式如：

> Set 连接变量=Nothing

3. 实现方法

使用 Connection 对象连接指定数据源的一般方法和步骤如下：

(1) 创建 Connection 对象变量；

(2) 设置 Connection 对象变量的 ConnectionString 属性值；

(3) 用 Connection 对象变量的 Open 方法实现与数据源的物理连接；

(4) 待对数据源的操作结束后，用 Connection 对象变量的 Close 方法断开与数据源的连接；

(5) 用 Set 命令将 Connection 对象变量从内存中释放。

【例 9-1】在 E 盘根目录下创建一个 Access 数据库，名称为"教务管理.accdb"，使用 Connection 对象实现与该数据库的连接，假定不需要用户名和密码。

根据 Connection(连接)对象与指定数据源的连接的一般步骤，可以用以下两种方法实现。

(1) 数据源信息在 ConnectionString 连接字符串中设置，简化 Open 方法，具体实现如下：

```
Dim conn As ADODB.Connection
Set conn=New ADODB.Connection
conn.ConnectionString="Provider=Microsoft.Jet.OLEDB.4.0;Data Source=E:/教务管理.accdb"
conn.Open
    ……
```

```
conn.Close
Set conn=Nothing
```

说明：

首先用 Dim 语句声明了一个 ADODB 连接类型的对象变量 conn，并用 Set 命令将连接变量 conn 实例化；接着设置连接变量 conn 的 ConnectionString 属性值，其中 Provider 参数指明连接 Access 数据库所使用的 OLE DB 程序是 Microsoft.Jet.OLEDB.4.0，Data Source 参数指定连接的数据源是 "E:/教务管理.accdb"，即 E 盘的教务管理数据库，同时访问该数据库不需要用户名和密码，所以 UID 和 PWD 参数缺省。由于已经设置了连接变量 conn 的 ConnectionString 属性的所有参数值，所以连接对象变量 conn 的 Open 方法可以省略后续的参数。

(2) 直接将连接变量的 ConnectionString 属性值作为连接变量的 Open 方法的参数，具体实现如下：

```
Dim conn As ADODB.Connection
Set conn=New ADODB.Connection
conn.Open "Provider=Microsoft. Jet.OLEDB.4.0;Data Source=E:/教务管理.accdb"
……
conn.Close
Set conn=Nothing
```

说明：

与方法(1)类似，首先用 Dim 语句声明了一个 ADODB 连接类型的对象变量 conn，并用 Set 命令将连接变量 conn 实例化，接着直接用连接变量 conn 的 Open 方法建立与数据源的连接，将连接变量 conn 的 ConnectionString 属性值作为 Open 方法的参数，同样其中 Provider 参数指明连接 Access 数据库所使用的 OLE DB 程序是 Microsoft.Jet.OLEDB.4.0，Data Source 参数指定连接的数据源是 "E:/教务管理.accdb"，即 E 盘的教务管理数据库，同时访问该数据库不需要用户名和密码，所以 UID 和 PWD 参数缺省。

9.2.3 Recordset 对象

Recordset(记录集)对象表示的是来自基本表或命令执行结果的记录全集。Recordset 对象包含某个查询返回的记录，以及那些记录中的游标。所有的 Recordset 对象中的数据在逻辑上均使用记录(行)和字段(列)进行构造，每个字段表示为一个 Field 对象。不论在任何时候，Recordset 对象所指的当前记录均为集合内的单个记录。使用 ADO 时，通过 Recordset 对象几乎可对数据进行所有的操作。

1. 对象声明

在使用 ADO 的 Recordset 对象之前，应先声明并初始化 Recordset 对象，例如：

```
Dim rs As ADODB.Recordset
Set rs=New ADODB.Recordset
```

首先用 Dim 语句声明一个 ADODB 的记录集对象变量 rs，接着用 Set 语句将记录集对象变量 rs 初始化。

2. Open 方法

创建了记录集对象变量后，就可以通过记录集对象的 Open 方法连接到数据源，并获取来自数据源的查询结果即记录集。

(1) 记录集对象变量的 Open 方法语法如：

记录集对象变量.Open Source,ActiveConnecion,,CursorType,LockType,Options

说明：

① 记录集对象变量应该是已经声明并实例化的记录集对象变量。

② Source 参数为数据源，可以是数据库表名、SQL 语句或有效的 Connection 对象变量。

③ ActiveConnection 参数是有效的 Connection 对象变量或有效的 ConnectionString 连接字符串。

④ CursorType 参数代表应用程序打开 Recordse 记录集对象时的游标类型。

⑤ LockType 参数代表应用程序打开 Recordset 记录集对象时的锁定类型。

⑥ Options 参数代表应用程序打开 Recordset 记录集对象时的命令字符串类型。

(2) 在 ADO 中定义了 4 种不同的 CursorType(游标类型)。

① 仅向前游标(AdOpenForwardOnly，参数值为 0)：默认值，仅允许在记录集中向前滚动。其他用户所作的添加、更改或删除不可见。

② 键集游标(AdOpenKeySet，参数值为 1)：允许在记录集中作各种类型(向前或向后)的移动。其他用户所作数据更改可见，其他用户所作的添加、删除不可访问。

③ 动态游标(AdOpenDynamic，参数值为 2)：允许在记录集中作各种类型(向前或向后)的移动。可以用于查看其他用户所作的添加、更改和删除。

④ 静态游标(AdOpenStatic，参数值为 3)：允许在记录集中作各种类型(向前或向后)的移动。其他用户所作的添加、更改或删除不可见。

在打开 Recordset 记录集对象前，设置 CursorType 属性来选择游标类型，或使用 Open 方法传递 CursorType 参数确定游标类型。如果没有指定游标类型，则 ADO 将默认打开"仅向前游标"。

(3) 在 ADO 中定义了 4 种不同的 LockType(锁定类型)。

① 只读(AdLockReadOnly，参数值为 1)：无法更改数据，默认值。

② 保守式锁定(AdLockPessimistic，参数值为 2)：编辑记录时立即锁定数据源的记录。

③ 开放式锁定(AdLockOptimistic，参数值为 3)：调用 Update(更新)方法时才锁定数据源的记录。

④ 开放式批量更新(AdLockBatchOptimistic，参数值为 4)。

(4) 在 ADO 中还定义了 4 个 Options 参数。

① AdCmdUnknown(参数值为-1)：未知命令类型。

② AdCmdText(参数值为 1)：执行的字符串包含一个命令文本。

③ AdCmdTable(参数值为 2)：执行的字符串包含一个表名。

④ AdCmdStoredProc(参数值为 3)：执行的字符串包含一个存储过程名。

3. 属性和方法

在使用 ADO 进行数据库应用程序设计中，用户可以充分利用 Recordset(记录集)对象的属性和方法，实现应用程序对指定数据源的几乎所有相关的数据操作。

(1) Recordset(记录集)对象的常用属性

① ActiveConnection 属性。通过设置 ActiveConnection 属性使记录集对象要打开的数据源与已经定义好的 Connection 对象相关联。ActiveConnection 属性值可以是有效的 Connection 对象变量或设置好参数值的 ConnectionString 连接字符串。

② RecordCount 属性。返回 Recordset 记录集对象中记录的个数。

③ BOF 和 EOF 属性。如果当前记录在 Recordset 对象的第一条记录之前，那么 BOF 属性值为 True，否则都为 False；如果当前记录在 Recordset 对象的最后一条记录之后，那么 EOF 属性值为 True，否则都为 False。需要注意的是，当打开 Recordset 时，当前记录位于第一条记录(如果有)，此时的 BOF 和 EOF 属性被设置为 False。如果没有记录，则 BOF 和 EOF 属性设置为 True。根据这个属性，可循环整个记录集中的所有记录，即当 EOF 的属性值为 True 时，则可知已经循环完所有记录。

(2) Recordset 记录集对象的常用方法

① AddNew 方法。在记录集对象中增加记录，如：记录集对象变量.AddNew。

② Delete 方法。在记录集对象中删除当前记录，如：记录集对象变量.Delete。

③ Update 方法。立即更新方式，将记录集对象中当前记录的更新内容立即保存到所连接数据源的数据库中，如：记录集对象变量.Update。需要注意的是，对记录集中的当前记录进行更新后，必须通过 Update 方法才能将更新后的内容保存到连接的数据库中，否则只是在记录集中操作。在记录集对象中用 AddNew 方法新增记录后，使用 Update 方法是将值的数组作为参数传递，同时更新记录的若干字段。

④ Move 方法。可以使用记录集对象的 MoveFirst、MoveLast、MoveNext、MovePrevious 和 Move 等方法将记录指针移动到指定的位置。为保证指针能正常移动，在使用 Move 方法前应在 Open 方法中提前设置好 CursorType(游标类型)参数值。具有仅向前游标类型的 Recordset 对象只支持 MoveNext 方法。

MoveFirst：记录指针移动到记录集的第一条记录。

MoveLast：记录指针移动到记录集的最后一条记录。

MoveNext：记录指针向前(向下)移动一条记录。

MovePrevious：记录指针向后(向上)移动一条记录。

Move n 或 Move –n 记录指针向前或向后移动 n 条记录。

⑤ Close 方法。可以关闭一个已打开的 Recordset 对象，并释放相关的数据和资源。如：记录集对象变量.Close，此时，Recordset 对象变量还存在于内存中。如果同时还要将 Recordset 对象从内存中完全释放，则还应设置 Recordset 对象为 Nothing。如：Set 记录集对象变量=Nothing。

(3) Fields 集合。Recordset 对象还包含一个 Fields 集合，记录集的每一个字段都有一个 Field 对象。如果引用 Recordset 对象当前记录的某个字段数据，格式如：

记录集对象变量.Fields(字段名).Value，可简化为：记录集对象变量 (字段名)

如语句 Text1.Value=rs("学号")表示将记录集 rs 当前记录的"学号"字段的值显示在文本框 Text1 中。

4. 实现方法

应用 ADO 的 Recordset 对象，有 3 种不同的方法可以实现数据库的连接和数据记录的访问。

方法 1：创建 Connection 连接对象，建立与指定数据源的连接，并将该 Connection 连接对象作为 Recordset 记录集对象 Open 方法中 ActiveConnection 属性的值。

方法 2：不创建 Connection 连接对象，直接用有效的 ConnectionString 连接字符串作为 Recordset 记录集对象 Open 方法中 ActiveConnection 属性的值。

方法 3：由于在大部分的 Access 应用中，应用程序与数据源通常在同一个数据库中，这种情况下就可以缺省方法 2 中 ConnectionString 连接字符串的相关参数设置，直接将 ConnectionString 连接字符串的属性值设置为"CurrentProject.Connection"，即表示连接的是当前数据库。

【例 9-2】应用 ADO 的 Recordset 对象获取 Access 数据库(E 盘的"教务管理.accdb")中 course 数据表的记录内容。假定访问数据库不需要用户名和密码。

方法 1：首先声明并初始化连接对象变量 conn 和记录集对象 rs，接着通过连接对象变量 conn 的 Open 方法建立与数据源的连接，将连接对象变量 conn 作为 Recordset 记录集对象 Open 方法 ActiveConnection 属性的值，即可获得指定数据内容。

```
Dim conn AS ADODB.Connection          '声明连接对象变量 conn
Dim rs AS ADODB.Recordset             '声明记录集对象变量 rs
Set conn=New ADODB.Connection         '连接对象变量 conn 初始化
Set rs=New ADODB.Recordset            '记录集对象变量 rs 初始化
conn.Open  "Provider=Microsoft. Jet.OLEDB.4.0;Data Source=E:/教务管理.accdb"
   '连接指定数据源
rs.Open "course",conn,2,3             '获取数据源中 course 表的记录,动态游标,开放式锁定
…
rs.Close                              '关闭记录集对象 rs
Set rs=Nothing                        '清空记录集对象 rs
conn.Close                            '关闭连接对象 conn
Set conn=Nothing                      '清空连接对象 conn
```

方法 2：首先声明并初始化记录集对象 rs，接着直接将包含有连接指定数据源参数设置的 ConnectionString 连接字符串作为 Recordset 记录集对象 Open 方法 ActiveConnection 属性的值，即可获得指定数据内容。

```
Dim rs AS ADODB.Recordset             '声明记录集对象变量 rs
Set rs=New ADODB.Recordset            '记录集对象变量 rs 初始化
rs.Open "course","Provider=Microsoft.Jet.OLEDB.4.0;Data Source=E:/教务管理.accdb"
   Rem 获取数据源中 course 表的记录,游标和锁定类型默认值,即静态游标和只读锁定
…
rs.Close                              '关闭记录集对象 rs
Set rs=Nothing                        '清空记录集对象 rs
```

方法 3：由于连接的是当前数据库，因此在声明并初始化记录集对象 rs 后，用"CurrentProject.Connection"作为记录集对象 Open 方法中 ActiveConnection 属性的值，即

可获得指定数据内容。这是最简便、最常用的应用 Recordset 记录集对象访问 Access 数据库的方法。

```
Dim rs AS ADODB.Recordset              '声明记录集对象变量 rs
Set rs=New ADODB.Recordset             '记录集对象变量 rs 初始化
rs.Open "course", CurrentProject.Connection,2,2
    Rem 获取当前数据库中 course 表的记录,表名作为数据源,动态式游标,保守式锁定
    ……
rs.Close                               '关闭记录集对象 rs
Set rs=Nothing                         '清空记录集对象 rs
```

【例 9-3】假设在 Access 应用程序设计中，需要使用 Recordset 对象访问当前数据库"教务管理.accdb"，并获取 course 表中第 7 学期开设的课程的名称。

设计思路：采用最简便的方法 3。

(1) 首先定义记录集对象并初始化，由于连接的是当前数据库，因此直接用"CurrentProject.Connection"作为记录集对象 Open 方法的 ActiveConnection 的参数值。

(2) 游标采用动态游标类型，允许前后移动，保守式锁定类型，即编辑记录时锁定。

(3) 由于需要按条件查询表中的特定字段和记录，因此必须采用 SQL 查询语句作为数据源。

代码段如下：

```
Dim rs As ADODB.Recordset
Set rs=New ADODB.Recordset
rs.Open "Select 课程名称 From course Where 学期=7",CurrentProject.Connection,2,2
    Rem 当前数据库连接,用 SQL 查询语句筛选表的字段和记录作为数据源。
    ……
rs.Close
Set rs=Nothing
```

【例 9-4】在 Access 应用程序设计中，假设当前数据库为"教务管理.accdb"，要求使用 Recordset 对象访问 Major 表并增加一条记录，各字段内容分别为：专业编号：M08；专业名称：大数据；学院代号：06。

设计思路：

(1) 首先定义记录集对象并初始化，由于连接的是当前数据库，因此直接用"CurrentProject.Connection"作为记录集对象 Open 方法的 ActiveConnection 的参数值。

(2) 数据源直接用数据表的名称 Major。

(3) 游标采用动态游标类型，允许前后移动，保守式锁定类型，即编辑记录时锁定。

(4) 增加记录内容用记录集对象的 AddNew 方法，用语句"记录集对象变量(字段名)=值"可以给记录集的字段赋值。

(5) 用 Update 方法将更新的内容保存到数据库表中。

代码段如下：

```
Dim rs As ADODB.Recordset
Set rs=New ADODB.Recordset
```

```
rs.Open "Major",CurrentProject.Connection,2,2    '连接当前数据库，用表名作为数据源
rs.AddNew                                        '在记录集中增加新纪录
rs("专业编号")= "M08"                             '给记录集字段赋值
rs("专业名称")= "大数据"
rs("学院代号")= "06"
rs.Update                                        '将新增的记录集的各字段值保存到数据库中
rs.Close
Set rs=Nothing
```

9.2.4　Command 对象

Command(命令)对象用以定义并执行针对数据源的具体命令，即通过传递指定的 SQL 命令来操作数据库，如建立数据表、删除数据表、修改数据表的结构等操作。应用程序也可以通过 Command 对象查询数据库，并将运行结果返回给 Recordset(记录集)对象，以完成更多的增加、删除、更新、筛选记录等操作。需要注意的是，在访问非关系型的数据源时，由于 SQL 查询语句可能无效，因此 Command 对象无法使用。

实际上如果仅仅是查询，也可以将查询字符串传送给 Connection 对象的 Execute 方法或 Recordset 对象的 Open 方法来执行。但如果需要保存命令文本并希望下一次再执行它，或者要使用查询参数时，则必须使用 Command 对象。

Command 对象与 Connection 对象、Recordset 对象有许多相似的用法。

1. 对象声明

在使用 Command 对象前，应先声明并初始化 Command 对象，例如：

```
Dim comm As ADODB.Command
Set comm=New ADODB.Command
```

首先用 Dim 语句声明了一个 Command 对象 comm，接着用 Set 语句初始化。

2. 属性和方法

创建好 Command 对象后，就可以用 Command 对象的属性和方法来操作指定的数据库。

(1) ActiveConnection 属性。通过设置 ActiveConnection 属性使 Command 对象与已经定义并且打开的 Connection 对象相关联。ActiveConnection 属性值可以是有效的 Connection 对象变量或设置好参数值的 ConnectionString 连接字符串。

(2) CommandText 属性。表示 Command 对象要执行的命令文本，通常是数据表名、完成某个特定功能的 SQL 命令或存储过程的调用语句等。

(3) Execute 方法。Command 对象最主要的方法，用来执行 CommandText 属性所指定的 SQL 语句或存储过程等。Execute 方法有以下两种。

其一是有返回记录集的执行方式，格式如：

```
Set 记录集对象变量=命令对象变量. Execute
```

其二是无返回记录集的执行方式，格式如：

```
命令对象变量. Execute
```

(4) 将 Command 对象从内存中完全释放，需要用 Set 语句设置 Command 对象为 Nothing。
如：Set 命令对象变量=Nothing

【例 9-5】在 Access 应用程序设计中，假设当前数据库为"教务管理.accdb"，要求使用 Command 对象将数据库中 Grade 表的所有期中成绩增加 3%。

设计思路：

(1) 首先声明 Connection 对象和 Command 对象并分别实例化。

(2) 使用 Connection 对象变量的 Open 方法建立与当前数据库的连接。

(3) 设置 Command 对象的 ActiveConnection 属性值为 Connection 对象变量。

(4) 设置 Command 对象的 CommandText 属性值为 SQL 的数据表更新语句。

(5) 执行无返回记录集的 Command 对象的 Execute 方法。

代码段如下：

```
Dim conn As ADODB.Connection                  '定义连接变量 conn
Dim comm As ADODB.Command                     '定义命令变量 comm
Set conn=New ADODB.Connection
Set comm=New ADODB. Command
conn.Open CurrentProject.Connection
    '连接变量 conn 用 Open 方法建立与当前数据库的连接
comm.ActiveConnection=conn                     '设置命令变量 comm 的活动连接为 conn
comm.CommandText="Update Grade Set            期中成绩=期中成绩*1.03"
    '设置命令文本为 SQL 更新命令
comm.Execute                                   '执行命令对象 comm
conn.Close                                     '关闭连接变量
Set conn=Nothing                               '释放连接变量
Set comm=Nothing                               '释放命令变量
```

9.3　ADO 在 Access 中的应用

用户使用 Access 可以创建数据库和数据表，并根据数据表中的数据创建查询和报表等多种应用。同时，用户通过 Access 还可以创建窗体作为应用程序的界面。在大部分的 Access 应用程序开发中，前端的应用程序界面常常通过 ADO(动态数据对象)访问后台的数据库文件。由于 ADO 的 Recordset 对象几乎能完成所有的数据库操作，因此在 Access 中主要应用 Recordset 对象进行数据库的编程。

9.3.1　ADO 编程方法

1. 引用 ADO 类库

ADO 是面向对象的设计方法，有关 ADO 的各个对象的定义都集中在 ADO 类库中。在默认情况下，VBA 并没有加载 ADO 类库。因此在进行数据库编程时，要使用 ADO 对象，首先要引用 ADO 类库，具体操作方法如下：

(1) 在当前数据库中打开 Visual Basic 编辑器(即 VBE)，选择"工具"菜单下的"引用"命令，打开"应用-Database"对话框。

(2) 在对话框的"可使用的引用"列表中选中 Microsoft ActiveX Data Objects 2.1 Library 项，即单击该选项前的复选框保持选中状态，如图 9-5 所示。此外，还可以通过 "优先级"按钮提升或降低被引用类库的优先级。需要注意的是，不同的计算机安装的 ADO 类库的版本可能存在不同，设置时应根据实际环境提供的版本选择相应的 ADO 类库。引用 ADO 类库后，就可以使用 ADO 的 Recordset 对象进行数据库的编程。

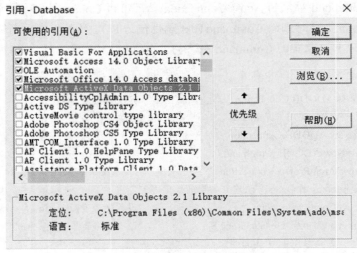

图 9-5　"引用"对话框

2. 实现方法

在 Access 应用程序开发中，在当前数据库下使用 ADO 的 Recordset 对象访问数据库并对数据操作的一般方法如下。

(1) 首先用 Dim 语句声明一个 Recordset 变量，并用 Set 语句实例化。

(2) 使用 Recordset 变量的 Open 方法连接数据源，并返回所查询的记录内容。由于连接的是当前数据库，因此 Open 方法中的 ActiveConnecion 参数值可以直接设置为 CurrentProject.Connection，数据源一般设置为 SQL 查询语句或数据表名，同时根据实际需要，游标类型和记录锁定类型的参数值可以都设置为 2。

(3) 根据需要对 Recordset 对象中的数据进行操作，如用"记录集对象变量(字段名)"引用 Recordset 对象中字段的值，对字段进行更新、删除、计算等操作。

(4) 对数据操作完成后，用 Close 方法关闭记录集对象，并用 Set 命令将记录集对象从内存中释放。

(5) 主要代码段如下：

```
Dim rs As ADODB.Recordset                       '定义记录集对象
Set rs=NEW ADODB.Recordset                      '记录集对象初始化
rs.open 表名,CurrentProject.Connection,2,2
    '记录集对象的 Open 方法建立与当前数据库的连接,
 '其中数据源可以是表名,也可以是 SQL 查询语句。
```

```
      ……
      rs.Close                              '关闭记录集对象
      Set rs=Nothing                        '释放记录集对象
```

9.3.2　ADO 编程实例

【**例 9-6**】图 9-6 所示为 Major 表记录编辑窗体，功能如下：根据 Major 表的内容，文本框 Text1 显示专业编号，文本框 Text2 显示专业名称，文本框 Text3 显示专业所属的学院代号；单击"上一条记录"按钮显示前一个专业的信息；单击"下一记录"按钮显示后一个专业的信息；单击"增加"按钮将新输入的专业编号、专业名称和学院代号等信息保存到 Major 表中；单击"更新"按钮将窗体上修改过的记录字段内容保存到 Major 表中；单击"删除"按钮将删除 Major 表中的相应记录。按钮的激活和非激活功能暂不实现。

设计思路：

(1) 根据 ADO 数据库编程的一般方法，采用 Recordset 对象连接当前数据库并获取数据表记录。

(2) 由于窗体有多个控件的事件过程，用的是同一个记录集对象变量，因此记录集对象变量的声明语句应放在窗体模块的通用声明段，为模块级变量，窗体中各模块都可以使用。

(3) 窗体刚打开时，需要显示 Major 表的第

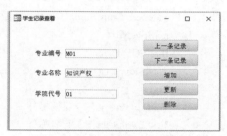

图 9-6　Major 表记录编辑窗体

一条记录，因此记录集对象的初始化、数据源的连接和记录集的获取都在窗体的 Load 事件中实现。

(4) 记录集记录指针向后(即上一条记录)移动的方法是 MovePrevious。

(5) 记录集记录指针向前(即下一条记录)移动的方法是 Movenext。

(6) 更新记录集当前记录内容的方法是 Update。

(7) 删除记录集当前记录的方法是 Delete。

(8) 从窗体中增加数据表记录的方法是 AddNew 和 Update。

(9) 按钮的激活等更复杂的功能暂不考虑。

窗体的相关代码如下。

(1) 窗体模块通用声明段中记录集对象变量的声明：

```
      Dim rs As ADODB.Recordset        '定义 rs 为模块级变量，多个模块都可用
```

(2) 窗体的加载事件代码：

```
Private Sub Form_Load()                          '窗体的加载事件
    Set rs=New ADODB.Recordset                   '记录集对象初始化
    rs.Open "Major",CurrentProject.Connection,2,2 '连接当前数据库的 Major 表
    Text1.Value=rs("专业编号")                    '记录集的字段内容输出到文本框
    Text2.Value=rs("专业名称")
    Text3.Value=rs("学院代号")
End Sub
```

(3) "上一条记录"按钮(按钮名称 Command1)的单击事件代码:

```
Private Sub Command1_Click()
    rs.MovePrevious                '记录指针向后移动一条记录
    If rs.BOF Then                 '如果记录集记录已经到头即第一条记录之前
        rs.Movefirst               '记录指针定位到第一条记录
    End If
    Text1.Value=rs("专业编号")
    Text2.Value=rs("专业名称")
    Text3.Value=rs("学院代号")
        End Sub
```

(4) "下一条记录"按钮(按钮名称 Command2)的单击事件代码:

```
Private Sub Command2_Click()
    rs.MoveNext                    '记录指针向前移动一条记录
    If rs.EOF Then                 '如果记录集记录已经到尾即最后一条记录之后
        rs.MoveLast                '记录指针定位到最后一条记录
    End If
    Text1.Value=rs("专业编号")
    Text2.Value=rs("专业名称")
    Text3.Value=rs("学院代号")
End Sub
```

(5) "增加"按钮(按钮名称 Command3)的单击事件代码:

```
Private Sub Command2_Click()
    Dim qr As Integer
    qr = MsgBox("确定增加新记录吗？", 1 + 32, "询问")
                                   '定义变量 qr 存储信息框的返回值
    If qr = 1 Then
        rs.AddNew                  '该方法可以在记录集中添加一条记录
        rs("专业编号") = Text1.Value
        rs("专业名称") = Text2.Value
        rs("学院代号") = Text3.Value
        rs.Update                  '将记录集中新增的记录保存到所连接的数据库表中
        MsgBox "新记录添加成功！", 0 + 64, "提示"
    Else
        MsgBox "操作取消！", 0 + 64, "提示"
    End If
End Sub
```

(6) "更新"按钮(按钮名称 Command4)的单击事件代码:

```
Private Sub Command4_Click()
    Dim qr As Integer
    qr = MsgBox("确定更新当前记录吗？", 1 + 32, "询问")
```

```
        If qr = 1 Then
            rs("专业编号") = Text1.Value
            rs("专业名称") = Text2.Value
            rs("学院代号") = Text3.Value
            rs.Update              '将记录集中当前记录的更新内容保存到连接的数据库表中
            MsgBox "记录已更新！", 0 + 64, "提示"
        Else
            MsgBox "操作取消！", 0 + 64, "提示"
        End If
    End Sub
```

(7) "删除"按钮(按钮名称 Command5)的单击事件代码：

```
Private Sub Command5_Click()
    Dim qr As Integer
    qr = MsgBox("确定删除当前记录吗？", 1 + 32, "询问")
    If qr = 1 Then
        rs.Delete                         '该方法可以删除记录集中的当前记录
        MsgBox "当前记录已删除！", 0 + 64, "提示"
        Text1.Value = ""
        Text2.Value = ""
        Text3.Value = ""
    Else
        MsgBox "操作取消！", 0 + 64, "提示"
    End If
End Sub
```

【例 9-7】图 9-7 所示为课程选修统计窗体，根据 Stu、Grade 和 Course 表的内容，在窗体的组合框 Combo1 中选择某个课程名称，则统计出选修这门课的学生人数显示在文本框 Text1 中，同时将在这门课程期末考试中不及格(成绩少于 60 分)的学生姓名显示在列表框 List1 中。

设计思路：

(1) 根据题意，代码写在窗体中组合框 Combo1 的 Change 事件中。

(2) 依照 ADO 数据库编程的一般方法，采用 Recordset 对象连接当前数据库并获取数据表记录内容。

(3) 由于记录集数据来自于数据库中的多张表，因此 Recordset 对象 Open 方法中的数据源参数设置为 SQL 多表查询语句，同时指定字段还需要符合组合框的筛选条件。

图 9-7　课程选修统计窗体

(4) 用循环语句遍历所有的记录，统计出记录的个数以及将符合条件的记录中指定字段的内容添加到列表框中。如用 Do While 循环语句与记录集的 EOF 属性、MoveNext 方法相结合来处理所有的记录集的记录。

(5) 另外，列表框也需要初始化。完成后，Recordset 对象要关闭并从内存中释放。

组合框 Combo1 的 Change 事件代码：

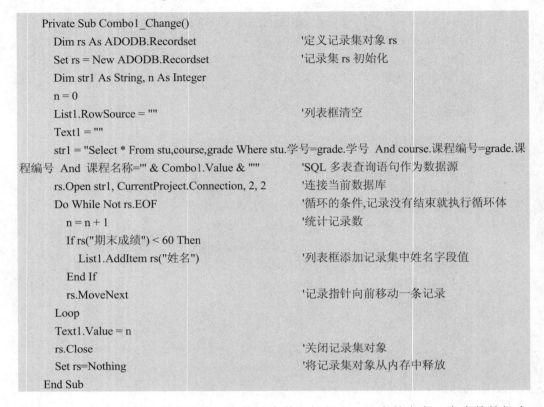

```
Private Sub Combo1_Change()
    Dim rs As ADODB.Recordset                              '定义记录集对象 rs
    Set rs = New ADODB.Recordset                           '记录集 rs 初始化
    Dim str1 As String, n As Integer
    n = 0
    List1.RowSource = ""                                   '列表框清空
    Text1 = ""
    str1 = "Select * From stu,course,grade Where stu.学号=grade.学号  And course.课程编号=grade.课
程编号  And 课程名称='" & Combo1.Value & "'"              'SQL 多表查询语句作为数据源
    rs.Open str1, CurrentProject.Connection, 2, 2          '连接当前数据库
    Do While Not rs.EOF                                    '循环的条件,记录没有结束就执行循环体
        n = n + 1                                          '统计记录数
        If rs("期末成绩") < 60 Then
            List1.AddItem rs("姓名")                       '列表框添加记录集中姓名字段值
        End If
        rs.MoveNext                                        '记录指针向前移动一条记录
    Loop
    Text1.Value = n
    rs.Close                                               '关闭记录集对象
    Set rs=Nothing                                         '将记录集对象从内存中释放
End Sub
```

【例 9-8】 图 9-8 所示为学生选修课程统计窗体，根据 Grade 表的内容，在窗体的组合框 Combo1 中选择学生的学号，则统计出该学号学生选修的课程门数显示在文本框 Text1 中，同时计算出该学生所选修的所有课程的期末平均成绩显示在文本框 Text2 中。

图 9-8　学生选修课程统计窗体

设计思路：

(1) 根据题意，代码写在窗体中组合框 Combo1 的 Change 事件中。

(2) 依照 ADO 数据库编程的一般方法，采用 Recordset 对象连接当前数据库并获取数据表记录内容。

(3) 由于记录集数据来自于数据库中表的汇总统计结果，因此 Recordset 对象 Open 方法中的数据源参数设置为包含有聚集函数的 SQL 数据统计语句，同时指定字段还需要符合组合框的筛选条件。常用的聚集函数有 avg( )、count( )、sum( )等。

(4) 将记录集中记录的字段内容输出到对应的文本框中。

(5) 完成后，关闭 Recordset 对象并将其从内存中释放。

组合框 Combo1 的 Change 事件代码：

```
Private Sub Combo1_Change()
    Dim rs As ADODB.Recordset                    '定义记录集对象
    Set rs = New ADODB.Recordset                 '记录集对象初始化
    Dim str1 As String
    Text1 = ""
    Text2 = ""
    str1 = "Select Count(*) As 选课门数,Avg(期末成绩) As 平均分 From grade Where 学号='" &
Combo1.Value & "'"                               '用 SQL 查询统计语句作为数据源
    rs.Open str1, CurrentProject.Connection, 2, 2    '连接当前数据库
    Text1.Value = rs("选课门数")                   '记录集中字段的值输出到文本框
    Text2.Value = rs("平均分")
    rs.Close
    Set rs=Nothing
End Sub
```

9.4　本章小结

数据库编程是 Access 的重要组成部分。在开发 Access 应用程序过程中，用户创建的窗体必须与数据库的表、查询及报表等数据源建立联系，才能实现数据的编辑和查询统计。应用 ADO，在 Access 环境下可以很方便地实现应用程序界面与后台数据源间的连接，并对数据源中的数据进行各种不同的操作。

本章首先介绍了 Access 数据库编程的主要数据访问接口，重点介绍了 ADO 数据访问方式中的 3 个核心对象，即 Connection、Recordset 和 Command，并分析了它们各自常用的属性和方法在具体实例中的不同应用。考虑到在进行 Access 应用程序设计时，用 ADO 模型的 Recordset 对象就可以完成几乎全部的数据库操作，包括记录的查询、添加、更新、删除以及记录中字段数据的统计等，因此特别用了有针对性的实例，详细讲解了利用 Recordset 对象进行 Access 数据库编程的一般方法和技巧。

9.5　思考与练习

9.5.1　选择题

1. ADO 中的三个最主要的对象是(　　)。

　A. Connection、Recordset 和 Command　　B. Connection、Recordset 和 Field

　　　C. Recordset、Field 和 Command　　　　　D. Connection、Parameter 和 Command

2. ADO 用于存储来自数据库基本表或命令执行结果的记录集的对象是(　　)。

　　　A. Connection　　　　B. Record　　　　C. Recordset　　　　　D. Command

3. 设 rs 为记录集对象，则 "rs.MoveLast" 的作用是(　　)。

　　　A. 记录指针从当前位置向后移动 1 条记录

　　　B. 记录指针从当前位置向前移动 1 条记录

　　　C. 记录指针移到最后一条记录

　　　D. 记录指针移到最后一条记录之后

4. 若 Recordset 对象的 BOF 属性值为 "真"，表示记录指针当前位置在(　　)。

　　　A. Recordset 对象第一条记录之前

　　　B. Recordset 对象第一条记录

　　　C. Recordset 对象最后一条记录之后

　　　D. Recordset 对象最后一条记录

9.5.2　填空题

1. ADO 模型中用于存储来自数据库的表或命令执行结果的记录集对象是_____。

2. 要将 Recordset 对象中当前记录的更新内容保存到数据库中，可以用_____方法。

3. 在 Access 应用 ADO 进行数据库编程中，如果连接的是当前数据库，那么 Recordset 对象的 ActiveConnection 属性可以设置为_____。

9.5.3　简答题

1. Access 应用程序设计中有哪几种类型数据访问接口？

2. Access 中使用 ADO 的 Recordset 对象访问数据库的一般步骤有哪些？

9.5.4　设计题

1. 打开 "教务管理.accdb" 数据库，设计浏览 Stu 数据表中学生基本信息的窗体，功能如下：

　　(1) 窗体刚打开时，窗体各文本框中显示 Stu 表第一条记录的相应字段的内容；

　　(2) 单击窗体上的 4 个记录指针移动按钮，分别是首记录、末记录、前一条记录和后一条记录，可依次在窗体文本框中显示 Stu 表对应记录的各字段的内容。

2. 打开 "教务管理.accdb" 数据库，设计按学号查询 Grade 和 Course 表中该学生所修课程和课程学期总评成绩的窗体，功能如下：

　　(1) 在组合框 Combo1 中选择某一学号，则窗体上对应的列表框 List1 中显示该学生所选修的所有课程名称和该课程的总评成绩，其中总评成绩=平时成绩*30%+期末成绩*70%；

　　(2) 在窗体对应的文本框 Text1 中显示该学生所选课程门数；

　　(3) 在窗体对应的文本框 Text2 中显示该学生所选全部课程的平均总评成绩。

第10章 数据库综合操作案例

学习目标

培养灵活运用 Access 2010 的数据表、查询、窗体、报表、宏和模块 6 个对象解决实际问题的能力。

学习方法

本章给出的 9 个综合操作案例中均包含 3 个项目：基本操作、简单应用、综合应用。对于基础薄弱的学习者，可以先从每个操作案例的第 1 项(基本操作)进行集中训练，完成之后再进行第 2 个项目(简单应用)的集中训练，最后是综合应用训练。要求重点掌握的数据库操作技能在 9 个综合操作案例和"思考与练习"中有多次训练。

学习指南

本章的重点是 10.1 节至 10.9 节的每个综合案例的基本操作和简单应用，难点是综合应用。

思维导图

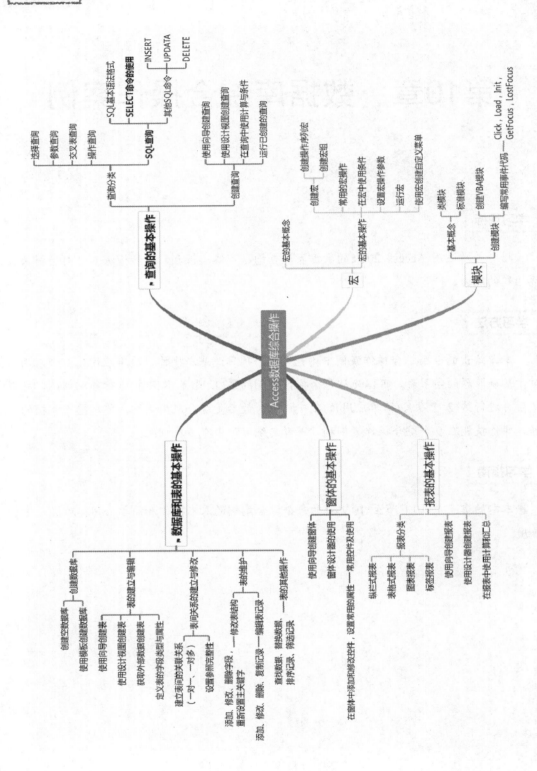

10.1　综合案例 1

1. 基本操作

在"第 10 章综合操作案例 1"文件夹下有一个数据库文件 samp1.accdb。在数据库文件中已经建立了一个表对象"学生基本情况"。根据以下要求完成各种操作：

(1) 将"学生基本情况"表名称改为 tStud。

(2) 设置"身份 ID"字段为主键，并设置"身份 ID"字段的相应属性，使该字段在数据表视图中的显示标题为"身份证"。

(3) 将"姓名"字段设置为"有重复索引"。

(4) 在"家长身份证号"和"语文"两字段间增加一个字段，名称为"电话"，类型为文本型，大小为 12。

(5) 将新增"电话"字段的输入掩码设置为"010-********"的形式。其中，"010-"部分自动输出，后八位为 0~9 的数字显示。

(6) 在数据表视图中将隐藏的"编号"字段重新显示出来。

2. 简单应用

在"第 10 章综合操作案例 1"文件夹下有一个数据库文件 samp2.accdb，里面已经设计了表对象 tCourse、tScore 和 tStud，试按以下要求完成设计：

(1) 创建一个查询，查找党员记录，并显示"姓名""性别"和"入校时间"三列信息，所建查询命名为 qT1。

(2) 创建一个查询,当运行该查询时,屏幕上显示提示信息:"请输入要比较的分数:",输入要进行比较的分数后，该查询查找学生选课成绩的平均分大于输入值的学生信息，并显示"学号"和"平均分"两列信息，所建查询命名为 qT2。

(3) 创建一个交叉表查询，统计并显示各班每门课程的平均成绩，统计显示结果如图 10-1 所示。要求：直接用查询设计视图建立交叉表查询，不允许用其他查询做数据源，所建查询命名为 qT3。

(4) 创建一个查询，运行该查询后生成一个新表，表命名为 tNew，表结构包括"学号""姓名""性别""课程名"和"成绩"五个字段，表内容为 90 及 90 分以上的或不及格的所有学生记录，并按课程名降序排序，所建查询命名为 qT4。要求创建此查询后，运行该查询，并查看运行结果。

班级编号	高等数学	计算机原理	专业英语
19991021	68	73	81
20001021	73	73	75
20011023	74	76	74
20041021			72
20051021			71
20061021			67

图 10-1　qT3 查询结果

3. 综合应用

在"第 10 章综合操作案例 1"文件夹下有一个数据库文件 samp3.accdb，其中存在设计好的表对象 tStud 和查询对象 qStud，同时还有以 qStud 为数据源的报表对象 rStud。请在此基础上按照以下要求补充报表设计：

(1) 在报表的报表页眉节区添加一个标签控件，名称为 bTitle，标题为"2017 年入学学生信息表"。

（2）在报表的主体节区添加一个文本框控件，显示"姓名"字段值。该控件放置在距上边 0.1 厘米、距左边 3.2 厘米的位置，并命名为 tName。

（3）在报表的页面页脚节区添加一个计算控件，显示系统年月，显示格式为：×××　×年××月(注意：不允许使用格式属性)。计算控件放置在距上边 0.3 厘米、距左边 10.5 厘米的位置，并命名为 tDa。

（4）按"编号"字段的前 4 位分组，统计每组记录的平均年龄，并将统计结果显示在组页脚节区。计算控件命名为 tAvg。

注意：不能修改数据库中的表对象 tStud 和查询对象 qStud，同时也不允许修改报表对象 rStud 中已有的控件和属性。

10.2　综合案例 2

1．基本操作

在"第 10 章综合操作案例 2"文件夹下有数据库文件 samp1.accdb 和 Excel 文件 Stab.xlsx。samp1.accdb 中已建立表对象 student 和 grade，请按以下要求完成表的各种操作：

（1）将"第 10 章综合操作案例 2"文件夹下的 Excel 文件 Stab.xlsx 导入到 student 表中。

（2）将"student"表中 1975 年到 1980 年之间(包括 1975 年和 1980 年)出生的学生记录删除。

（3）将 student 表中"性别"字段的默认值设置为"男"。

（4）将 student 表拆分为两个新表，表名分别为 tStud 和 tOffice。其中 tStud 表结构为：学号，姓名，性别，出生日期，院系，籍贯，主键为学号；tOffice 表结构为：院系，院长，院办电话，主键为院系。

要求：student 表仍然保留。

（5）建立 student 和 grade 两表之间的关系。

2．简单应用

在"第 10 章综合操作案例 2"文件夹下有一个数据库文件 samp2.accdb，其中存在已经设计好的一个表对象 tTeacher。请按以下要求完成设计：

（1）创建一个查询，计算并输出教师最大年龄与最小年龄的差值，显示标题为 m_age，将查询命名为 qT1。

（2）创建一个查询，查找并显示具有研究生学历的教师的"编号""姓名""性别"和"系别" 4 个字段内容，将查询命名为 qT2。

（3）创建一个查询，查找并显示年龄小于等于 38、职称为副教授或教授的教师的"编号""姓名""年龄""学历"和"职称" 5 个字段，将查询命名为 qT3。

（4）创建一个查询，查找并统计在职教师按照职称进行分类的平均年龄，然后显示出标题为"职称"和"平均年龄"的两个字段内容，将查询命名为 qT4。

3．综合应用

在"第 10 章综合操作案例 2"文件夹下有一个数据库文件 samp3.accdb，其中存在已经设计好的表对象 tEmployee 和 tGroup 及查询对象 qEmployee，同时还有以 qEmployee 为数据源的报表对象 rEmployee。请在此基础上按照以下要求补充报表设计：

(1) 在报表的报表页眉节区添加一个标签控件，名称为 bTitle，标题为"职工基本信息表"。

(2) 在"性别"字段标题对应的报表主体节区距上边 0.1 厘米、距左侧 5.2 厘米的位置添加一个文本框，用于显示"性别"字段值，并命名为 tSex。

(3) 设置报表主体节区内文本框 tDept 的控件来源为计算控件。要求该控件可以根据报表数据源里的"所属部门"字段值，从非数据源表对象 tGroup 中检索出对应的部门名称并显示输出。提示：考虑使用 DLookup 函数。

注意：不能修改数据库中的表对象 tEmployee 和 tGroup 及查询对象 qEmployee；不能修改报表对象 qEmployee 中未涉及的控件和属性。

10.3　综合案例 3

1. 基本操作

(1) 在"第 10 章综合操作案例 3"文件夹下的"samp1.accdb"数据库中建立表 tTeacher，表结构如表 10-1 所示。

表 10-1　tTeacher 表结构

字段名称	数据类型	字段大小	格式
编号	文本	5	
姓名	文本	4	
性别	文本	1	
年龄	数字	整型	
工作时间	日期/时间	短日期	
学历	文本	5	
职称	文本	5	
邮箱密码	文本	6	
联系电话	文本	8	
在职否	是/否		是/否

(2) 根据 tTeacher 表的结构，判断并设置主键。

(3) 设置"工作时间"字段的有效性规则为：只能输入上一年度 5 月 1 日以前(含 5 月 1 日)的日期。要求：本年度年号必须用函数获取。

(4) 将"在职否"字段的默认值设置为真值；设置"邮箱密码"字段的输入掩码，将输入的密码显示为 6 位"*"星号(密码)；设置"联系电话"字段的输入掩码，要求前 5 位为"0591-"，后 8 位为数字。

(5) 将"性别"字段值的输入设置为"男""女"列表选择。

(6) 在 tTeacher 表中输入表 10-2 所示的两条记录。

表 10-2　tTeacher 表记录

编号	姓名	性别	年龄	工作时间	学历	职称	邮箱密码	联系电话	在职否
71011	宋云奎	男	68	1965/08/21	本科	教授	650821	83461234	
98017	赵英	女	33	2008/07/06	研究生	讲师	080706	22863321	√

2. 简单应用

在"第 10 章综合操作案例 3"文件夹下有一个数据库文件 samp2.accdb，其中存在已经设计好的两个表对象，即 tEmployee 和 tGroup。请按以下要求完成设计：

(1) 创建一个查询，查找并显示没有运动爱好的职工的"编号""姓名""性别""年龄"和"职务"5 个字段内容，将查询命名为 qT1。

(2) 创建一个查询，查找并显示聘期超过 5 年的开发部职工的"编号""姓名""职务"和"聘用时间"4 个字段内容，将查询命名为 qT2。要求：使用函数进行查询。

(3) 创建一个查询，计算每个部门 5 月份聘用的、不同性别的最小年龄，所建查询名为 qT3。要求：第一列显示性别，第一行显示部门名称。

(4) 创建一个查询，查找年龄低于所有职工平均年龄并且职务为经理的职工记录，并显示"管理人员"信息。其中管理人员由"编号"和"姓名"两列信息合二为一构成(例如，编号为 000018、姓名为"林小丽"的数据输出形式为"000018 林小丽")，所建查询命名为 qT4。

3. 综合应用

在"第 10 章综合操作案例 3"文件夹下有一个数据库文件 samp3.accdb，其中存在已经设计好的窗体对象 fTest 及宏对象 ml。请在此基础上按照以下要求补充窗体设计：

(1) 在窗体的窗体页眉节区添加一个标签控件，名称为 bTitle，标题为"窗体测试样例"。

(2) 在窗体主体节区添加两个复选框控件，复选框选项按钮分别命名为 opt1 和 opt2，对应的复选框标签显示内容分别为"类型 a"和"类型 b"，标签名称分别为 bopt1 和 bopt2。

(3) 分别设置复选框选项按钮 opt1 和 opt2 的"默认值"属性为假值。

(4) 在窗体的窗体页脚节区添加一个命令按钮，命名为 bTest，按钮标题为"测试"。

(5) 设置命令按钮 bTest 的单击事件属性为给定的宏对象 m1。

(6) 将窗体标题设置为"测试窗体"。

注意：不能修改窗体对象 fTest 中未涉及的属性；不能修改宏对象 m1。

10.4　综合案例 4

1. 基本操作

在"第 10 章综合操作案例 4"文件夹下有一个数据库文件 samp1.accdb，其中存在已经设计好的表对象 tStud。请按照以下要求，完成对表的修改：

(1) 设置数据表显示的字体大小为 14、行高为 18。

(2) 设置"简历"字段的设计说明为"自上大学起的简历信息"。

(3) 将"年龄"字段的数据类型改为"整型"字段大小的数字型。

(4) 将学号为 20011001 学生的照片信息改成"第 10 章综合操作案例 4"文件夹下的图像文件 girl.bmp。

(5) 将隐藏的"党员否"字段重新显示出来。

(6) 完成上述操作后，将"备注"字段删除。

2. 简单应用

在"第 10 章综合操作案例 4"文件夹下有一个数据库文件 samp2.accdb，其中存在已经设计好的 3 个关联的表对象 tStud、tCourse 和 tScore 及表对象 tTemp。请按以下要求完成设计：

(1) 创建一个查询，查找并显示学生的"姓名""课程名"和"成绩"3 个字段内容，将查询命名为 qT1。

(2) 创建一个查询，查找并显示有摄影爱好的学生的"学号""姓名""性别""年龄"和"入校时间"5 个字段内容，将查询命名为 qT2。

(3) 创建一个查询，查找学生的成绩信息，并显示"学号"和"平均成绩"两列内容。其中"平均成绩"一列数据由统计计算得到，将查询命名为 qT3。

(4) 创建一个查询，将 tStud 表中女学生的信息追加到 tTemp 表对应的字段中，将查询命名为 qT4。

3. 综合应用

在"第 10 章综合操作案例 4"文件夹下有一个数据库文件 samp3.accdb，其中存在已经设计好的表对象 tEmployee 和宏对象 ml，同时还有以 tEmployee 为数据源的窗体对象 fEmployee。请在此基础上按照以下要求补充窗体设计：

(1) 在窗体的窗体页眉节区添加一个标签控件，名称为 bTitle，初始化标题显示为"雇员基本信息"，字体为"黑体"，字号为 18。

(2) 将命令按钮 bList 的标题设置为"显示雇员情况"。

(3) 单击命令按钮 bList，要求运行宏对象 m1；单击事件的源代码已提供一部分，请补充完整。

(4) 取消窗体的水平滚动条和垂直滚动条；取消窗体的最大化和最小化按钮。

(5) 窗体加载时，将 Tda 标签标题设置为"YYYY 年雇员信息"，其中"YYYY"为系统当前年份(要求：使用相关函数获取)，例如，2017 年雇员信息。窗体的"加载"事件源代码已提供一部分，请补充完整。

注意：程序代码只能在注释"'*************"与"'*************"之间的空行内补充语句，不能在其他位置增加语句，不能删除或修改其他位置已存在的语句。

10.5　综合案例 5

1. 基本操作

在"第 10 章综合操作案例 5"文件夹下的 samp1.accdb 数据库文件中已建立表对象

tVisitor，同时在"第 10 章综合操作案例 5"文件夹下还有一个 exam.accdb 数据库文件。请按以下操作要求，完成表对象 tVisitor 的编辑和表对象 tLine 的导入：

(1) 设置 tVisitor 表的"游客 ID"字段为主键。

(2) 设置 tVisitor 表的"姓名"字段为"必填"字段。

(3) 设置 tVisitor 表的"年龄"字段的"有效性规则"为：大于等于 10 且小于等于 60。

(4) 设置 tVisitor 表的"年龄"字段的"有效性文本"为："输入的年龄应在 10 岁到 60 岁之间"。

(5) 在表结构已设计完成的 tVisitor 表中输入表 10-3 所示的一条新记录，其中"照片"字段数据设置为"第 10 章综合操作案例 5"文件夹下的图像文件 photo.bmp。

表 10-3 tVisitor 表记录

游客 ID	姓名	性别	年龄	电话	照片
0001	王玉环	女	56	13600123456	

(6) 将数据库文件 exam.accdb 中的表对象 tLine 导入到数据库文件 samp1.accdb 内，表名不变。

2. 简单应用

在"第 10 章综合操作案例 5"文件夹下有一个数据库文件 samp2.accdb，其中存在已经设计好的两个表对象 tTeacher1 和 tTeacher2 及一个宏对象 mTest。请按以下要求完成设计：

(1) 创建一个查询，查找并显示教师的"编号""姓名""性别""年龄"和"职称" 5 个字段内容，将查询命名为 qT1。

(2) 创建一个查询，查找并显示没有在职的教师的"编号""姓名"和"联系电话" 3 个字段内容，将查询命名为 qT2。

(3) 创建一个查询，将 tTeacher1 表中年龄小于或等于 45 岁的党员教授或年龄小于等于 35 岁的党员副教授记录追加到 tTeacher2 表的相应字段中，将查询命名为 qT3。

(4) 创建一个窗体，命名为 fTest。将窗体"标题"属性设为"测试窗体"；在窗体的主体节区添加一个命令按钮，命名为 cmdT，标题为"测试"；设置该命令按钮的单击事件属性为给定的宏对象 mTest。

3. 综合应用

在"第 10 章综合操作案例 5"文件夹下有一个数据库文件 samp3.accdb，其中存在已经设计好的表对象 tBand 和 tLine，同时还有以 tBand 和 tLine 为数据源的报表对象 rBand。请在此基础上按照以下要求补充报表设计：

(1) 在报表的报表页眉节区添加一个标签控件，名称为 bTitle，标题显示为"团队旅游信息表"，字体为"宋体"，字号为 22，字体粗细为"加粗"，倾斜字体为"是"。

(2) 在"导游姓名"字段标题对应的报表主体区添加一个控件，显示出"导游姓名"字段值，并命名为 tName。

(3) 在报表的报表页脚区添加一个计算控件，要求依据"团队 ID"来计算并显示团队的个数。计算控件放置在"团队数："标签的右侧，计算控件命名为 bCount。

(4) 将报表标题设置为"团队旅游信息表"。

注意：不能修改数据库文件中的表对象 tBand 和 tLine；不能修改报表对象 rBand 中已有的控件和属性。

10.6　综合案例 6

1. 基本操作

(1) 在"第 10 章综合操作案例 6"文件夹下的 samp1.accdb 数据库文件中建立表 tBook，表结构如表 10-4 所示。

表 10-4　tBook 表结构

字段名称	数据类型	字段大小	格式
编号	文本	8	
教材名称	文本	30	
单价	数字	单精度型	小数位数：2
库存数量	数字	整型	
入库日期	日期/时间		短日期
需要重印否	是/否		是/否
简介	备注		

(2) 判断并设置 tBook 表的主键。

(3) 设置"入库日期"字段的默认值为系统当前日期前一天的日期。

(4) 在 tBook 表中输入表 10-5 所示的 2 条记录。

表 10-5　tBook 表记录

编号	教材名称	单价	库存数量	入库日期	需要重打印否	简介
201701	Access 案例教程	56.80	50	2017-10-30	√	考试用书
201702	英语六级写作	30.50	100	2017-11-2	√	辅导用书

注："单价"以 2 位小数显示。

(5) 设置"编号"字段的输入掩码为只能输入 8 位数字或字母形式。

(6) 在数据表视图中隐藏"简介"字段。

2. 简单应用

在"第 10 章综合操作案例 6"文件夹下有一个数据库文件 samp2.accdb，其中存在已经设计好的表对象 tAttend、tEmployee 和 tWork，请按以下要求完成设计：

(1) 创建一个查询，查找并显示"姓名""项目名称"和"承担工作"3 个字段的内容，将查询命名为 qT1。

(2) 创建一个查询，查找并显示项目经费在 10000 元以下(含 10000 元)的"项目名称"和"项目来源"两个字段的内容，将查询命名为 qT2。

(3) 创建一个查询，设计一个名为"单位奖励"的计算字段，计算公式为：单位奖励=经费×10%，并显示 tWork 表的所有字段内容和"单位奖励"字段，将查询命名为 qT3。

(4) 创建一个查询，将所有记录的"经费"字段值增加 2000 元，将查询命名为 qT4。

3. 综合应用

在"第 10 章综合操作案例 6"文件夹下有一个数据库文件 samp3.accdb，里面已经设计好表对象 tBorrow、tReader 和 tRook，查询对象 qT，窗体对象 fReader，报表对象 rReader 和宏对象 rpt。请在此基础上按以下要求补充设计：

(1) 在报表的报表页眉节区内添加一个标签控件，其名称为 bTitle，标题显示为"读者借阅情况浏览"，字体为"黑体"，字号为 22，同时将其安排在距上边 0.5 厘米、距左侧 2 厘米的位置上。

(2) 设计报表 rReader 的主体节区内 tSex 文本框控件，依据报表记录源的"性别"字段值来显示信息。

(3) 将宏对象 rpt 改名为 mReader。

(4) 在窗体对象 fReader 的窗体页脚节区内添加一个命令按钮，命名为 bList，按钮标题为"显示借书信息"，其单击事件属性设置为宏对象 mReader。

(5) 窗体加载时设置窗体标题属性为系统当前日期。窗体"加载"事件的代码已提供一部分，请补充完整。

注意：

- 不允许修改窗体对象 fReader 中未涉及的控件和属性；不允许修改表对象 tBorrow、tReader 和 tBook 及查询对象 qT；不允许修改报表对象 rReader 的控件和属性。

- 程序代码只能在注释"'**************"与"'*************"之间的空行内补充语句，不能在其他位置增加语句，不能删除或修改其他位置已存在的语句。

10.7 综合案例 7

1. 基本操作

在"第 10 章综合操作案例 7"文件夹下有一个数据库文件 samp1.accdb，在数据库文件中已建立好表对象 tStud 和 tScore、宏对象 mTest 和窗体 fTest。请按以下要求，完成各种操作：

(1) 分析并设置表 tScore 的主键。

(2) 将 tStud 表的学生"入校时间"字段的默认值设置为下一年度的 1 月 1 日(要求：本年度的年号必须用函数获取)。

(3) 冻结表 tStud 中的"姓名"字段列。

(4) 将窗体 fTest 的"标题"属性设置为"测试"。

(5) 将窗体 fTest 中名为 bt2 的命令按钮的宽度设置为 2 厘米、与命令按钮 bt1 左边对齐。

(6) 将宏 mTest 重命名保存为自动执行的宏。

2. 简单应用

在"第 10 章综合操作案例 7"文件夹下有一个数据库文件 samp2.accdb，其中存在已经设计好的表对象 tCollect、tPress 和 tType，请按以下要求完成设计：

(1) 创建一个查询，查找收藏品中 CD 盘最高价格和最低价格信息并输出，标题显示为 v_Max 和 v_Min，将查询命名为 qT1。

(2) 创建一个查询，查找并显示购买"价格"大于 100 元并且"购买日期"在 2016 年以后(含 2016 年)的"CDID""主题名称""价格""购买日期"和"介绍"5 个字段的内容，将查询命名为 qT2。

(3) 创建一个查询，通过输入 CD 类型名称，查询并显示"CDID""主题名称""价格""购买日期"和"介绍"5 个字段的内容，当运行该查询时，应显示参数提示信息"请输入 CD 类型名称："，将查询命名为 qT3。

(4) 创建一个查询，对 tType 表进行调整，将"类型 ID"等于"05"的记录中的"类型介绍"字段更改为"古典音乐"，将查询命名为 qT4。

3. 综合应用

在"第 10 章综合操作案例 7"文件夹下有一个数据库文件 samp3.accdb，其中存在已经设计好的表对象 tEmp、窗体对象 fEmp、报表对象 rEmp 和宏对象 mEmp。请在此基础上按照以下要求补充设计：

(1) 将表对象 tEmp 中"聘用时间"字段的格式调整为"长日期"显示、"性别"字段的有效性文本设置为"只能输入男和女"。

(2) 设置报表 rEmp 按照"性别"字段降序(先女后男)排列输出；将报表页面页脚区内名为 tPage 的文本框控件设置为"页码/总页数"形式的页码显示，例如，总页数 20 页的第 1 页以"1/20"形式显示。

(3) 将 fEmp 窗体上名为 bTitle 的标签上移到距 btnP 命令按钮 1 厘米的位置，即标签的下边界距命令按钮的上边界 1 厘米。同时，将窗体按钮 btnP 的单击事件属性设置为宏 mEmp。

注意：不能修改数据库中的宏对象 mEmp；不能修改窗体对象 fEmp 和报表对象 rEmp 中未涉及的控件和属性；不能修改表对象 tEmp 中未涉及的字段和属性。

10.8　综合案例 8

1. 基本操作

在"第 10 章综合操作案例 8"文件夹下有一个数据库文件 samp1.accdb，里面已经设计好表对象 tStud。请按照以下要求，完成对表的修改：

(1) 设置数据表显示的字体大小为 14、行高为 18。

(2) 设置"简历"字段的设计说明为"自上大学起的简历信息"。

(3) 设置"入校时间"字段的格式为"XX 月 XX 日 XXXX"形式。注意：要求月日以两位显示、年份以 4 位显示，如"09 月 16 日 2017"。

(4) 将学号为 20011002 学生的"照片"字段数据设置为"第 10 章综合操作案例 8"文件夹下的图像文件 photo.bmp。

(5) 将冻结的"姓名"字段解冻。

(6) 完成上述操作后，将"备注"字段删除。

2. 简单应用

在"第 10 章综合操作案例 8"文件夹下有一个数据库文件 samp2.accdb，其中存在已经设计好的 3 个关联的表对象 tCourse、tGrade、tStudent 和一个空表 tInfo，请按以下要求完成设计：

(1) 创建一个查询，查找并显示"姓名""政治面貌""课程名"和"成绩"4 个字段的内容，将查询命名为 qT1。

(2) 创建一个查询，计算每名学生所选课程的学分总和，并依次显示"学号""姓名"和"学分"，其中"学分"为计算出的学分总和，将查询命名为 qT2。

(3) 创建一个查询，查找年龄小于平均年龄的学生，并显示其"姓名"，将查询命名为 qT3。

(4) 创建一个查询，将所有学生的"班级编号""学号""课程名"和"成绩"等值填入 tInfo 表相应字段中，其中"班级编号"值是 tStudent 表中"学号"字段的前 6 位，将查询命名为 qT4。

3. 综合应用

在"第 10 章综合操作案例 8"文件夹下有一个数据库文件 samp3.accdb，其中存在已经设计好的表对象 tAddr 和 tUser，同时还有窗体对象 fEdit 和 fEuser。请在此基础上按照以下要求补充 fEdit 窗体的设计：

(1) 将窗体中名称为 Lremark 的标签控件上的文字颜色改为红色(红色的值为 255)、字体粗细改为"加粗"。

(2) 将窗体标题设置为"修改用户信息"。

(3) 将窗体边框改为"对话框边框"样式，取消窗体中的水平和垂直滚动条、记录选择器、导航按钮和分隔线。

(4) 将窗体中名称为 Cmdquit 的"退出"命令按钮上的文字颜色改为深红(深红色的值为 128)，字体粗细改为"加粗"，并给文字添加下划线。

(5) 在窗体中还有"修改"和"保存"两个命令按钮，名称分别为 CmdEdit 和 CmdSave，其中"保存"命令按钮在初始状态为不可用，当单击"修改"按钮后，应使"保存"按钮变为可用。现已编写了部分 VBA 代码，请按照 VBA 代码中的指示将代码补充完整。

要求：修改后运行该窗体，并查看修改结果。

注意：

- 不能修改窗体对象 fEdit 和 fEuser 中未涉及的控件、属性；不能修改表对象 tAddr 和 tUser。
- 程序代码只能在注释"'*************"与"'*************"之间的空行内补充语句，不能在其他位置增加语句，不能删除或修改其他位置已存在的语句。

10.9　综合案例 9

1. 基本操作

在"第 10 章综合操作案例 9"文件夹下已有一个数据库文件 samp1.accdb，其中已经建立两个表对象 tGrade 和 tStudent，查询对象 qT 和宏对象 mTest。请按以下要求，完成各种操作：

(1) 设置 tGrade 表中"成绩"字段的显示宽度为 20。

(2) 设置 tStudent 表的"学号"字段为主键，"性别"的默认值属性为"男"。

(3) 在 tStudent 表结构最后一行增加一个字段，字段名为"家庭住址"，字段类型为"文本"，字段大小为 40；删除"照片"字段。

(4) 删除 qT 查询中的"毕业学校"列，并将查询结果按"姓名""课程名"和"成绩"顺序显示。

(5) 将宏 mTest 重命名为 AutoExec，保存为自动执行的宏。

2. 简单应用

在"第 10 章综合操作案例 9"文件夹下有一个数据库文件 samp2.accdb，其中存在已经设计好的 3 个关联的表对象 tStud、tCourse、tScore 和一个空表 tTemp。此外，还提供窗体 fTest 和宏 mTest，请按以下要求完成设计：

(1) 创建一个查询，查找女学生的"姓名""课程名"和"成绩"3 个字段的内容，将查询命名为 qT1。

(2) 创建追加查询，将表对象 tStud 中有书法爱好学生的"学号""姓名"和"入校年份"3 列内容追加到目标表 tTemp 的对应字段内，将查询命名为 qT2。

要求："入校年份"列由"入校时间"字段计算得到，显示为 4 位数字形式。

(3) 在窗体 fTest 中，有名称为 bt1 的 test1 按钮，请补充其单击事件代码，实现以下功能：打开窗体，在文本框 tText 中输入一段文字，然后单击窗体 fTest 上的 test1 按钮，程序将文本框内容作为窗体中标签 bTitle 的标题显示。

注意：不能修改窗体对象 fTest 中未涉及的控件和属性；程序代码只允许在注释"'*************"与"'*************"之间的空行内补充语句以完成设计。

(4) 在窗体 fTest 中，有名称为 bt2 的 test2 按钮，设置其单击事件为宏对象 mTest。

3. 综合应用

在"第 10 章综合操作案例 9"文件夹下有一个数据库文件 samp3.accdb，里面已经设计了表对象 tEmp 和窗体对象 fEmp。在窗体对象 fEmp 中，有一个名称为 bt 的"计算"按钮，其单击事件的部分代码已给出一部分。请在此基础上按以下要求完成设计：

(1) 设置窗体对象 fEmp 的标题为"信息输出"。

(2) 将窗体对象 fEmp 上名为 bTitle 的标签以红色显示其标题。

(3) 删除表对象 tEmp 中的"照片"字段。

(4) 按照以下窗体功能，补充事件代码设计。

窗体功能：打开窗体后单击"计算"按钮，事件过程使用 ADO 数据库技术计算出表对象 tEmp 中党员职工的平均年龄，然后将结果显示在窗体的文本框 tAge 内并写入外部文件 out.dat 中。

注意：

- 不能修改数据库中表对象 tEmp 未涉及的字段和数据；不允许修改窗体对象 fEmp 中未涉及的控件和属性。

- 程序代码只能在注释"'*************"与"'*************"之间的空行内补充语句，不能在其他位置增加语句，不能删除或修改其他位置已存在的语句。

10.10　本章小结

本章以综合案例的形式，将 Access 数据库操作的核心技能点融入其中，通过本章学习，要掌握以下内容。

(1) 数据库和表的基本操作：创建空数据库，使用模板创建数据库；使用向导创建表，使用设计视图创建表，获取外部数据创建表；建立表间的关联关系(一对一、一对多)，设置参照完整性；定义表的字段类型与属性，修改表结构(添加字段、修改字段、删除字段、调整字段顺序、重新设置主关键字)，编辑表记录(添加记录、修改记录、删除记录、复制记录)以及表的其他操作(查找数据、替换数据、排序记录、筛选记录)。

(2) Access 查询分为选择查询、参数查询、交叉表查询、操作查询和 SQL 查询 5 种，其基本操作：使用向导创建查询，使用设计视图创建查询，在查询中使用计算与条件，运行已创建的查询，SQL 查询的 SELECT 命令的使用。

(3) 窗体的基本操作：使用向导创建窗体，窗体设计器的使用，在窗体中添加和修改常用控件并设置其常用的属性。

(4) Access 2010 报表分为纵栏式报表、表格式报表、图表报表和标签报表 4 种，其基本操作：使用向导创建报表，使用设计器创建报表，在报表中使用计算和汇总。

(5) 宏的基本操作：创建宏(创建操作序列宏、宏组)，在宏中使用条件，设置宏操作参数，常用的宏操作，运行宏，使用宏创建自定义菜单。

(6) Access 模块分为类模块和标准模块两种，学会按要求创建 VBA 模块，在常用的事件(Click、Load、Init、GetFocus、LostFocus)中编写简单代码。

10.11　思考与练习

10.11.1　基本操作题

在"第 10 章思考与练习"文件夹下，"基本操作.accdb"数据库文件中已建立 3 个关联的表对象"职工表""物品表""销售业绩表"和一个窗体对象 fTest。请按以下要求，完成表和窗体的各种操作：

(1) 分析表对象"销售业绩表"的字段构成，判断并设置其主键。

(2) 将表对象"物品表"中的"生产厂家"字段重命名为"生产企业"。

(3) 建立表对象"职工表""物品表"和"销售业绩表"的表间关系，并实施参照完整性。

(4) 将"第 10 章思考与练习"文件夹下工作簿文件 Test.xlsx 中的数据链接到当前数据库中，要求数据中的第一行作为字段名，链接表对象命名为 tTest。

(5) 将窗体 fTest 中名为 bTitle 的控件设置为"特殊效果：阴影"显示。

(6) 在窗体 fTest 中，以命令按钮 bt1 为基准，调整命令按钮 bt2 和 bt3 的大小和水平位置。要求：按钮 bt2 和 bt3 的大小尺寸与按钮 bt1 相同，左边界与按钮 bt1 左对齐。

10.11.2　简单应用题

在"第 10 章思考与练习"文件夹下有一个数据库文件"简单应用.accdb"，里面已经设计好两个表对象 tNorm 和 tStock。请按以下要求完成设计：

(1) 创建一个查询，查找产品最高储备与最低储备相差最小的数量并输出，标题显示为 m_data，所建查询命名为 qT1。

(2) 创建一个查询，查找库存数量在合理范围内的产品，即在"最低储备"与"最高储备"数量之间的产品，并显示"产品名称"和"库存数量"，所建查询命名为 qT2。

(3) 创建一个查询，按输入的产品代码查找其产品库存信息，并显示"产品代码""产品名称"和"库存数量"。当运行该查询时，应显示提示信息 "请输入产品代码："。所建查询名为 qT3。

(4) 创建一个交叉表查询，统计并显示每种产品不同规格的平均单价，显示时行标题为"产品名称"，列标题为"规格"，计算字段为"单价"，所建查询名为 qT4。注意：交叉表查询不做各行小计。

10.11.3　综合应用题

在"第 10 章思考与练习"文件夹下有一个数据库文件"综合应用.accdb"和一个图像文件 case12.bmp，综合应用.accdb 中已设计好表对象 tEmp 和 tTemp、窗体对象 fEmp、报表对象 rEmp 和宏对象 mEmp。请按以下要求完成设计：

(1) 将表 tTemp 中年龄小于 30 岁、职务为"职员"的女职工记录选出，并添加进空白表 tEmp 中。

(2) 将窗体 fEmp 的窗体标题设置为"信息输出"；将窗体上名为 Cbtn 命令按钮的外观设置为图片显示，图片选择"第 10 章思考与练习"文件夹下的 case12.bmp 图像文件；将 Cbtn 命令按钮的单击事件设置为窗体单击事件中已经设计好的代码。

(3) 将报表 rEmp 的主体节区内 tName 文体框控件设置为"姓名"字段内容显示；将宏 mEmp 重命名为自动执行的宏。

注意：不能修改数据库中的表对象 tTemp；不能修改宏对象 mEmp 里的内容；不能修改窗体对象 fEmp 和报表对象 rEmp 中没涉及的控件和属性。

第11章　数据库应用系统开发

学习目标

1. 掌握软件工程的基本概念。
2. 能辨识软件测试与程序的调试，并学会基本的程序调试方法。
3. 学习利用 Access 2010 开发小型应用程序。
4. 通过开发一个小型应用程序，理解软件的生命周期。

学习方法

软件工程的基本常识要在实践中理解记忆，用软件工程理论指导数据库应用程序的开发。利用当今成熟的免费 Access 开发平台，高效开发 Access 应用系统。

学习指南

本章的重点是 11.1 节、11.2 节和 11.3 节，难点是 11.3 节。建议 11.5～11.7 节要逐步熟悉。

思维导图

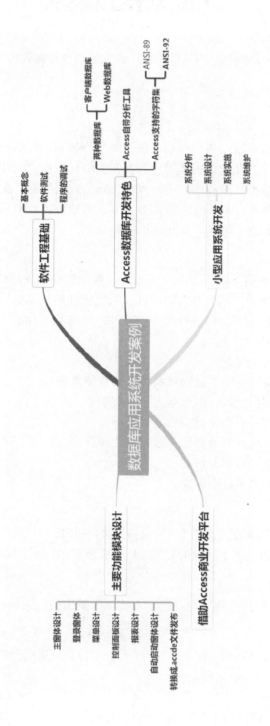

11.1　软件工程基础

数据库应用系统的开发是一项软件工程，开发过程要遵循软件工程的一般原理和方法。

11.1.1　基本概念

1. 软件

软件指的是计算机系统中与硬件相互依存的另一部分，包括程序、数据和相关文档的完整集合。程序是软件开发人员根据用户需求开发的、用程序设计语言描述的、适合计算机执行的指令序列。数据是使程序能正常操纵信息的数据结构。文档是与程序的开发、维护和使用有关的图文资料。即软件由两部分组成：机器可执行的程序和数据；机器不可执行的，与软件开发、运行、维护、使用等有关的文档。

2. 软件的特点

根据应用目标的不同，软件可分应用软件、系统软件和支撑软件(或工具软件)。应用软件是为解决特定领域的应用而开发的软件；系统软件是计算机管理自身资源，提高计算机使用效率并为计算机用户提供各种服务的软件；支撑软件介于两者之间，协助用户完成各类任务的工具性软件。

软件具有以下 6 个特点：

(1) 软件是逻辑实体，而不是物理实体，具有抽象性。

(2) 没有明显的制作过程，可进行大量的复制。

(3) 软件使用过程中不存在磨损、老化问题。

(4) 软件的开发、运行对计算机系统具有依赖性。

(5) 软件复杂性高，成本昂贵。

(6) 软件开发涉及诸多社会因素。

3. 软件工程

软件工程概念的出现源自软件危机。1993 年，IEEE 的软件工程定义：将系统化的、规范的、可度量的方法应用于软件的开发、运行和维护的过程，即将工程化应用于软件中。

4. 软件工程过程

ISO 9000 定义：软件工程过程是把输入转化为输出的一组彼此相关的资源和活动。

5. 软件生命周期

通常，将软件产品从提出、实现、使用、维护到停止使用退役的过程称为软件生命周期。软件生命周期分为三个阶段。

(1) 软件定义阶段

本阶段包括可行性研究→初步项目计划→需求分析。

(2) 软件开发阶段

本阶段包括概要设计→详细设计→实现→测试。

(3) 软件维护阶段

本阶段包括使用→维护→退役。

11.1.2　软件测试

软件测试是保证软件质量的重要手段，其主要过程涵盖了整个软件生命期，包括需求定义阶段的需求测试、编码阶段的单元测试、集成测试以及其后的确认测试、系统测试、验证软件是否合格、能否交付用户使用等。

1. 软件测试的准则

软件测试是为了发现错误而执行程序的过程；一个好的测试用例能够发现至今尚未发现的错误；一个成功的测试是发现了迄今尚未发现的错误。

软件测试的基本准则：所有测试都应追溯到用户需求；严格执行测试计划，排除测试的随意性；充分注意测试中的群集现象；程序员应避免检查自己的程序；穷举测试不可能；妥善保存测试计划、测试用例、出错统计和最终分析报告，为维护提供方便。

2. 软件测试方法

软件测试的方法有多种，从是否需要执行被测软件的角度，可以分为静态测试和动态测试；若按功能划分，可以分为白盒测试和黑盒测试。

(1) 静态测试与动态测试

静态测试不实际运行软件，主要通过人工进行分析，包括代码检查、静态结构分析、代码质量度量等。其中代码检查分为代码审查、代码走查、桌面检查、静态分析等具体形式。

动态测试是基于计算机的测试，是为了发现错误而执行程序的过程。设计高效、合理的测试用例是动态测试的关键。

测试用例是为测试设计的数据，由测试输入数据和预期的输出结果两部分组成。测试用例的设计方法一般分为白盒测试和黑盒测试。

(2) 白盒测试

白盒测试又称结构测试或逻辑驱动测试，它根据程序的内部逻辑来设计测试用例，检查程序中的逻辑通路是否都按预定的要求正确工作。白盒测试的主要方法有逻辑覆盖测试、基本路径测试等。

(3) 黑盒测试

黑盒测试又称功能测试或数据驱动测试，它根据规格说明书的功能来设计测试用例，检查程序的功能是否符合规格说明的要求。黑盒测试主要用于软件确认测试，其主要方法有等价类划分法、边界值分析法、错误推测法、因果图法等。

3. 软件测试的实施

软件测试的实施过程主要分 4 个步骤：单元测试、集成测试、确认测试(验收测试)和系统测试。

(1) 单元测试又称模块测试，是对软件设计的最小单位——模块(程序单元)进行正确性检验测试，以期尽早发现各模块内部可能存在的各种错误。

(2) 集成测试又称组装测试，它是对各模块按照设计要求组装成的程序进行测试，主要目的是发现与接口有关的错误。

(3) 确认测试的任务是验证软件的功能和性能，以及其他特性是否满足了需求规格说明中确定的各种需求，包括软件配置是否完全、正确。确认测试的实施首先运用黑盒测试方法，对软件进行有效性测试，即验证被测软件是否满足需求规格说明确认的标准。

(4) 系统测试是将软件系统与计算机硬件、外设、支撑软件、数据和人员等其他系统元素组合在一起，对整个软件系统进行测试。

系统测试的具体实施一般包括：功能测试、性能测试、操作测试、配置测试、外部接口测试、安全性测试等。

11.1.3 程序的调试

在对程序进行了成功的测试之后，将进行程序的调试。

程序的调试通常称 Debug，即排错。调试是作为成功测试之后出现的步骤，即调试是在测试发现错误之后排除错误的过程。

程序调试活动由两部分组成，一是根据错误的迹象确定程序中错误的确切性质、原因和位置；二是对程序进行修改，排除这个错误。

软件测试是尽可能多地发现软件中的错误，而程序调试的任务是诊断和改正程序中的错误。软件测试贯穿整个软件生命周期，程序调试主要在开发阶段。

1．程序调试的基本步骤

(1) 错误定位。从错误的外部表现形式入手，研究有关部分的程序，确定程序中出错位置，找出错误的内在原因。

(2) 修改设计和代码，以排除错误。

(3) 进行回归测试，防止引进新的错误。

2．程序调试的原则

(1) 确定错误的性质和位置时的注意事项

分析思考与错误征兆有关的信息；避开死胡同；只把调试工具当作辅助手段来使用；避免用试探法，最多只能把它当作最后手段。

(2) 修改错误原则

在出现错误的地方，很可能有别的错误；修改错误的一个常见失误是只修改了这个错误的征兆或这个错误的表现，而没有修改错误本身；注意修正一个错误的同时有可能会引入新的错误；修改错误的过程将迫使人们暂时回到程序设计阶段；修改源代码程序，不要改变目标代码。

11.2 Access 数据库开发特色

11.2.1 支持两种数据库

Access 2010 支持创建两种类型的数据库：客户端数据库和 Web 数据库。若开发的数据库应用系统在网络上使用，适于创建 Web 数据库。

客户端数据库是存储在本地硬盘、文件共享或文档库中的传统 Access 数据库文件。其中包含的表尚未设计为与"发布到 Access Services"功能兼容，因此它需要 Access 程序才能运行。使用 Access 的早期版本创建的所有数据库，在 Access 2010 中均作为客户端数据库打开。

Web 数据库是通过使用 Backstage 视图中的"空白 Web 数据库"命令创建的数据库，或成功通过兼容性检查程序(位于"保存并发布"选项卡上的"发布到 Access Services"下)所执行的测试的数据库。Web 数据库中表的结构与发布功能兼容，并且无法在设计视图中打开。但是用户可以在数据表视图中修改其结构。Web 数据库至少包含一个将在服务器上呈现的对象(例如，窗体或报表)。连接到该服务器的任何人员都可以在标准 Internet 浏览器中使用在服务器上呈现的数据库组件，而不必在其计算机上安装 Access 2010。

11.2.2　Access 自带分析工具

Access 2010主窗口的"数据库工具"选项卡中自带文档管理器(如图11-1所示)、性能分析器(如图11-2所示)和表分析器等数据库分析工具，这些工具为数据库应用程序开发人员提供了帮助。

图 11-1　文档管理器

图 11-2　性能分析器

如果数据库开发人员不希望用户更改基础表中的数据，可以将数据库配置为只显示切换面板，从而对用户进行限制，使其只能使用一组工具。添加切换面板管理的操作如图 11-3 所示。

图 11-3　添加切换面板管理器

11.2.3　Access 支持的字符集

　　Access 支持 ANSI-89 和 ANSI-92 这两种结构化查询语言标准，因此支持两个通配符集。通常，在对 Access 数据库.accdb 文件运行查询及查找和替换操作时，使用 ANSI-89 通配符。在对 Access 项目(与 Microsoft SQL Server 数据库连接的 Access 文件)运行查询时，使用 ANSI-92 通配符。由于 SQL Server 使用 ANSI-92 标准，Access 项目也使用 ANSI-92 标准。

　　在"Access 选项"对话框中可以设置字符集，如图 11-4 所示。

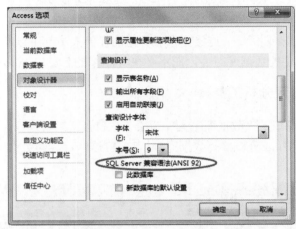

图 11-4　设置字符集

1. ANSI-89 通配符

　　使用"查找和替换"对话框查找和替换 Access 数据库或 Access 项目中的数据时，要使用表 11-1 所列的通配符集。

表 11-1　ANSI-89 通配符

字符	描述	示例
*	匹配任意数量的字符。可以在字符串中的任意位置使用星号(*)	"wh*"将找到"what""white"和"why"，但找不到"awhile"或"watch"
?	匹配任意单个字母字符	"B?ll"找到"ball""bell"和"bill"
[ ]	匹配方括号内的任意单个字符	"b[ae]ll"将找到"ball"和"bell"，但找不到"bill"
!	匹配方括号内字符以外的任意字符	"b[!ae]ll"将找到"bill"和"bull"，但找不到"ball"或"bell"
-	匹配一定字符范围中的任意一个字符。必须按升序指定该范围(从 A 到 Z，而不是从 Z 到 A)	"b[a-c]d"将找到"bad""bbd"和"bcd"
#	匹配任意单个数字字符	"1#3"将找到"103""113"和"123"

2. ANSI-92 通配符

　　对 Access 项目(.adp 文件)运行选择和更新查询，以及使用这两种查询类型或"查找和替换"对话框来搜索设置为使用 ANSI-92 标准的数据库时，应使用表 11-2 所列的通配符集。

表 11-2　ANSI-92 通配符

字符	描述	示例
%	匹配任意数量的字符。该字符可用作字符串中的第一个字符或最后一个字符	"wh%"将找到"what""white"和"why"，但找不到"awhile"或"watch"
_	匹配任意单个字母字符	"B_ll"将找到"ball""bell"和"bill"
[ ]	匹配方括号内的任意单个字符	"b[ae]ll"将找到"ball"和"bell"，但找不到"bill"
^	匹配方括号内字符以外的任意字符	"b[^ae]ll"将找到"bill"和"bull"，但找不到"ball"或"bell"
-	匹配一定字符范围中的任意一个字符。必须按升序指定该范围(从 A 到 Z，而不是从 Z 到 A)	"b[a-c]d"将找到"bad""bbd"和"bcd"

11.2.4　小型数据库应用系统开发

(1) 小型数据库应用系统开发步骤可以简化为：

系统分析→系统设计→系统实施→系统维护。

(2) 小型数据库应用系统主要功能模块设计主要包括：

主窗体设计→登录表单→菜单设计→控制面板设计→报表设计。

一般还要创建自动启动窗体，将数据库文件转化为.accde 格式发布。

11.3　驾驶人科目一模拟考试系统

科目一又称科目一理论考试或驾驶员理论考试，是机动车驾驶证考核的一部分。根据《机动车驾驶证申领和使用规定》，考试内容包括驾车理论基础、道路安全法律法规、地方性法规等相关知识。考试形式为上机考试，100 道题，90 分及以上过关。

中华人民共和国公安部 2016 年 1 月发布第 139 号令，修改了《机动车驾驶证申领和使用规定》并自 2016 年 4 月 1 日起施行。机动车驾驶证准驾车型对照表如表 11-3 所示。从此表中可知 A1、A2、A3、B1、B2、C1、C2、C3 和 C4 等几种类型的准驾车型属于汽车类，本系统就以它们为基础进行开发。

表 11-3　机动车驾驶证准驾车型对照表

准驾车型	代号	准驾的车型	准驾的其他车型	每年提交身体条件证明	考试车辆的要求
大型客车	A1	大型载客汽车	A3、B1、B2、C1、C2、C3、C4、M	需要	车长不小于 9 米的大型普通载客汽车
牵引车	A2	重型、中型全挂、半挂汽车列车	B1、B2、C1、C2、C3、C4、M	需要	车长不小于 12 米的半挂汽车列车
城市公交车	A3	核载 10 人以上的城市公共汽车	C1、C2、C3、C4	需要	车长不小于 9 米的大型普通载客汽车

（续表）

准驾车型	代号	准驾的车型	准驾的其他车型	每年提交身体条件证明	考试车辆的要求
中型客车	B1	中型载客汽车(含核载 10 人以上、19 人以下的城市公共汽车)	C1、C2、C3、C4、M	需要	车长不小于 5.8 米的中型普通载客汽车
大型货车	B2	重型、中型载货汽车；大、重、中型专项作业车	C1、C2、C3、C4、M	需要	车长不小于 9 米，轴距不小于 5 米的重型普通载货汽车
小型汽车	C1	小型、微型载客汽车以及轻型、微型载货汽车，轻、小、微型专项作业车	C2、C3、C4	60 周岁以下不需要	车长不小于 5 米的轻型普通载货汽车，或者车长不小于 4 米的小型普通载客汽车，或者车长不小于 4 米的轿车
小型自动挡汽车	C2	小型、微型自动挡载客汽车以及轻型、微型自动挡载货汽车		60 周岁以下不需要	车长不小于 5 米的轻型自动挡普通载货汽车，或者车长不小于 4 米的小型自动挡普通载客汽车，或者车长不小于 4 米的自动挡轿车
低速载货汽车	C3	低速载货汽车(原四轮农用运输车)	C4	60 周岁以下不需要	由省级公安机关交通管理部门负责制定
三轮汽车	C4	三轮汽车(原三轮农用运输车)		60 周岁以下不需要	由省级公安机关交通管理部门负责制定
普通三轮摩托车	D	发动机排量大于 50ml 或者最大设计车速大于 50km/h 的三轮摩托车	E、F	60 周岁以下不需要	至少有四个速度挡位的普通正三轮摩托车或者普通侧三轮摩托车
普通二轮摩托车	E	发动机排量大于 50ml 或者最大设计车速大于 50km/h 的二轮摩托车	F	60 周岁以下不需要	至少有四个速度挡位的普通二轮摩托车
轻便摩托车	F	发动机排量小于等于 50ml，最大设计车速小于等于 50km/h 的摩托车		60 周岁以下不需要	由省级公安机关交通管理部门负责制定
轮式自行机械车	M	轮式自行机械车		60 周岁以下不需要	由省级公安机关交通管理部门负责制定
无轨电车	N	无轨电车		需要	由省级公安机关交通管理部门负责制定
有轨电车	P	有轨电车		需要	由省级公安机关交通管理部门负责制定

11.3.1 系统功能简介

【案例背景】

驾驶人科目一模拟考试系统主要包括以下功能：常规练习、强化练习、专项练习、错题回顾、模拟考试、题库维护、抽题比例和成绩排行等。系统首界面如图 11-5 所示。

2017 年小车科目一基础理论知识考试题库包括四章，第一章是道路交通安全法律、法规和规章，第二章是交通信号，第三章是安全行车、文明驾驶基础知识，第四章是机动车驾驶操作相关基础知识。

科目一考试的题型是两种：选择题和判断题，涉及的内容有四类：处罚题、距离题、时间题和速度题。本系统设计了 9 张数据表，如图 11-6 所示。

图 11-5 科目一(汽车类)模拟考试系统首界面

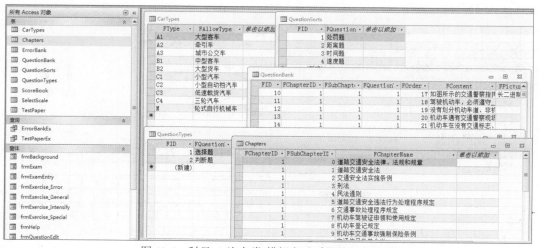

图 11-6 科目一(汽车类)模拟考试系统数据表视图

通过本系统，可以"按章节进行常规练习"(如图 11-7 所示)，也可以"针对易错题强化练习"(如图 11-8 所示)，"按特定类别进行专项练习"(如图 11-9 所示)。

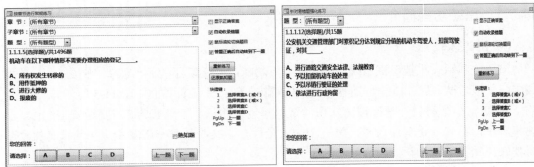

图 11-7　按章节进行常规练习界面　　　　　　图 11-8　针对易错题强化练习界面

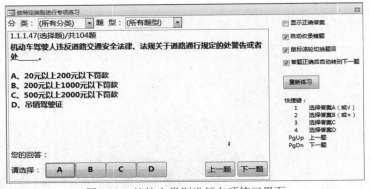

图 11-9　按特定类别进行专项练习界面

　　本系统的模拟考试与正式考试一样，都是 100 道题，其中既有 4 个选项的单选题，也有确定正误的判断题。"登录窗口"界面如图 11-10 所示，"模拟考试"界面如图 11-11 所示，模拟考试的题目可以由随机组卷生成。

　　在练习或模拟考试中若答错题，就将错题另外保存，以便复习备用。"错题回顾界面"如图 11-12 所示。

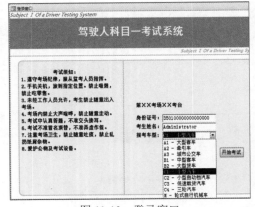

图 11-10　登录窗口

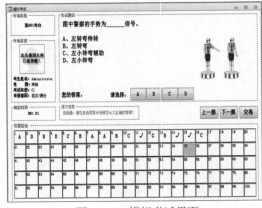

图 11-11　模拟考试界面

　　本系统还可以对题库中的试题进行维护，"题库维护"界面如图 11-13 所示。

图 11-12　错题回顾界面　　　　　　　　　　图 11-13　题库维护界面

11.3.2　系统 VBA 源代码简介

本系统有一个模块 Module1，其中包含两个函数：SetWindowTrans 和 SwitchRecord。

(1) 模块 Module1 通用声明部分的代码如下：

```
Option Compare Database
Option Explicit
Public Declare Sub Sleep Lib "kernel32.dll" (ByVal dwMilliseconds As Long)
Private Declare Function SetLayeredWindowAttributes Lib "user32" (ByVal Hwnd As Long, ByVal
crKey As Long, ByVal bAlpha As Byte, ByVal dwFlags As Long) As Long
Private Declare Function GetWindowLong Lib "user32" Alias "GetWindowLongA" (ByVal Hwnd As
Long, ByVal nIndex As Long) As Long
Private Declare Function SetWindowLong Lib "user32" Alias "SetWindowLongA" (ByVal Hwnd As
Long, ByVal nIndex As Long, ByVal dwNewLong As Long) As Long
Private Declare Function ShowWindow Lib "user32" (ByVal Hwnd As Long, ByVal nCmdShow As
Long) As Long
        Private Const SW_HIDE = 0              '隐藏窗口
        Private Const SW_SHOW = 5              '显示窗口
        Private Const GWL_EXSTYLE = (-20)      '设置一个新的扩展窗口样式
        Private Const WS_EX_LAYERED = &H80000  '窗口必须要具有此扩展属性才能设置透明
        Private Const LWA_ALPHA = &H2          '使用 bAlpha 作为透明度
        Private Const LWA_COLORKEY = &H1       '使用 crKey 作为透明色

    '窗口透明模式常量枚举
    Public Enum conWindowTransMode
        conTransNone = 0                       '清除窗口透明样式，之后必须刷新窗口
        conTransAlpha = 1                      '窗口整体以指定透明度透明
        conTransColor = 2                      '窗口中指定颜色完全透明
        conTransAlphaAndColor = 3              '窗口中指定颜色完全透明，其他地方以指定透明度透明
    End Enum
    Public Const conMsgBoxTitle As String = "驾驶人科目一(汽车类)模拟考试系统"
```

(2) 在模块 Module1 中，函数 SetWindowTrans 的功能是设置窗口透明。其代码如下：

```
'-输入参数：hwnd      窗口句柄
'         Color    要设为透明的颜色，Mode 参数为 1(或其他非 0 值)时有效
'         Alpha    窗口透明度，Mode 参数设 0 时有效
'         Mode     透明模式
'-返回参数：返回 True 表示函数调用成功，否则调用失败
'-使用示例：SetWindowTrans Me.hwnd
'-相关调用：apiGetWindowLong(), apiSetWindowLong(), apiSetLayeredWindowAttributes()
'-使用注意：直接对 MDI 窗口中的非弹出式子窗口使用无效，将 hwnd 参数设为 MDI 父窗口的
句柄时，效果作用于父窗口及其所有非弹出式子窗口
Public Function SetWindowTrans(Hwnd As Long, Optional Color As Long = 0, Optional Alpha As
Byte = 230, _
    Optional Mode As conWindowTransMode = conTransAlpha) As Boolean
    On Error GoTo Err_SetWindowTrans
        Dim rtn As Long
        Dim Flags As Long
        If Mode = conTransNone Then
            rtn = 0
        Else
            rtn = GetWindowLong(Hwnd, GWL_EXSTYLE)
            rtn = rtn Or WS_EX_LAYERED
        End If
        Call SetWindowLong(Hwnd, GWL_EXSTYLE, rtn)
        Select Case Mode
          Case conTransAlpha
            Flags = LWA_ALPHA
          Case conTransColor
            Flags = LWA_COLORKEY
          Case conTransAlphaAndColor
            Flags = LWA_ALPHA Or LWA_COLORKEY
          Case Else
            Flags = 0
        End Select
        SetWindowTrans = CBool(SetLayeredWindowAttributes(Hwnd, Color, Alpha, Flags))
        If rtn = 0 Then
            ShowWindow Hwnd, SW_HIDE
            ShowWindow Hwnd, SW_SHOW
        End If
    Exit_SetWindowTrans:
        Exit Function
    Err_SetWindowTrans:
        MsgBox "#" & Err & vbCr & Err.Description, vbCritical, conMsgBoxTitle
        Resume Exit_SetWindowTrans
End Function
```

(3) 在模块 Module1 中，函数 SwitchRecord 的功能是：在连续窗体视图中使用上下箭

头键在记录中上下移动。其代码如下:

```
'-输入参数:                  参数 1: KeyCode      键值代码
'                           参数 2: Shift        Shift 键是否被按下
'-返回参数:                  无
'-使用示例:                  在窗体的 KeyDown 事件中调用:SwitchRecord KeyCode,Shift
'-使用注意:                  须将窗体的 KeyPreview 属性设为是
Public Function SwitchRecord(ByRef KeyCode As Integer, ByRef Shift As Integer)
On Error Resume Next
    If Shift = False Then
        Select Case KeyCode
          Case vbKeyUp
            DoCmd.GoToRecord , , acPrevious
          Case vbKeyDown
            DoCmd.GoToRecord , , acNext
        End Select
    End If
    If Err = 2105 Then KeyCode = 0
End Function
```

11.3.3　系统的维护与升级

"驾驶人科目一(汽车类)模拟考试系统"已存有 1500 道题,是公安部交管局 2017 年的新题库。随着时间的推移,《机动车驾驶证申领和使用规定》还会有新的修订或是又有新的规定颁布,此系统需要维护升级,以延长其生命周期。

科目一的实际考试中有 5%的题目属于地方性法规,由于本系统中未收录这方面的题目,所以模拟考试的题目随机抽取比例中,第一章的题目多加了 5%。

"驾驶人科目一(汽车类)模拟考试系统"已具备了实用价值,使用此系统准备科目一考试时,建议按照下列步骤学习以提高效率。

(1) 进入常规练习,选中"显示正确答案"复选框,快速把题目过一遍,使用鼠标滚轮进行题目切换。遇到简单的题或者非常熟悉的题时,将其标记为熟知题,这样重新进入常规练习时,标记为熟知题的题目会被排除,题库将被大大缩减。

(2) 进入常规练习,不显示正确答案,将所有的题进行练习,根据实际情况标记熟知题。

(3) 进入错题回顾,将之前练习时做错的题练习一遍。

(4) 根据需要重复(2)、(3)步,一般最多两三遍就可以将题库数量缩减得很小了。

(5) 进入强化练习,这里根据统计容易出错的题目,将其练习一遍。

(6) 进入专项练习,这里是和处罚及数字有关的题目,根据需要进行练习。

(7) 进入模拟考试,检查学习效果。

如果在模拟考试中能保持 95 分以上的成绩,就算不学习题库未收录的地方性法规方面的内容,在正式考试中也能完全通过。不过,为了自身和他人的安全,建议用户还是要熟悉地方性法规。

11.4　客户管理系统

11.4.1　系统功能简介

【案例背景】

(1) 客户管理系统的用户是公司合同部管理员、销售部管理员和客户部管理员，为了维护系统正常工作，还需设置系统管理员。

(2) 公司的客户分为 4 类：长期客户、短期客户、信誉客户和问题客户。

(3) 公司签署的合同有 3 种状态：签署态、发货态和完成态。

客户管理系统要具备 7 项功能：用户信息管理、客户信息管理、产品信息管理、合同信息管理、客户销售登记、公司销售统计和客户销售统计。图 11-14 所示为客户管理系统功能界面。

客户管理系统设计以下数据表：

(1) 用户类型表(用户类型 ID，用户类型)；

(2) 用户信息表(用户 ID，用户密码，用户名称，用户类型)；

(3) 客户级别(客户级别 ID，客户级别)；

(4) 客户信息(客户 ID，客户名称，客户负责人，客户描述，客户级别 ID)；

(5) 客户销售情况(ID，客户 ID，产品 ID，产品销售数量，产品销售单价，产品销售日期)；

图 11-14　客户管理系统功能界面

(6) 产品信息(产品 ID，产品名称，产品介绍)；

(7) 合同状态(合同状态 ID，合同状态)；

(8) 合同明细(合同 ID，产品 ID，产品订货数量，产品发货数量，产品单价)；

(9) 合同信息(客户 ID，合同状态 ID，合同签署日期，合同执行日期，合同完成日期，合同负责人，合同金额)。

11.4.2　系统 VBA 源代码简介

1. 登录界面

登录界面图如 11-15 所示，"确定"按钮的代码如下：

```
Private Sub 确定_Click()
    If Trim(Me![用户名称]) = "" Or Trim(Me![用户密码]) =
"" Then
        MsgBox "用户名称和密码不能为空，请重新输入。
", vbOKOnly, "警告信息"
    Else
        With CodeContextObject
            Str = "[用户信息]![用户 ID]='" & Trim(Me![用
```

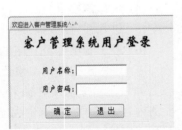

图 11-15　客户管理系统登录界面

户名称]) & "' And [用户信息]![用户密码]="' & Trim(Me!用户密码]) & "'"

```
                    DoCmd.ApplyFilter "查询", Str
                    If (.RecordsetClone.RecordCount > 0) Then
                        DoCmd.Close
                        DoCmd.OpenForm "客户管理系统", acNormal, "", "", acReadOnly,
acWindowNormal
                    Else
                        MsgBox "用户名称和密码不能为空，请重新输入。", vbOKOnly, "警告信息"
                    End If
                End With
            End If
        End Sub
```

2. 用户信息管理

客户管理系统的使用者分为四类：管理员、合同部、销售部、客户部。

图 11-16、图 11-17 所示界面按钮的源代码如下：

图 11-16 添加系统用户　　　　　　　图 11-17 用户信息浏览

```
    Private Sub Command1_Click()
        DoCmd.Close
        DoCmd.OpenForm "用户信息_添加", acNormal, "", "", acFormEdit, acWindowNormal
    End Sub

    Private Sub Command2_Click()
        DoCmd.Close
        DoCmd.OpenForm "客户管理系统", acNormal, "", "", acReadOnly, acWindowNormal
    End Sub

    Private Sub 删除用户_Click()
        With CodeContextObject
            If .RecordsetClone.EOF = False And .RecordsetClone.EOF = False Then
                .RecordsetClone.Delete
                .RecordsetClone.MoveNext
                If .RecordsetClone.EOF = True Then
                    If .RecordsetClone.BOF = True Then
```

```
                    MsgBox "没有记录！", vbOKOnly, "警告信息"
                Else
                    .RecordsetClone.MoveFirst
                End If
            End If
        Else
            MsgBox "没有记录！", vbOKOnly, "警告信息"
        End If
    End With
End Sub
```

3. 合同信息管理

合同信息窗体如图 11-18 所示，有 8 个命令按钮，其中的 4 个命令按钮的代码如下：

图 11-18　合同信息窗体

```
Private Sub menu4_add_Click()          '添加新合同按钮
    DoCmd.Close
    DoCmd.OpenForm "合同信息_添加", acNormal, "", "", acFormEdit, acWindowNormal
End Sub

Private Sub menu4_del_Click()          '删除当前合同按钮
    With CodeContextObject
        If .RecordsetClone.EOF = False And .RecordsetClone.EOF = False Then
            .RecordsetClone.Delete
            .RecordsetClone.MoveNext
            If .RecordsetClone.EOF = True Then
                If .RecordsetClone.BOF = True Then
                    MsgBox "没有记录！", vbOKOnly, "警告信息"
                Else
                    .RecordsetClone.MoveFirst
                End If
            End If
        Else
            MsgBox "没有记录！", vbOKOnly, "警告信息"
```

```
            End If
        End With
    End Sub


    Private Sub menu4_exit_Click()              '退出按钮
        DoCmd.Close
        DoCmd.OpenForm "客户管理系统", acNormal, "", "", acReadOnly, acWindowNormal
    End Sub


    Private Sub  保存主体修改_Click()          '保存合同主体修改按钮
    On Error GoTo Err_保存主体修改_Click
        DoCmd.DoMenuItem acFormBar, acRecordsMenu, acSaveRecord, , acMenuVer70
    Exit_保存主体修改_Click:
        Exit Sub
    Err_保存主体修改_Click:
        MsgBox Err.Description
        Resume Exit_保存主体修改_Click
    End Sub
```

4.　"客户管理系统菜单"宏

客户管理系统主要通过窗体和宏的综合使用，完成系统功能。图 11-19 所示为"客户管理系统菜单"宏。

图 11-19　"客户管理系统菜单"宏

11.5　商贸进销存管理系统

11.5.1　系统功能简介

【案例背景】

进销存是指企业管理过程中采购(进)→入库(存)→销售(销)的动态管理过程，如图 11-20 所示。采购、入库、销售三者之间的大致活动如下：

(1) 仓库存储货物，这些货物要记载相关的库存信息。

(2) 销售会伴随着相关货物出库。

(3) 销售出库需要扣减相关库存量信息,这时需要判断是否达到最低安全库存量(警戒点)。

(4) 当到达最低安全库存量时，要通知采购，准备采购事宜。

(5) 采购根据需要采购的信息生成采购单据，进行采购。

(6) 采购的货物入库，同时增加相关库存量信息。

本系统使用盟威软件快速开发平台，以提高软件开发效率。盟威软件公司的 Access 软件开发平台"UMV 开发平台 1.0"和"盟威软件快速开发平台"，分别在 2007 年和 2013 年获得国家版权局颁发的计算机软件著作权登记证书，国内已有上千家企事业单位使用该产品。盟威软件快速开发平台提供免费版的快速开发平台。免费版只支持 Access 作为后台数据库，只能在局域网中使用。若要使用其他数据库(如 SQL Server)，得到更好性能并可用于互联网的数据库应用系统，需购买收费的企业版。盟威软件快速开发平台适用于中小企事业单位各种管理软件开发、大型企业部门级应用开发、企业全局性系统(如 ERP)的补充性应用开发。

11.5.2　盟威平台实现系统功能

(1) 商贸进销存管理系统流程如图 11-21 所示。

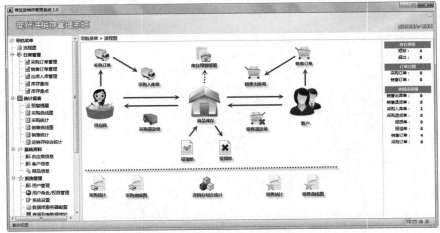

图 11-21　商贸进销存管理系统流程

(2) 日常管理中，按"库存量数"降序排列的界面如图 11-22 所示。

图 11-22　库存查询

(3) 统计报表中，进销存综合统计界面如图 11-23 所示。

图 11-23　进销存综合统计

(4) 基础资料中，电脑商品信息按"品名规格"降序排列，如图 11-24 所示。

图 11-24　电脑商品信息

(5) 系统管理中，用户角色/权限管理的"采购专员"权限设置如图 11-25 所示。

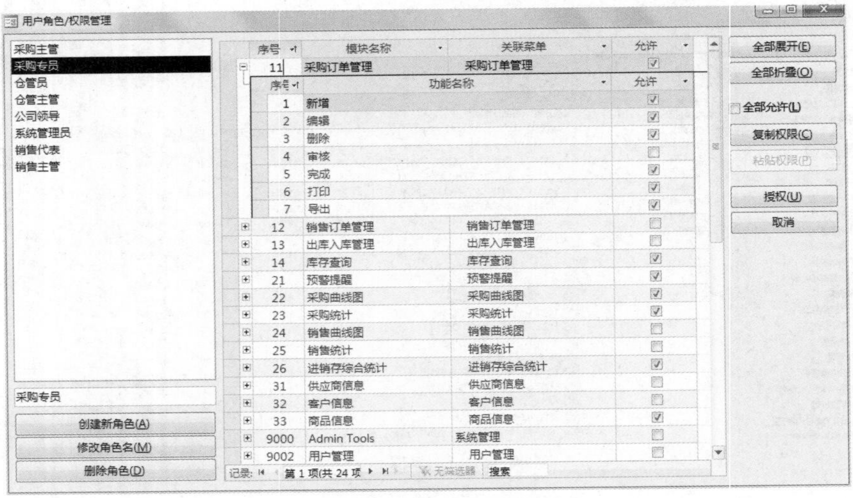

图 11-25   采购专员的权限管理

(6) 开发者工具中，导航菜单编辑器如图 11-26 所示。

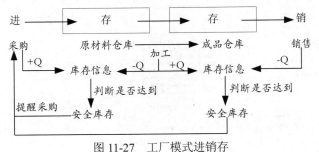

图 11-26   导航菜单编辑器

【请思考】如何开发工厂模式的进销存管理系统？

进销存的"进"担任了很大一部分仓库入库的来源，通常是通过采购入库相关货物。有些生产企业，还需要采购原材料和半成品等，如图 11-27 所示。这些企业的进销存管理过程称为工厂模式的进销存，从原材料的采购(进)→入库(存)→领料加工→产品入库(存)→销售(销)的动态管理过程。

图 11-27   工厂模式进销存

提示： 这种模式本质上和普通的进销存一样，直观上看是多了一个仓库，仓库和仓库之间有相关的活动。

11.6　采购报销管理系统

11.6.1　系统功能简介

【案例背景】

采购报销管理系统是对办公用品及耗材的采购和报销进行管理。供应商类别分为：办公用品供应商、电脑及打印复印供应商、互联网产品及服务供应商、网络器材及服务供应商、网上购物供应商等，报销类别分为：固定资产报销、入库器材报销、软件费用报销、推广费用报销、维修费用报销等，付款方式分为：对公转账、个人转账、现金支付、支付宝支付、微信支付等。

采购报销管理系统主要有 8 张表：供应商信息表、采购信息表、开票单位信息表、报销信息表、付款信息表、采购信息明细表、商品分类表和商品信息表。

(1) 供应商信息表(供应商，供应商类别，供应商名称，拼音码，联系人，电话，最近采购日期，备注，已停用)。

(2) 采购信息表(采购号，采购日期，供应商 ID，采购人，开票单位 ID，发票代码，发票号码，报销号，付款号，备注)。

(3) 开票单位信息表(开票单位 ID，开票单位名称，供应商 ID，备注，已停用)。

(4) 报销信息表(报销号，报销人，报销日期，报销类别，报销凭证号，报销总金额，备注)。

(5) 付款信息表(付款号，付款人，付款方式，付款总金额，备注)。

(6) 采购信息明细表(采购号，商品 ID，数据，单价，备注)。

(7) 商品分类表(分类编号，分类名称，备注)。

(8) 商品信息表(商品 ID，品名，规格型号，拼音码，分类编号，单位，最新进价，备注，已停用)。

表间的关系如图 11-28 所示。

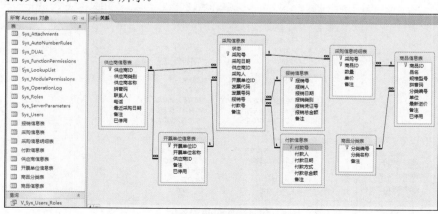

图 11-28　表间关系

11.6.2 盟威平台实现系统功能

盟威软件快速开发平台自带的系统表是：

Sys_Attachments、Sys_AutoNumberRules、Sys_DUAL、Sys_FunctionPermissions、Sys_LookupList、Sys_ModulePermissions、Sys_OperationLog、Sys_Roles、Sys_ServerParameters 和 Sys_Users。

采购报销管理系统的主界面如图 11-29 所示。

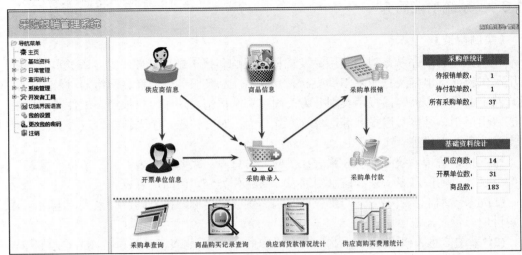

图 11-29 采购报销管理系统主界面

采购报销管理系统的基本角色分为两种：系统管理员和操作员，还可以创建新角色、修改角色名和删除角色。图 11-30 所示为操作员角色权限设置界面。

开发平台显示的商品信息如图 11-31 所示。操作员可以对其进行新增、编辑、删除、导入、导出等操作。

图 11-30 操作员角色权限管理

图 11-31　商品信息界面

11.7　精准扶贫信息化平台

11.7.1　系统功能简介

【案例背景】

为实现扶贫对象精准、扶贫项目安排精准、扶贫资金使用精准、措施到户精准、因村派人精准和脱贫成效精准,开发一个精准扶贫信息化平台实现全镇贫困户信息的全面统计,以健全精准扶贫工作机制,抓好精准识别、建档立卡这个关键环节,对建档立卡贫困村、贫困户和贫困人口定期进行全面核查,建立精准扶贫台账,实行有进有出的动态管理。

精准扶贫信息化平台适用于镇级扶贫主管部门对扶贫信息数据的及时准确统计,扶贫信息的精准推送;通过合规流程,把谁是贫困居民识别出来;开展到村到户的贫困状况调查和建档立卡工作,将群众评议、入户调查、公示公告、抽查检验的信息录入数据库,并在平台发布申请评选须知、公示申请人名单等信息。

精准扶贫信息化平台为每户贫困户建立贫困户档案,档案信息包括"贫困户基本信息表""贫困户需求情况表";并对扶贫对象的基本资料、动态情况和帮扶结果等实施动态管理,做到对每户贫困户的帮扶过程可跟踪,帮扶结果可快速统计查询。

11.7.2　Office 中国 Access 通用平台实现系统功能

目前国内市场存在很多基于 Access 的数据库应用系统高效开发平台,盟威 Access 软件快速开发平台和 Office 中国 Access 通用平台比较活跃,同时也提供免费开发平台。Office 中国 Access 通用平台主界面如图 11-32 所示。利用这个通用平台,可以较快捷地开发精准扶贫信息化平台。

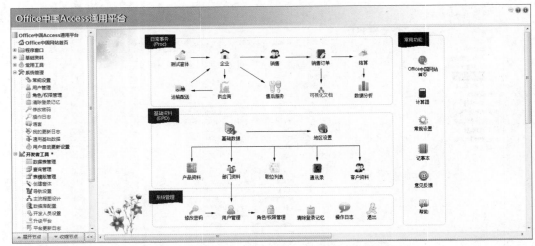

图 11-32　Office 中国 Access 通用平台主界面

　　使用通用平台之前，要安装 Flow ActiveX、PropertyGrid ActiveX 和 Treeview ActiveX。开发精准扶贫信息化平台的主要步骤如下。

　　(1) 在通用平台中进行常规设置，设置是否自动登录、自动登录倒数时间、打开软件是否最大化(如图 11-33 所示)、数据保存时是否提示保存成功、窗体是否弹出显示、是否显示流程图、打开功能是单击还是双击等。

　　(2) 开发人员设置，设置自己的公司名称、软件名称、软件的版本号、自己的网址、软件的 Logo 等，如图 11-34 所示。

　　(3) 创建各种表：

　　① 新建表(利用 Access 自身设计工具、平台工具，设置好相应的查阅字段)。

　　② 导入表(从其他第三方数据库导入表)。

　　③ 表模板(直接使用官方或自己创建好的表模板进行一键创建)。

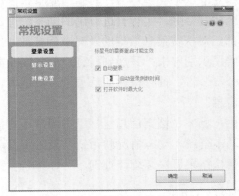

图 11-33　通用平台常规设置

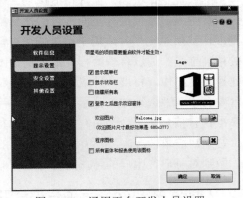

图 11-34　通用平台开发人员设置

　　(4) 创建查询。

　　(5) 利用平台创建窗体，如图 11-35、图 11-36 所示。

　　(6) 导航设置。

　　(7) 权限设置，进行用户管理和权限管理。

(8) 生成 Access 可执行文件并打包发布。

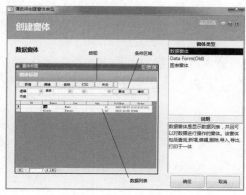

图 11-35　通用平台创建窗体

图 11-36　数据窗体的选择组件

11.8　本章小结

纸上得来终觉浅，绝知此事要躬行。学习 Access 的目的之一就是要能建立一个小型数据库应用系统。数据库应用系统开发遵循软件工程理论，本章介绍了软件工程基础理论和 Access 2010 数据库开发特色，并简介了 5 个利用 Access 开发的数据库应用系统。

为提高 Access 开发数据库应用系统的效率，本章引介了目前市场活跃度高、处于成熟期的盟威 Access 软件快速开发平台和 Office 中国 Access 通用平台，利用这些平台能较直观、快速地开发应用系统。

通过本章的学习和《学习指导》第 10 章实验案例 6～实验案例 11 的实践，学习者可以熟悉 Access 开发应用系统的流程，积累一些软件开发经验，开发出实用的数据库应用系统。

11.9　思考与练习

11.9.1　选择题

1. 以下关于软件特点的叙述中，正确的是(　　　)。
   A. 软件是一种物理实体
   B. 软件在运行使用期间不存在老化问题
   C. 软件开发、运行对计算机没有依赖性，不受计算机系统的限制
   D. 软件的生产有一个明显的制作过程
2. 软件生命周期的主要活动阶段是(　　　)。
   A. 需求分析　　　　B. 软件开发　　　　C. 软件确认　　　　D. 软件演进
3. 软件测试的目的是(　　　)。
   A. 证明程序没有错误　　　　　　　　B. 演示程序的正确性
   C. 发现程序中的错误　　　　　　　　D. 改正程序中的错误

11.9.2　填空题

1. 面向对象程序设计中，类描述的是具有相似性质的一组对象，而一个具体的对象称为类的_____。

2. 软件由机器可执行的_____和机器不可执行的_____两部分组成。

3. 软件生命周期分为_____、_____和_____三个阶段。软件测试属于_____阶段。

4. 根据应用目标的不同，软件可分_____、_____和_____三类。Access开发的应用程序属于_____软件。

5. 使用 Access 的早期版本创建的所有数据库在 Access 2010 中均作为_____数据库打开。

11.9.3　简答题

1. 软件和程序是什么关系？
2. 软件测试与程序调试有什么不同？
3. Access 可以开发哪两种类型的数据库？支持哪两种字符集？
4. 试述盟威 Access 软件快速开发平台的特点以及数据库应用程序开发过程。
5. 试述 Office 中国 Access 通用平台的特点以及数据库应用程序开发过程。

参 考 文 献

[1] 王珊，萨师煊. 数据库系统概论(第 5 版)[M]. 北京：高等教育出版社，2014.

[2]〔美〕Jeffrey D. Ullman，Jennifer Widom. 数据库系统基础教程[M]. 岳丽华，金培权，万寿红，等译. 北京：机械工业出版社，2009.

[3] 万常选，廖国琼，吴京慧等. 数据库系统原理与设计[M]. 2 版. 北京：清华大学出版社，2012.

[4] Abraham Silberschatz，Herny F Korth，S Sudarshan. 数据库系统概念(第 6 版 影印版)[M]. 北京：高等教育出版社，2014.

[5] 李雁翎. 数据库技术（Access）经典实验案例集[M]. 北京：高等教育出版社，2012.

[6] 李雁翎. Access 2010 基础与应用[M]. 3 版. 北京：清华大学出版社，2014.

[7]〔美〕Roger Jennings. 深入 Access 2010 (Microsoft Access 2010 in depth)[M]. 李光洁，周姝嫣，张若飞，译. 北京：中国水利水电出版社，2012.

[8] 张强，杨玉明. Access 2010 中文版入门与实例教程[M]. 北京：电子工业出版社，2011.

[9] 冯伟昌. Access 2010 数据库技术及应用[M]. 2 版. 北京：科学出版社，2011.

[10] 刘卫国. Access 数据库基础与应用实验指导[M]. 2 版. 北京：北京邮电大学出版社，2013.

[11] 韩湘军，梁艳荣. 二级 Access 2010 与公共基础知识教程[M]. 2 版. 北京：清华大学出版社，2013.

[12] 鄂大伟. 数据库应用技术教程——Access 关系数据库(2010 版)[M]. 厦门：厦门大学出版社，2017.

[13] 鄂大伟. 数据库应用技术实验教程——Access 关系数据库(2010 版)[M]. 厦门：厦门大学出版社，2017.

[14] 教育部考试中心. 全国计算机等级考试教程——Access 数据库程序设计(2013 年版)[M]. 北京：高等教育出版社，2013.

[15] 苏林萍. Access 数据库教程(2010 版)[M]. 北京：人民邮电出版社，2014.

[16] 段雪丽. Access 2010 数据库原理及应用[M]. 北京：化学工业出版社，2014.

[17] 尹静，朱辉. Access 2010 数据库技术与应用[M]. 北京：清华大学出版社，2014.

[18] 王伟. 计算机科学前沿技术[M]. 北京：清华大学出版社，2012.

[19] 全国计算机等级考试命题研究中心，未来教育教学与研究中心. 全国计算机等级考试一本通二级 Access[M]. 北京：人民邮电出版社，2017.

[20] 孟强，陈林琳. 中文版 Access2010 数据库应用实用教程[M]. 北京：清华大学出版社，2013.

[21] 叶恺，张思卿. Access2010 数据库案例教程[M]. 北京：化学工业出版社，2012.

[22] 黄都培. 数据库应用案例教程[M]. 北京：清华大学出版社，2015.

[23] 曹小震. Access 2010 数据库应用案例教程[M]. 北京：清华大学出版社，2016.

[24] 钱丽璞. Access 2010 数据库管理从新手到高手[M]. 北京：中国铁道出版社，2013.

[25] 吕洪柱，李君. Access 数据库系统与应用[M]. 北京：北京邮电大学出版社，2012.

[26] 罗坚，高志标. Access 数据库应用技术教程[M]. 北京：北京理工大学出版社，2008.

[27] 韩培友. Access 数据库应用(2010 版)[M]. 杭州：浙江工商大学出版社，2014.

[28] 王樵民. Access 2007 数据库开发全局[M]. 北京：清华大学出版社，2008.

[29] 田振坤. 数据库基础与应用 Access 2010[M]. 上海：上海交通大学出版社，2014.

[30] Office 交流网[EB/OL]. http://www. office-cn. net/access-tip. Html.

[31] 维基百科[EB/OL]. https://en. wikipedia. org/wiki/Main_Page.

[32] Herman Hollerith [EB/OL]. http://www. columbia. edu/cu/computinghistory/hollerith. html.

[33] A First Course in Database Systems[EB/OL]. http://infolab. stanford. edu/~ullman/ fcdb. html.

[34] XML 教程[EB/OL]. http://www. w3school. com. cn/xml/index. asp.

[35] Access 软件网[EB/OL]. http://www. accessoft. com.

[36] Microsoft office 帮助和培训[EB/OL]. https://support. office. com.

[37] Total Visual SourceBook[EB/OL].　http://www. fmsinc. com/MicrosoftAccess/modules/ index. asp.